水都学 III

特集 東京首都圏 水のテリトーリオ

陣内秀信・高村雅彦 編

法政大学出版局

読者へのお知らせ

陣内秀信・高村雅彦 編
『水都学Ⅲ　東京首都圏　水のテリトーリオ』
著作権侵害についてのお詫び

このたび、2015年2月に小局より刊行いたしました上記書籍において、一部重大な著作権侵害とみなすべき記述が含まれていたことが、公益財団法人横浜市ふるさと歴史財団のご指摘により発覚いたしました。

該当箇所は、岡本哲志著「論文3　東京湾を中心とした〈海域〉」中の第2節（全3節）、「東京湾内の海上ネットワーク」（87～98頁）であり、当該節の記述が2014年1月に刊行されました展覧会図録『港をめぐる二都物語　江戸東京と横浜』（公益財団法人横浜市ふるさと歴史財団発行、横浜都市発展記念館・横浜開港資料館編、吉﨑雅規執筆）のストーリー・構想をそのまま採用し、細部の表現にいたるまで同書の記述に酷似する内容となっております。

しかしながら、出版に至る段階で編者および版元のいずれも問題を把握することができず、結果として吉﨑様ならびに横浜都市発展記念館・横浜開港資料館様の知的財産権に大きな損害を与える結果となってしまいました。

今回の岡本哲志氏の行為は、研究者としての倫理に背く行為であり、さらには学問的営為そのものの信頼を損なう事態であります。学術書版元としての至らなさを大変深く反省致しております。

つきましては、ここに読者の皆さまに問題をご報告させていただきますとともに、同館館長の上山和雄様、吉﨑雅規様、そして関係各位の皆さまに衷心よりお詫びを申し上げます。近々に編者・著者との協議の上、信用回復のために必要な措置をとれるよう対応を進めて参る所存です。また、今後はこのような事態が生じませんよう細心の注意を払って参りますので、何とぞご理解賜りますようお願い申し上げます。

2015年8月

一般財団法人　法政大学出版局

はじめに

陣内　秀信

　この『水都学Ⅲ』は、いよいよお膝元、「水都東京」をテーマに取り上げるが、従来の発想とはいささか異なる見方を提示したいと考え、「特集　東京首都圏　水のテリトーリオ」を前面に打ち出すことにした。その思いを述べておこう。

　国内外の興味深い事例から学びながら「水都学」を探究していると、さまざまな新しい見方、面白いアイデアが生まれてくる。その一つが、水都そのものだけを見ていては不十分で、それを生み、支え、発展を実現させてきた後背地との密接な結びつきに目を向ける必要がある、という考え方だ。イタリアで一九八〇年代に入る頃からよく使われるようになった「テリトーリオ」（地域）の発想ともピタリと重なる。その意味するところについては、私の巻頭論文で詳しく後述する。水都にとってのテリトーリオだけに、川や運河という水のネットワークで繋がっていることが多いのは、言うまでもない。

　前近代には、鉄道も自動車もなかったから、物の輸送の大半は舟運に依存した。それとともに、大勢の人や情報・文化も行き来した。川や運河沿いには、乗継ぎ、食糧・水の供給、休憩・宿泊などのため河岸の町が発達したのも、洋の東西を問わず、共通している。そうした新たな発想から、私の研究室では、ヴェネツィアと東京の比較研究をさらに深めている。

ヴェネツィアについては、すでにG・ジャニギアン教授が『水都学Ⅰ』で、「ヴェネツィアは水のなかにあるが、水はない」というサヌートの日記の一節を引用し、飲料水不足を解消するために、雨水の貯水槽を考案し普及させると同時に、真水を本土から運んだことを論じた。本土側の川の干満の影響を受けないところまで上って、初期には水舟で、後には玉川上水にも似た水路でラグーナ（浅い内海）の際まで水を導き、あとは舟でヴェネツィアまで運んで市民生活を支えたのだ。

この一〇月にやはりヴェネツィアから来日したM・ピッテーリ教授は、こうした話をさらに発展させ、国際シンポジウム「『水都学』の方法を探って」において、「水のなかで水に事欠くヴェネツィア」と題し、飲料水ばかりか、パンづくりに必要な小麦の製粉用の水車を回す水エネルギーも不足した、という興味深い論点を示した。

浮島で何の資源もない水都ヴェネツィアにとって、まず最初の後背地は、ラグーナの水域である。そこには多くの島があり、中世の早い段階から修道院がいくつもつくられた。魚や鳥、塩、野菜、ワインなどの食糧がふんだんにそこから供給されたが、パン食の西欧都市にとって、増大した人口を支えるだけの大量の小麦の製粉に必要な〈水車〉を、どこにどう設置するかが死活問題だった。ラグーナの干満の差はせいぜい一メートル程度。大勢の人口を支える水車を回す水エネルギーとしては、完全に不足である。そのためにもヴェネツィアは大陸（本土）支配をきっちり進める必要があった。こうして、川の水流をエネルギーとして使える少しさかのぼったドーロ、トレヴィーゾの町やその周辺に水車による製粉を大きく依存したのである。この話は次の『水都学Ⅳ』でたっぷり論じられる。

このようにヴェネツィアには、本当に何も資源がない。特に、水上に都市を建設するヴェネツィアにとっては、硬い地層まで打ち込む基礎の木杭のための木材が大量に求められた。壁は煉瓦や石であっても、建物そのものの梁、小屋組み、床などはもっぱら木造である。船の建造にもマスト、オールにも、木が大量に使われた。ムラーノ島のガラス工芸にも燃料として木が使われた。というわけで、本土の奥深くまでヴェネツィア共和国が直接管理する、あるいは契約して木材を調達できる森林が大きく広がった。森林から切り出された木材は、山の斜面を下され、上流域では所有者の印をつけた後に、丸太のまま大量に川に流された。舟運が現れるあたりの製材所で丸太、あるいは角材に加工された木材を筏に組んで、中継点で筏師が交代しながら数日かかって川下りを行い、ヴェネツィアまで運んだ。その筏の上には、加工された木材、石材、金属類、食糧など、さまざまなものが載せられ、運搬された。一種の舟運機能をもっていたのだ。しかも、目的地につけば筏は解体され、再び川を馬や牛で牽いて上流域まで引き上げる手間がまったく要らず、省エネを絵に描いたようなシステムだった。

似たような筏流しの仕組みが、江戸東京にも存在したことはよく知られる。多摩川水系、荒川水系において、奥多摩、奥秩父のそれぞれの森林から切り出された大量の木材が川に下され、ある地点で筏に組まれ、河岸の中継地点を幾つも経ながら最終目的地の木場まで運ばれた様子は、ヴェネツィアの後背地の事情とよく似ている。本書では、こうした比較を考え、ヴェネツィアの都市史を研究している樋渡彩がヴェネト地方のブレンタ川の筏流しと舟運機能を、一方、卒業論文で荒川水系を研究し、陣内研究室のヴェネト調査にも参加した道明由衣が荒川の筏流しと舟運について執筆している。

他にも、ヴェネツィアと江戸東京の類似性は多い。江戸時代の早い時期から、徳川幕府によって利根川東遷の大事業が行われたが、それは水害の防止と舟運ネットワークの形成の役割を担っていたといわれる。実によく似た大事業が、ヴェネツィア共和国の手で大々的に展開した。大陸からラグーナに流れ込む幾筋もの川が土砂を運び込み、その堆積がマラリアの原因となると同時に、海水をたっぷり取り込み水循環で浄化する本来の機能を損なう危険性があった。そこで一五世紀から、本土を流れるいくつもの川の流れのルートを付け替え、ラグーナの外側でアドリア海に注ぐように大土木工事を行った。同時に、運河が整備され、ロック（閘門）で制御しながら、船が安定的に自在に航行できる水のネットワークが張り巡らされたのである。かつてのヴェネツィア共和国の領域にほぼあたるヴェネト地方は、まさに水都ヴェネツィアと水路網で密接に繋がった水の地域（テリトーリオ）となった。

江戸にとっての利根川水系を使った舟運ルートの重要性については、本書で難波匡甫が執筆している。また、ヴェネツィアにとってのラグーナと同様、江戸の湾がこの大都市を支える恵みのもとだったことは言うまでもない。多くの漁師町が発達し、江戸市民の食生活を支えた。西国からの船はこの湾に入り、途中少しずつ荷を下ろしながら奥の水深の浅い江戸の港まで、船が航行した。水都江戸・東京にとってのこの東京湾の多様な役割に光を当て、岡本哲志が論じている。

我々の「水都学」の探究から、実はもう一つ、重要な認識が新たに生まれてきた。「水の都市」東京というイメージは近年、かなり定着してきたが、我々自身も初めは、その対象としては掘割、河川が網目状に巡る江戸・東京の都心、下町の低地エリアばかりをもっぱら見ていた。だが、調べるほど、東京では、凸凹の多い山の手にも、台地、崖線、丘陵、低地などからなる武蔵野、多摩地域にも、多くの河川、湧水、池、用水など、水の空間やネットワークが有機的に広がって、人々の暮らしを多面的に支えてきたことが明らかになり、水都の概念をより拡大してこの巨大都市の生態系を探る面白さが浮かび上がってきた。歴史とエコロジーの融合を目指す法政大学エコ地域デザイン研究所としての我々の立場とも深く結び付く。こうした視点から、本書で神谷博が東京の源流から湾までの水の循環系、生態系について論じている。

このような内容を盛り込み、「特集　東京首都圏 水のテリトーリオ」を柱として、本書『水都学Ⅲ』が構成されている。これまでの『水都学Ⅰ』『水都学Ⅱ』でのラウンドテーブルの精神を受け継ぎ、ここでも私の問題提起をもとに、前述のような神谷、難波、岡本の三氏の論考をふまえ、討論の部では、都市史を専門とされる文献史学の吉田伸之、建築史の伊藤毅の両氏を招いてさまざまな観点から議論を行っている。

なお、本書の基本的な発想のもとにある、イタリアでの「テリトーリオ」の考え方について我々なりに深く理解する必要があると考え、この言葉、概念がいかなる社会的、文化的な脈絡のなかで登場、発展したか、その変遷を植田暁に詳細に論じてもらった。

それ以外にも、こうした新たなアプローチの事例研究の成果として、陣内研究室で長年取り組んできた南イタリアの港町アマルフィについて、海辺と山の辺の両方に目を向けたテリトーリオ論として稲益祐太が論じ、一方の東京首都圏では、武蔵野の生態系から見た水辺空間の好事例として、鳥越けい子が善福寺池の価値を描き出している。

こうした試みが、「水都学」を確立していく上で、着実なステップとなることを期待したい。

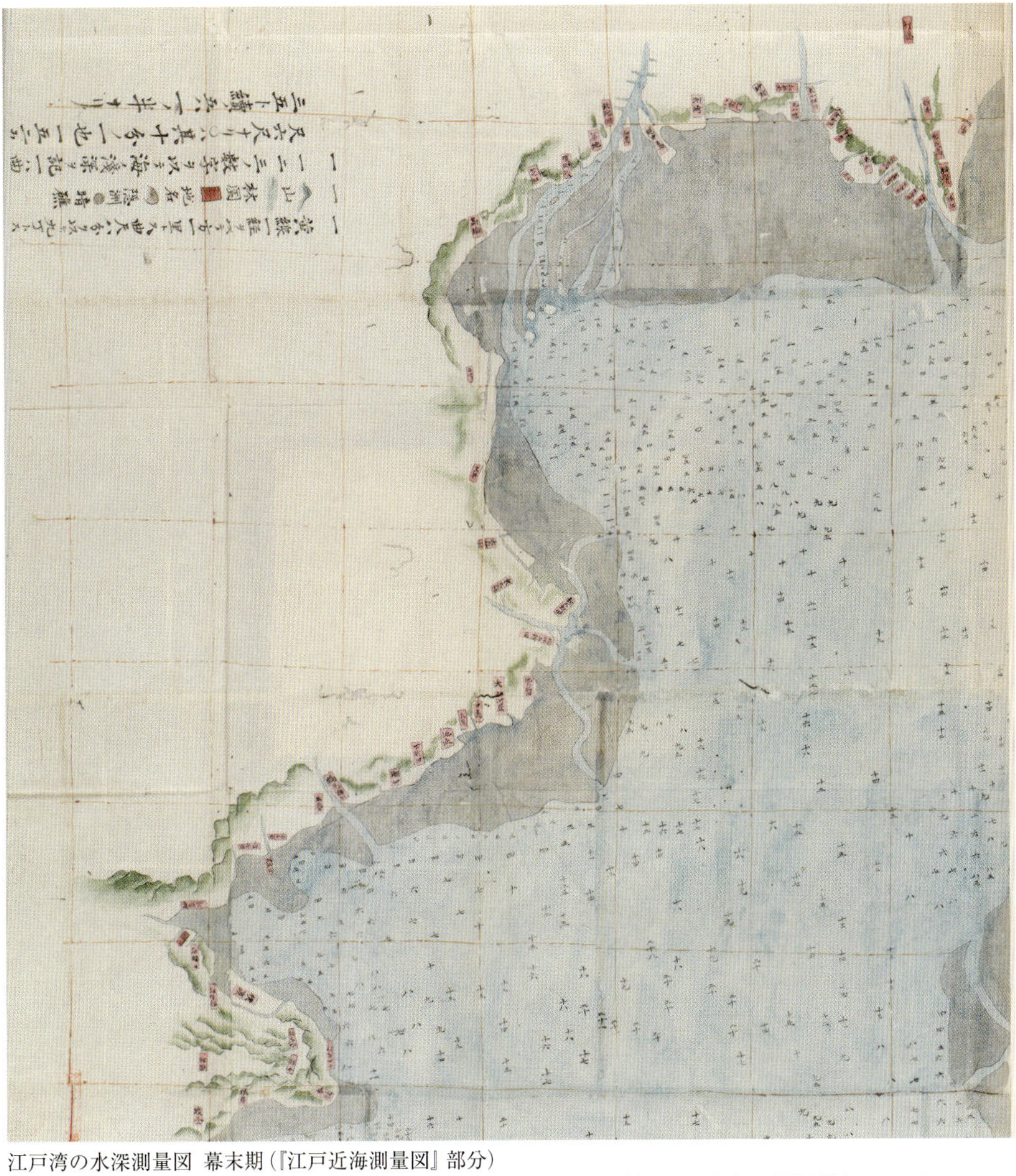

江戸湾の水深測量図 幕末期（『江戸近海測量図』部分）

江戸湾の水深のほか、暗礁や干潟などを示した手書きの絵図。江戸沖には台場のあたりまで干潟が拡がっている。

（東京都立中央図書館特別文庫室蔵　東京誌料。横浜都市発展記念館・横浜開港資料館編『港をめぐる二都物語』2014年、35頁より転載）。

「調布玉川惣畫図」長谷川雪堤筆（1845年頃、小河内郷～小菅村の一部を抜粋）
江戸東京の水源は小河内ダムの上流にあたる多摩川源流部にある。多摩川は江戸時代には玉川と記され、この図に三頭山から流れ出る玉川水源が描かれている。江戸東京の水は、源流の山々から流れ出し、無数の細流が合流して都市の河となり、人々のテリトーリオを支えつつ、東京湾で一つになる。
（多摩市教育委員会所蔵、写真提供：公益財団法人多摩市文化振興財団）

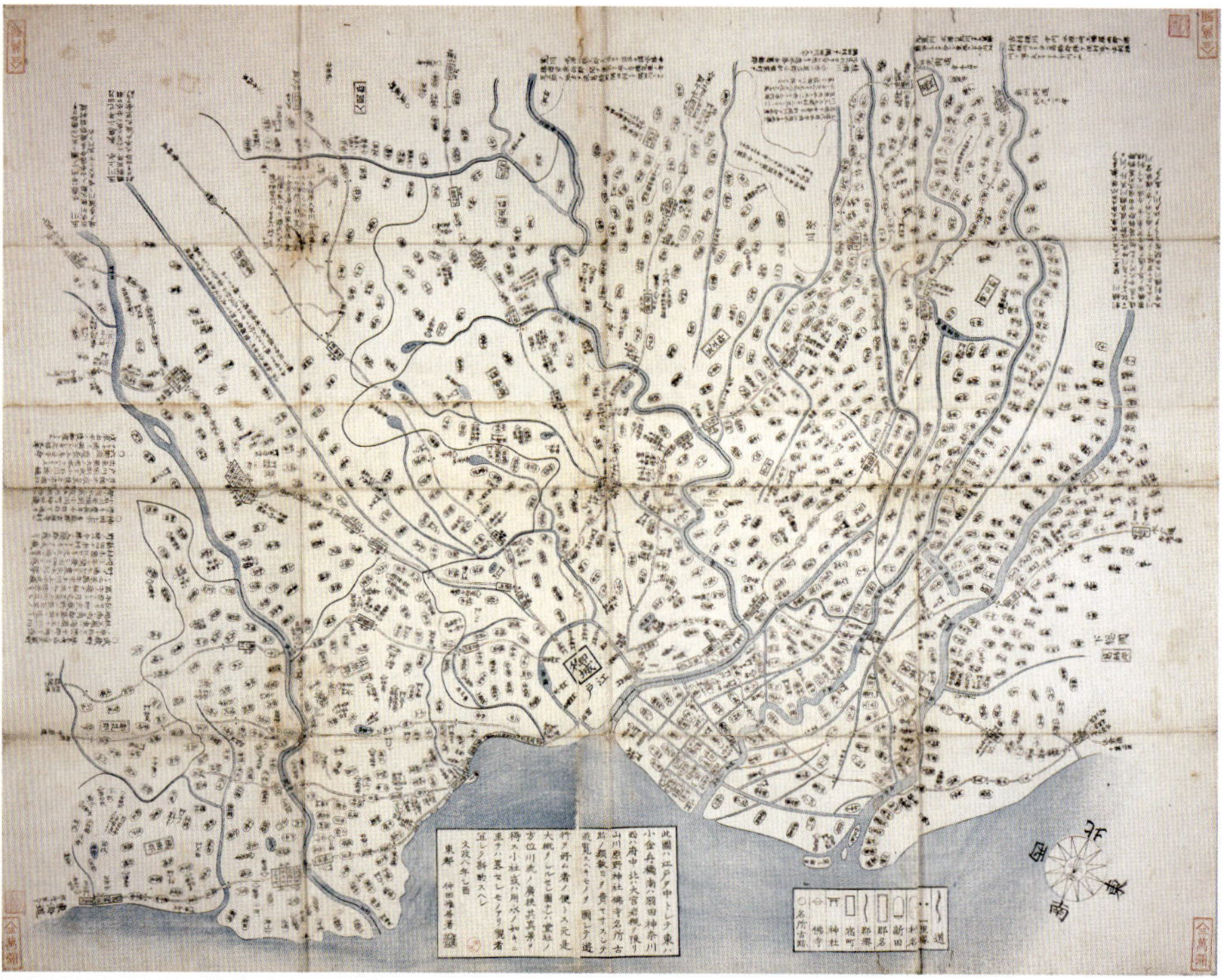

「東都近郊図」仲田惟善画（1825年）
東都（江戸）とその近郊の郡名、村名、宿町、社寺、名所旧跡、一里塚などを記した絵図。
（品川区立品川歴史館蔵）

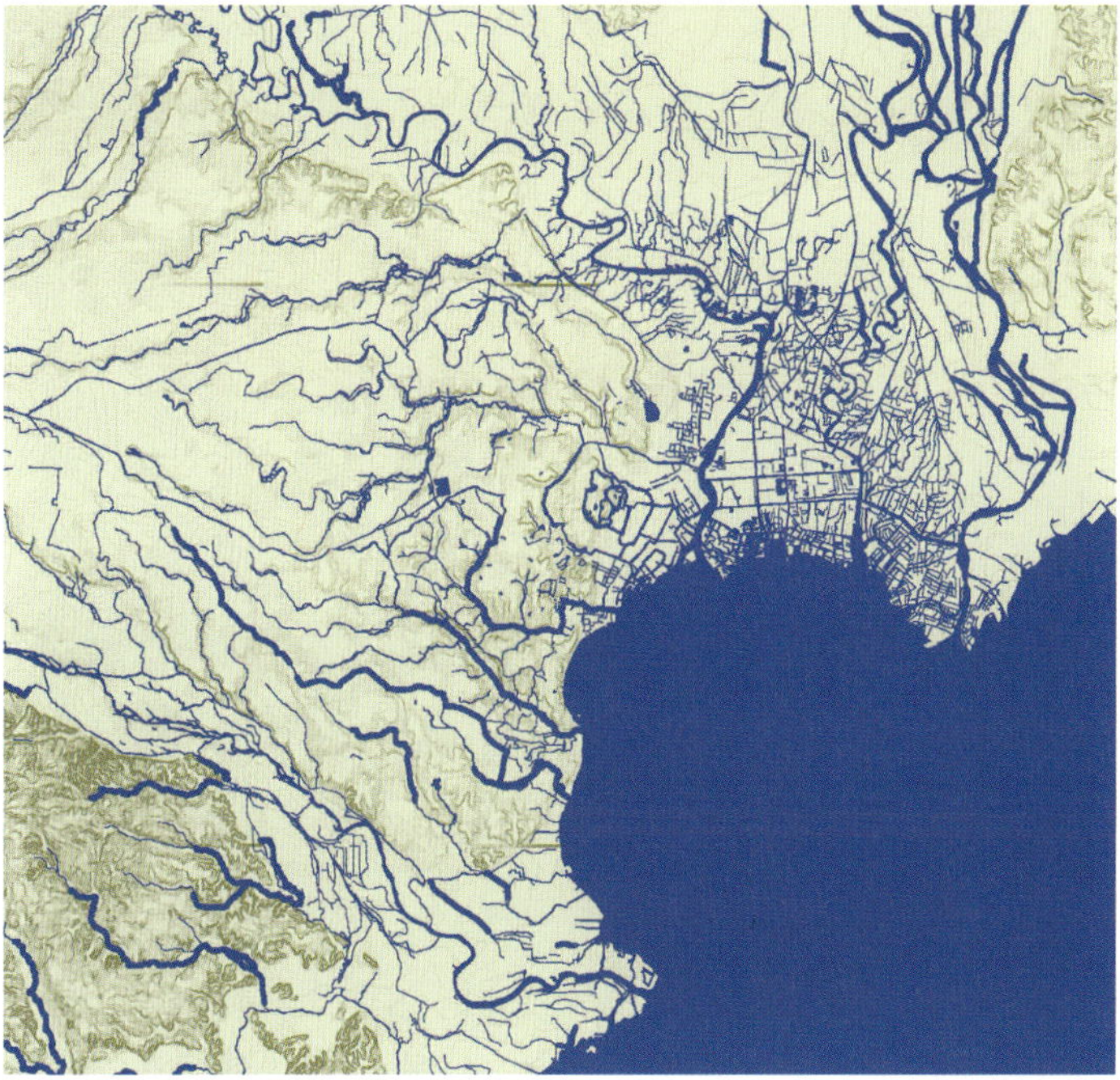

切絵図・迅速図からの江戸水系図　［作成：神谷 博］
切絵図の外側は明治初頭の地図の水系を重ねている。

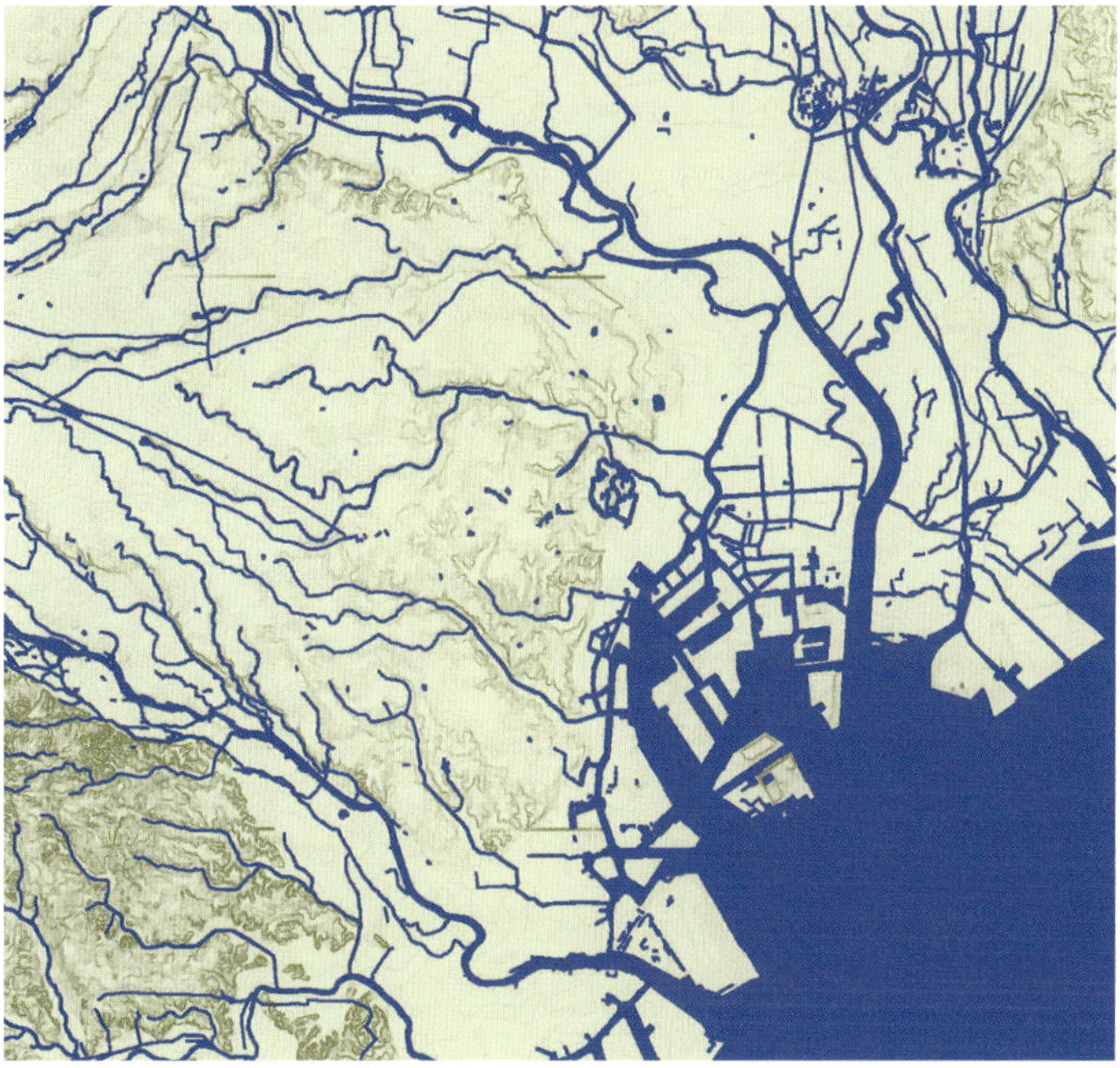

現在の東京水系図　［作成：神谷 博］

霞ヶ浦上空から富士山方向を望む　　［撮影：樋渡 彩］

お台場海浜公園高所から都心を眺める　　［撮影：高村雅彦］

香取神宮　神幸祭、1966年　［撮影：篠塚榮三］

佐原の水辺・河岸　［撮影：高村雅彦］

入間川上流の筏流し、1910年
(『入間川再発見！ 身近な川の自然・歴史・文化をさぐって』飯能市郷土館、2004年、68頁)

木場の復元模型写真　　［法政大学建築学科 道明グループ制作］

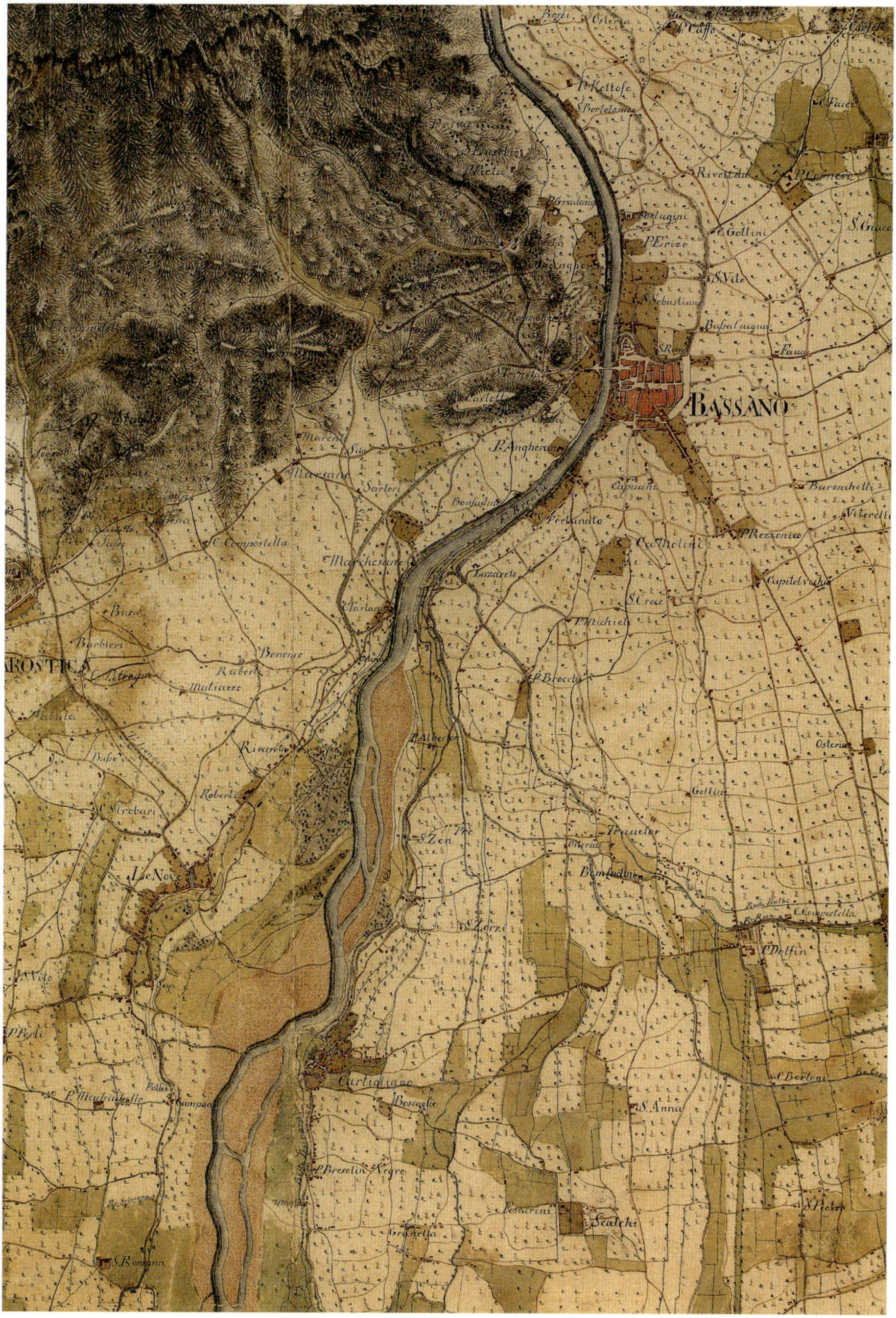

「アントン・フォン・ザック作成の地図」(Carta di Anton von Zach) 1798-1805年
ブレンタ川流域のバッサーノ周辺

アマルフィ海岸の風景　［撮影：Matteo Dario Paolucci］

水都学 Ⅲ 目次

■研究動向

■研究報告

■水都学ニュース

■書籍紹介

特集

東京首都圏　水のテリトーリオ

『水都学Ⅲ』でも、「特集　東京首都圏　水のテリトーリオ」については、これまでの二巻の『水都学』と同様、ラウンドテーブル方式を採用して組み上げた。

二〇一四年三月二六日に集合し、陣内の問題提起のあと、三名（神谷、難波、岡本）がそれぞれ基調報告を行い、それを受けて、討論参加者の間で活発な議論がなされた。後に、陣内の問題提起は「巻頭論文」として、三名の基調報告はそれぞれ論文として、当日の発表内容をベースにまとめられた。

巻頭論文

水都学の広がりと可能性——なぜテリトーリオか

陣内 秀信

1 水都概念の深化・発展

我々の研究プロジェクト「水都に関する歴史と環境の視点からの比較研究」は、科学研究費補助金基盤(S)の採択を受けて二〇一一年に始まり、今(二〇一四年)、四年目に入っている。その前段階にあたる、二〇〇四年にスタートした法政大学エコ地域デザイン研究所での七年間に及ぶ研究の蓄積をベースに、この三年間、集中的に水都の国際比較研究に取り組むなかで、我々の発想や視点が広がり、また深まり、研究の枠組みそのものも変化しつつあるのを感じる。最初の段階では、ある程度知名度のある世界の水の都市の比較研究を想定していた。すなわち、臨海部や河川流域に発達した大規模な都市である東京、大阪、京都、ヴェネツィア、アムステルダム、ロンドン、ベルリン、蘇州、バンコク、ソウル、ボストン、サンフランシスコ、サンアントニオ等を具体的な対象とすることを考えていた。その中には、ウォーターフロント再生の成功事例として知られる都市も多い。そして、『水都学I』の私の巻頭論文「「水都学」をめざして」で示したように、こうした個々の都市を立地、形態から見た類型に分類しつつ、それぞれの都市事例の特徴を理解し、それら相互の比較分析、考察を進めるなかから、都市再生への論理を導くことを主に考えていた。もちろん、それは有効であり、研究のベースとして着実に機能している。しかし、それだけでは不十分であるという意識もまた、我々の間で強まってきた。

その背景に、「三・一一」を切掛けとして、日本社会における価値観の転換も深いところから進み、〈地域〉の重要性が強く認識されるようになったことがある。我が国において、流通の近代化、グローバリゼーションの競争原理によって過度の東京一極集中が進み、弊害を生んできたことが露呈するなか、地域が本来もっていた豊かさ、固有の力を見直す動きが強まっている。その状況を踏まえ、水(海、川)のネットワークによって多様に形成されてきた本来の、〈地域〉の有機的な結びつきや固有の資産を発掘し、現代の視点からそれを再構築する方法を探求する必要がある。これもまた、我々の水都に関する研究の方向性、研究対象の選び方の判断基準などを再検討することを迫った。

三陸海岸の諸都市、漁師町を研究し始めた(特に、岡本哲志)ことも切掛けとなり、「地域」再生の方向を目指す考えに立って、中小の水の町や村も研究対象に取り込み、より複眼的で重層的な水都研究へと進む道が開けた。

我々の科研の研究成果発表の場として位置づけられる『水都学』においても、すでに樋渡彩が『水都学Ⅰ』(特集：水都ヴェネツィアの再考察)のために執筆した「水都ヴェネツィア研究史」のなかで、ヴェネツィアに関する研究の歴史をレビューしながら、歴史的都市(＝島部)から、周辺のラグーナ(内海)、そして後背地のテッラフェルマ(本土)へと研究の対象が広がりをもってきた展開過程を詳細に論じている。イタリアで一九八〇年代から語られ始め、一九九〇年代に入る頃から極めて重要になってきた〈テリトーリオ〉(都市周辺に広がる地域、領域)という考え方のヴェネツィアでの展開がよく示されている。次の『水都学Ⅱ』(特集：アジアの水辺)では、アジアにおける川の流域の繋がり、都市間ネットワークの重要性が強調され、テリトーリオの視点を導入して考えることの有効性が論じられた。

それに続くこの『水都学Ⅲ』では、水都研究の重要な対象、東京を取り上げるにあたり、その視点を広げ、江戸東京を成立させてきた周辺の地域との密接な繋がりに目を向け、特集「東京首都圏　水のテリトーリオ」を企画した。

そのねらいをまずは述べておきたい。かつて、都市はその後背地との密接な関係のなかで、成立、繁栄してきた。特に水系が、都市の基盤となる生態系にとっても、経済を支える流通網の形成にとっても決定的な役割を果たした。後者の視点からまず考えよう。

河川・水系の舟運によって、モノだけではなく人や情報の活発な移動が生まれ、文化も伝わって、テリトーリオの一体感、アイデンティティも形成されていた。例えば、川越と深川の間には、川による社会的な交流の象徴として、婚姻関係も見られたという。だが、陸の時代に転じた近代には、その重要性が忘れられ、水系によって結ばれた流域圏の経済・社会・文化の繋がりが失われた。江戸から東京への変化のなかに、そのことが象徴的に表れている。水都の形成の背景と変容の過程を深く理解するには、こうした視点が極めて重要となるはずである。

本号では水都研究の射程を広げ、イタリアで一九八〇年代以後、積極的に用いられ、都市・地域再生の分野で大きな役割を果たしている〈テリトーリオ〉という概念を導入し、空間的な大きな広がりのなかで、東京首都圏を主たるテーマとし、比較の視点も入れて、水都および水のテリトーリオの復権、再生への道を探ることを考える。

2 テリトーリオの考え方の導入

我が国で急速に台頭してきた〈地域〉を重んずる考え方は、実は、イタリアで一九八〇年代から注目されるようになったこの〈テリトーリオ〉の発想とよく符合するものである。近年、都市史研究、都市計画・都市づくりにおいて、単に都市だけを扱うのではなく、その周辺に広がる集落や小さな町、農地・田園、街道や川などからなる後背地との相互の有機的な関係、ネットワークの在り方に注目する必要が強く認識されており、我々の「水都学」においても、このテリトーリオ（地域）研究の視点を大幅に導入することにし、いくつかの新たな調査研究に取り組んでいる。まずは、瀬戸内海および三陸海岸と南イタリアのアマルフィ海岸における、海と内陸部の密接な結びつき、そして港町相互間のネットワークによって、ポテンシャルの高い地域が形成されていた仕組みに関する研究であり、近代の発展から取り残された地域の再生にとって極めて重要である。特に、アマルフィ海岸では、いくつもの渓谷の地形を利用し、水車によってテリトーリオ全体にわたり製紙業を発達させた事実を解明しつつある。

次に、ヴェネツィアとその後背地ヴェネト地方のシーレ川、ブレンタ川流域との相互関係、筏流し(木材は木杭を含む建築材料にも造船にも必要だった)、舟運ネットワーク、および水力を使った水車による生産活動の分布などに関する研究を行い、ラグーナの水上に誕生した資源の乏しいヴェネツィアがいかにその本土(テッラフェルマ)の後背地と密接に結びつくことで発展し得たのかを明らかにしている。それと並行して、奥秩父から流れ出る荒川水系の流域と江戸東京の密接な経済社会的な関係についても考察している。一方、利根川水系に関しては、難波匡甫《きょうすけ》がすでに『江戸東京を支えた舟運の路―内川廻しの記憶を探る―』(法政大学出版局、二〇一〇年)を刊行しており、この特集においても基調となる論文を執筆している。江戸東京の経済的、文化的な繁栄は、このような広域にわたる後背地との舟運を介した交流なしには成り立ち得なかったのである。なお、アマルフィ海岸、ヴェネツィアとヴェネト地方、および東京の荒川水系に関しては、研究成果がそれぞれ本書に掲載されている。

さらに我々は、こうした発想をアメリカ北東部に応用し、ニューヨーク、ボストンの後背地のハドソン川、メリマック川流域に一九世紀に発展した工業都市群を調査研究している。コホーズ、マンチェスター、ローウェル等を対象に、閘門群に支えられる航行用の運河をつくると同時に、水力用の運河(用水路)を引き、自然河川との間の水の落差で水車・タービンを回して動力とする織物工場を数多く建設し、一大産業ゾーンを形成した過程を解明している。この三年間は、特にこれらの地域を重要テーマとして取り上げ、新たな視点からの水都学を目指し、現地調査に基づく研究を展開してきた。

3 都市・地域研究の基礎をなす自然系・生態系

テリトーリオの研究にとって、自然系、生態系がまずは基本となることは言うまでもない。我々の研究プロジェクトは、エコ地域デザイン研究所の二〇〇四年の創設以来、歴史とエコロジーの融合を掲げてきたのであり、科研基盤（S）においても、歴史と環境の視点の合体をうたっている。

日本の都市を水の視点から見ていくと、地形・地質、水循環（地下水、湧水、河川、用水路など）の重要性に気づき、我々が大きな研究テーマとしている東京の見方も変わってくる。初めは私自身も、川や掘割の巡る都心、下町の低地を世界に誇るヴェネツィアにも似た「水の都市」と言っていた。それに対し、武蔵野台地に形成された西側の山の手は緑溢れる「田園都市」の様相を呈した、と理解してきた（川添登『東京の原風景』参照）。だが、こうした下町は「水の都市」、山の手は「田園都市」という二分法は、今では、いささか単純に過ぎると感じている。

東京を研究すればするほど、その思いが強まる。例えば、法政大学エコ地域デザイン研究所として、外濠の研究を深め、二〇一二年に『外濠』（鹿島出版会）を刊行したが、元の凸凹地形を生かしながら大胆な改変も加えて、水が循環する見事な外濠の水空間を生んだことを知るにつけ、それも東京の水都の重要な要素と考えたくなる。そこにはかつて湧水が多く、また玉川上水の水がふんだんに供給されていたのであり、自然と人工が合体した日本らしい水循環が成り立ってきたのである。

また、江戸の山の手には、斜面の地形を好んで大名屋敷が立地し、湧水が生む池の周囲を巡る回遊式庭園の文化を発達させた。今日、都心では、水が生み支えてきた地域の空間構造がもはや見えにくくなっているが、武蔵野・多摩に目を向けると、各地に湧水が生んだ信仰の場、生活空間が見出せる（法政大学エコ地域デザイン研究所『水の郷日野―農ある風景の価値とその継承―』鹿島出版会、二〇一〇年、陣内・三浦展編『中央線がなかったら　見えてくる東京の古層』ＮＴＴ出版、二〇一二年)。

実は、エコ地域デザイン研究所では、早くも二〇〇七年に、神谷博が中心になって、北の丸公園の科学技術館で「東京源流展―源流から解き明かす東京水圏の再生―」という展覧会を実現し、源流から河口、海まで通して見ることの重要性を訴えたのである。

そうした蓄積の上に、陣内研究室がつい最近刊行した『水の都市 江戸・東京』(講談社、二〇一三年)においては、本来、東京全体が水の都市なのでは、という仮説のもとに、新たな東京の水都論を展開した。山の手には、崖線、湧水、池、中小河川群、渓谷など独特の水空間があり、その外の例えば私の住む杉並にも、湧水、池、川の興味深いセットがいくつもある。

一方、府中・国分寺には、崖線の湧水を生かし、古代から聖域(神社)、国府、国衙《こくが》などがつくられ、中世以後も意味のある水と結び着いた地域文化が継承発展してきた。そこにも水都としての価値を見出せると考えたい。さらに、西側の多摩地域の日野では、丘陵、台地の裾には随所に湧水があり、また丘陵、台地の下を流れる二本の川(多摩川、浅川)がつくり出した沖積平野には近世初頭から網目のように用水路が巡らされて、広大な水田風景を生み、全体として「水の郷」といわれてきた。その豊かな水が生んだ農村風景は、宅地化、市街地化でだいぶ失われたとはいえ、日野ならではの個性ある水景を誇っている。まさに、そこにも水都としての魅力が感じとれる。近年、日野市の将来構想でも、「水都」を表看板に掲げ、その特徴を生かす地域づくりがうたわれている。このように、東京の至る所に、水の都市、水の地域を強く感じさせる力が存在しているのである。

ところで、地形・地質などの自然条件と水の都市、水の地域との関係の重要性を考える時に、常に思い起こされるのは、貝塚爽平の名著『東京の自然史』(紀伊國屋書店、一九六四年、講談社学術文庫、二〇一一年)である。その自然地理学・地形学の分野から、地形発達史として、東京の成り立ちを学術的に説く松田磐余《いわれ》『対話で学ぶ江戸東京・横浜の地形』(之潮、二〇一三年)も、我々にとって貴重な認識の基盤を与えてくれる。

東京全体を地形、地質からダイナミックに理解する動きが近年強まっており、それと水系をからめ、東京の源流から海へ至るまで、水がつくり出す東京の地域、都市構造の全体を解明することが可能になってきた。その上に形成、発展したコミュニティ、人々の社会経済活動などを重ねて、系統的に分析考察できる。この特集では、前述の二〇〇七年開催の「東京源流展―源流から解き明かす東京水圏の再生―」を担い、早い段階から一貫して東京の大きなスケールから見た水循環のテーマに取り組んできた神谷博が、武蔵野・多摩と江戸東京を結ぶ水圏の視点から全体像を描く論考を執筆している。

一方、江戸東京のテリトーリオにとって、海の存在がまた重要である。そこでも地形、地質の専門分野の成果に導かれながら、我々は海進・海退、水際の変化などを理解できる。ヴェネツィアの研究においても、テッラフェルマ（本土）と並び、重要なテリトーリオとして注目されたのが、都市＝島の周辺に広がる浅瀬の内海、ラグーナである。そこにも、海面の上昇の問題があり、古代ローマ、中世以後で、人々の居住空間の在り方に変化があったことが一九八〇年代以後、注目されてきた。そしてラグーナの水循環、航行可能な水路（運河）の状況を考慮して物流システムをつくり上げた過程、ラグーナの島々が資源、食糧のないヴェネツィアをいかに背後から支えてきたか、といった観点に近年、研究の関心が向けられてきたのである。それとまったく同じ発想での研究が、東京湾についても求められる。この湾の地形・自然条件の在り方とその変遷、埋立て過程、水際線の変化、航路、物流システムの在り方とその変遷など、興味深いテーマが潜んでいる。また、都市と水との深い繋がりを生む日本らしい要因の一つとして、都心部周辺には海と生きる漁師町が数多く存在し、東京の基層をなしていることも忘れてはならない。東京湾の海のテリトーリオという新たな問題設定については、江戸東京の都市構造の形成・変化を長年追求してきた岡本哲志が、新たなチャレンジとして考察している。

なお、海沿いに神社が祀られ、水との繋がりをもつ信仰、民衆文化が見出される一方で、西の武蔵野・多摩地域には、水田耕作の文化が広がり、やはり水との繋がりを尊ぶ精神文化が形成されたことは重要である。そのいずれにも、水に寄り添うように神社が成立し、信仰の中心となった。特に、山の手から多摩地域にかけて広範に観察できる、日本の都市、地域における「湧水」のもつ精神的、宗教的、文化的意味の大きさは注目に値する。

4　「水都学」のネーミング

二〇一四年三月に、我々の研究グループで、アメリカ東北部の海に近いニューヨーク、ボストン、そしてその後背地の川沿いに発達した工業都市を調査してみて、「水都学」というネーミングが適切であったことを実感した。都市の多くは、水辺に成立、発展し、その後、変容、衰退、再生のプロセスをたどってきた。水との関係、水辺の機能・役割・意味が時代とともに変化するのは、ごく自然であった。我々の「水都学」は、こうした水辺に誕生した都市を対象に、その在り方の変遷を調べ、水の恵みを生かす都市の在り方を探求するところにねらいがある。「水都学」は、こうした水辺の都市、水を生かした都市の過去、現在、未来を研究するものである。

エコ研の創立段階からの国際研究メンバーである著名な都市計画家、R・ベンダー氏（カリフォルニア大学バークレー校名誉教授）は、「サンフランシスコはすでに港町ではない。その機能は大きく広がる湾全体に拡散し、その一方で、サンフランシスコは元の港湾空間を蘇らせ、魅力的な水都になっている」と、示唆に富む指摘をする。

今回のニューヨーク、ボストンの現地調査でそのことをまさに体感できた。ニューヨークもボストンも、一九世紀から二〇世紀前半にかけて、世界と繋がる重要な港町だった。川や湾に面した所には、水上に突き出してピアー、あるいはワーフと呼ばれる桟橋、埠頭が無数に並び、水辺は完全に港湾機能で覆われていた。港町というより、港湾都市といった方がぴたりとくるほど、貨物を扱う桟橋、埠頭が多かった。そして水辺とその裏手には倉庫、そして時代が下ると工場も大量に建設された。ところが、港湾機能は一九六〇年頃、物流革命でコンテナー化が始まると、大型船の入れるコンテナー埠頭が都市の外側の海の方に建設され、古い港のエリアの港湾機能（倉庫も含む）は撤退する宿命にあった。それに代わって、本来の機能を失った広大な水辺の空間が、人々の手に開放されることとなり、そこに現代のニーズに見合った役割が生み出されつつあるのである。市民、住民に、そして観光客に開かれた水辺の豊かな空間がこうして登場している。不要になった倉庫や工場には、その空間の大きさを活かし現代アートのギャラリーやクリエイティブ産業のオフィス、スタジオ等が続々と入ってくる。日本やヨーロッパのように近代以前の豊かな水の都市を経験することなしに、一九世紀に一気に港湾都市空間を水辺につくり上げたアメリカでは、都市の歴史上で初めて、人々のための気持ちのよい環境と文化性をもった豊かな水都を今、創りつつあると言うことができよう。

ニューヨーク、ボストンの後背地の河川沿いに発達した工業都市でも、舟運の運河、閘門と水力用の運河（用水路）を建設し、水車・タービンを活用した織物をはじめとする巨大工場群（millと呼ばれる）が一九六〇年代には操業を停止し、機能を失っていた。

それが、近年、資産として大いに見直され、高級レジデンス、大学キャンパス、文化施設などに転用され、地域活性化の中心的存在となっているのである。その代表的な都市ローウェルは、運河が網目のように巡り、至る所に織物工場の建物が受け継がれ、街全体が歴史と環境ミュージアムのような様相を見せている。船による運河周遊も楽しめる。このような街の水を生かした工業都市としての形成・発展、そしてその衰退・再生のすべてを研究することは、極めて興味深いテーマである。「水都学」のネーミングが適切だったことをここでも感じたのである。

ヴェネツィアにしても江戸東京にしても、水辺の空間の役割、意味は同じように、あるいはそれ以上に何段階にもわたって大きく変化してきた。東京の掘割、運河、臨海部の再生ヴィジョンを描くのにも、我々はこうした水辺の機能の変遷を分析考察する視点から取り組んできた。日野の用水路についても同様のことがいえる。農業用の灌漑用水路は、水田の減少とともに、その役割が減っていると考えられがちである。だが、現代の価値観、ニーズにみあった多様な用途・機能・役割をもつ環境・生活・文化水路へと意味を切り替えることによって、豊かな水辺の空間が継承できるはずである。それも水都学の対象となる。

物流の在り方はとりわけ時代とともに変化した。中でも、我が国では河川を使った広域の舟運は廃れたが、欧米では、文化的役割をもたせ、また余暇を楽しむ目的で大いにそれが活用されている。その欧米でも、まずは、かつて成立していたテリトーリオを結ぶそうした舟運ネットワークの価値付けをすることが重要だった。

二〇一三年度に、国土交通省のもと、「水辺とまちのソーシャルデザイン懇談会」（座長：陣内）が生まれ、水辺とまちの未来のかたちをデザインし、持続可能な未来の創造を考えるための興味深い議論がなされた。とりわけ我が国では、水辺にはかつて多様な機能が集まり、賑わいに溢れていた。それが逆に、水際は治水のための高い護岸で遮断され、あるいは物流機能で覆われ、人が寄りつけない場所に転じていた。だが、人々の意識が変わり、水質も改善されて、今、水辺が人々の手に戻ってきつつある。まさに、ソーシャルデザインの視点から、水辺の空間の役割、人々との関わりを本格的に考える時代が来ている。水都学の目指す方向もそれと一致する。

しかも、それは都市だけに閉じていてはいけない。周辺の地域、後背地、まさにテリトーリオにも目を向け、かつて存在した水系で繋がった大きな広がりも射程に入れて、こうした問題を再考したいと考えている。

論文1

源流から解き明かす東京水圏の地域構造

神谷　博

はじめに

「源流」[1]という言葉には、川の源としての水源（Source）と、時を遡って行き着く源（Origin）としての二つの意味がある。ここでは、その両方の視点から、東京水圏の源流を辿っていきたい。これは、法政大学エコ地域デザイン研究所で「エコヒストリー」と呼んでいる手法であり、「東京水圏」のエコヒストリーを、モノとしての「水系」と、ヒト（Homo sapiens）の「生存の歴史」として把握する。「東京水圏」の領域は関東地方全域とし、ここにヒトの足跡が記された約三万五〇〇〇年前を起点とする。

『水都学Ⅲ』のテーマである「テリトーリオ」について、ここでは、主に景観生態学（Landscape ecology）[2]の視点から見ていくこととする。生態学（Ecology）は、ヒト（生き物）やモノ（物質）の関係性を扱う科学であり、生態系（Eco-system）認識に基づいている。人類生態学（Human-ecology）の視点からは、「ナワバリ」（テリトリー）[3]と「スミワケ」[4]の視点となるが、ここでは、テリトーリオとの関係において、その基層の部分を中心に見ていくこととする。

全体の流れとして、まず、水系の基本構造について概観し、次に、水系の変遷過程を辿る。そして、到達点としての「水都江戸」の地域構造を把握する。これを踏まえ、東京水圏の将来向かうべき方向性にも触れたい。

1　東京水圏を構成する水系

水はどこにでもある、というわけではない。地球を見渡してみれば森林地帯はむしろ少なく、砂漠や荒野が広がっている地域も多い。日本は、水に恵まれた国土であるが、雨季と乾季のあるモンスーン地域にあり、旱魃や豪雨が頻繁に起き、地域による差も大きい。そうしたなか、東京が首都となっているのは偶然ではなく、水から見ると首都たる器を持っているからである。

東京水圏の範囲は、関東や坂東などと呼ばれる地域とほぼ一致し、首都圏とも概ね同じ範囲に当たる。その地域構造を把握するにあたり、まず、地下水系、表流水系、雨水系、海水系という四つの水系の特性と、これらが巡る水循環系を確認する。

（1）地形地質に即した地下水系

東京水圏の特異性は地下水から見るとよくわかる。地下水を多く蓄えることのできる地形地質は、火山岩や火山灰、石灰岩、盆地、沖積・洪積層などである。東京水圏の低地や台地には沖積・洪積層が広がり、その下層には「関東地下水盆」と呼ばれる日本で一番大きな地下水盆が形成されている(5)。東京水圏の境界領域は源流の山々であるが、秩父や奥多摩の山塊は石灰岩地帯となっており、ここにも地下水が多く蓄えられている。日本列島は三つの地殻プレートの境界に位置しているため火山が多い。火山地帯は地下水の大きな器であり、なかでも富士山周辺は巨大火山地帯となっている。東京水圏には、箱根山や富士山などの噴火による火山灰が降り積もって厚いローム層が形成されている。また、東京水圏の北側には浅間山や榛名山の噴火によるローム層も広がっている。こうした火山の地層やローム層が地下水を蓄える大きな役割を担っている。

地下水系から見た東京水圏は、地殻構造線で区画された範囲の中にあり、源流域の山地から盆地、丘陵地や扇状地、低地に至るまで、どこも地下水に恵まれている。原始以来の居住に関わる地下水は主に浅層地下水であり、低地や台地、盆地の地下水が生活に密着している。とりわけ、山裾や崖線下から湧き出す湧水や浅い井戸が居住を支えてきた（図１）。

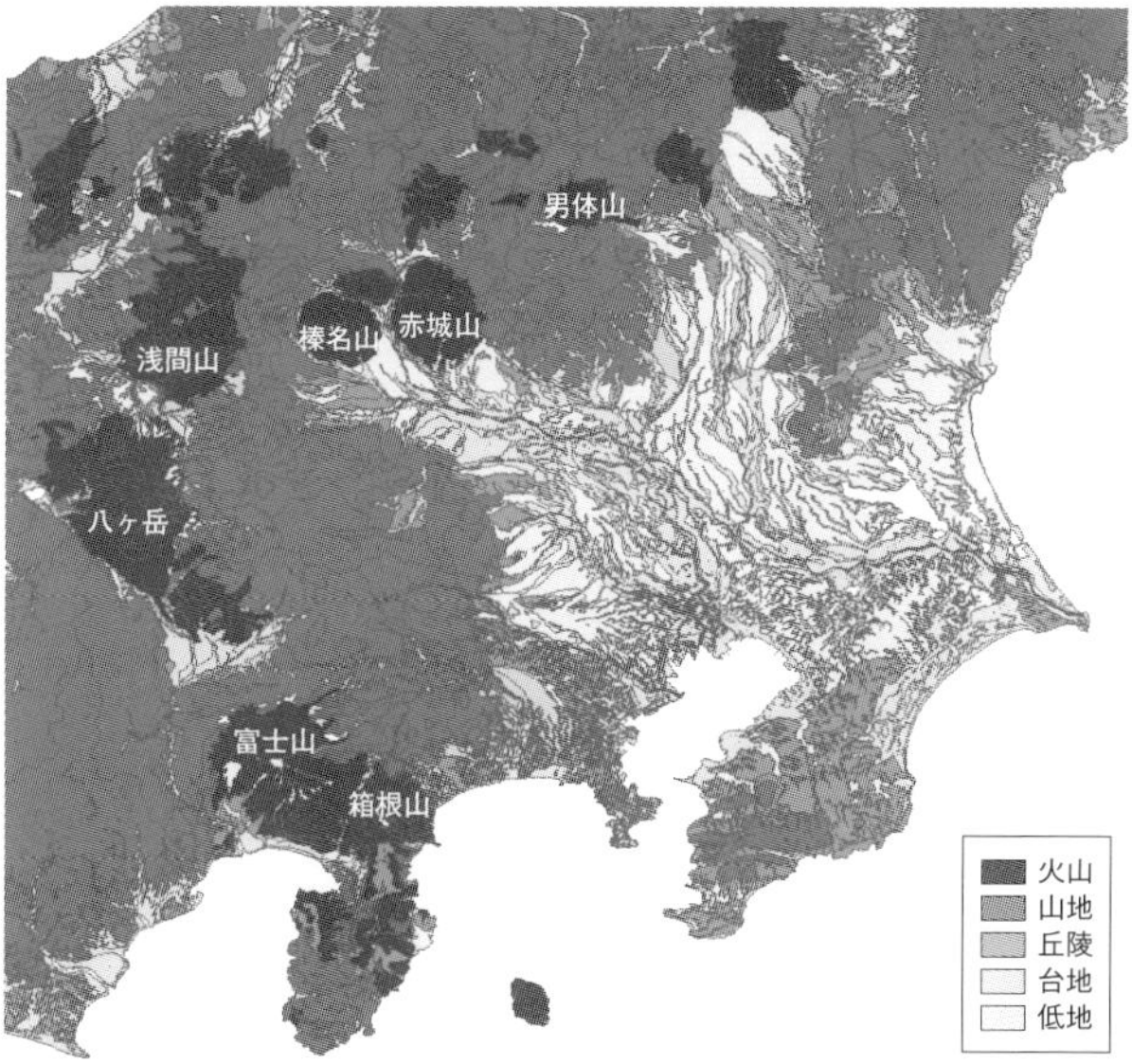

図１　地形地質と地下水　（Super Map GISを用いて作成）
東京水圏は火山に取り囲まれている。地下水分布は地形地質と相関し、低地と台地部分下の深層地下水は関東地下水盆となっている。

（2）流域としての表流水系

東京水圏を構成する表流水の主要な水系は、利根川、荒川、多摩川、および鬼怒川、相模川である。このうち、東京湾に流れ込む、旧利根川、荒川、多摩川は、二万年ほど前には、「古東京川」[6]と呼ばれる一本の大河川の支流であり、これが東京水圏の主たる骨格を形成していた。

利根川は全国で一番流域面積の大きい河川であり、江戸時代に銚子に付け替えられる以前は荒川と渾然一体となりつつ東京湾に流れ込んでいた。荒川は利根川と多摩川の中間に位置しており、上流部に秩父盆地を有している。中下流部は、利根川とともに広大な関東平野の低地を形成し、大きく蛇行して、多くの三日月湖や沼地、低湿地を形成している。多摩川は、利根川、荒川に比べて急流河川であり、下流まで清流を保ち、河口部の低地形成は広くない。武蔵野台地は多摩川がつくった扇状地台地であり、いくつもの扇端湧水が神田川などの中小河川の源流となり台地を刻んでいる。

近世になると、用水や濠が多くつくられ、もともと表流水の乏しかった武蔵野台地の上も含めて用水路網ができ上がる。近代になると、上水道網や下水道網、地下河川などがつくられる。こうして東京水圏は自然水系と人工水系を合わせて広大な水網地帯を形成してきた（図2、3）。

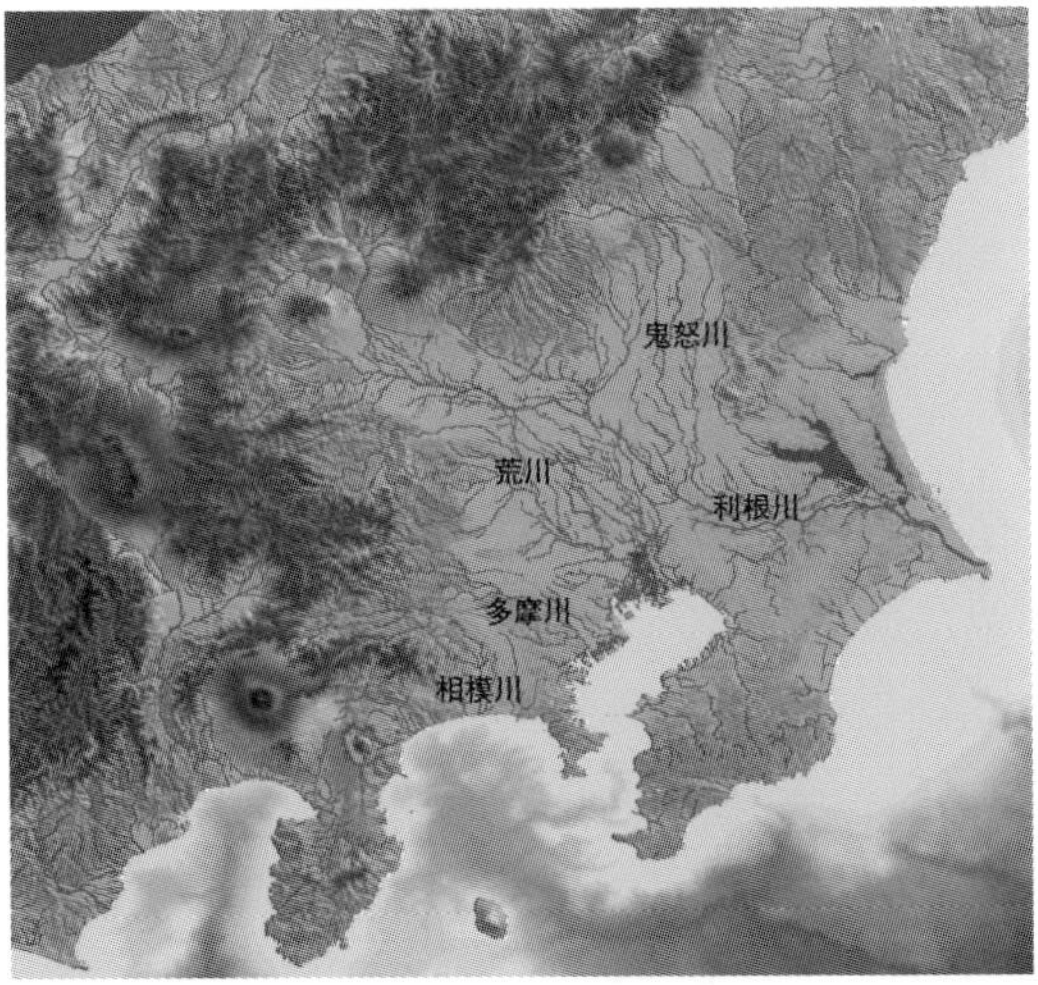

図2　現況水系図　（Super Map GISを用いて作成）
現況の表流水系。利根川水系は鬼怒川水系も合わせて銚子を河口として流れている。東京湾に流下する河川網の密度が高く、房総半島や三浦半島には大河川がない。

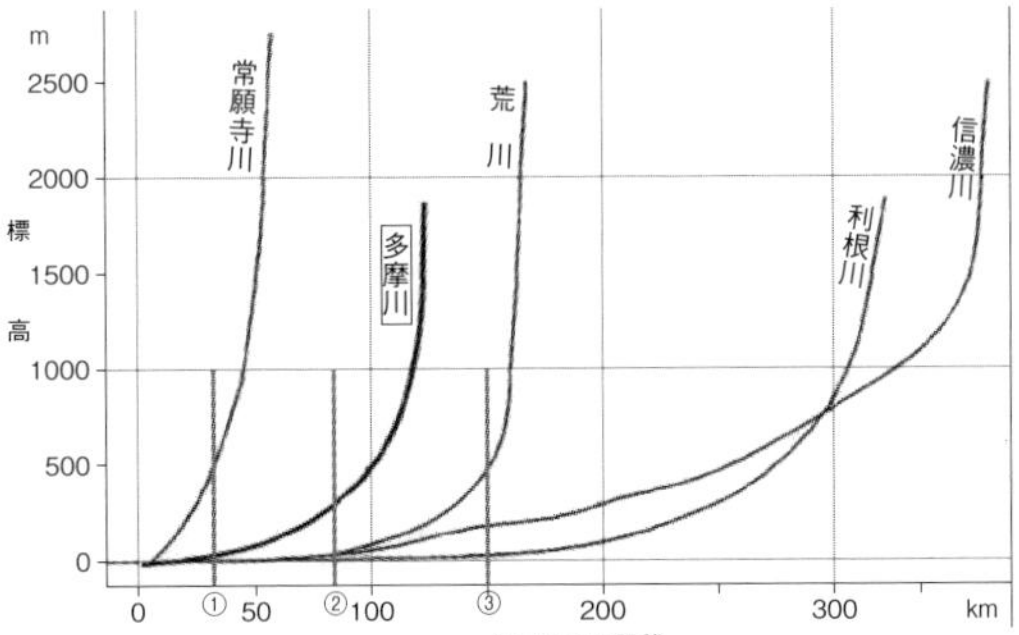

図3　主要河川勾配図　（国土交通省HPをもとに作成）
多摩川は利根川・荒川にくらべて急勾配となっている。利根川では遡行限界が河口から150kmほどあり、舟運に適している。
（遡行限界：①多摩川 35km、②荒川 80km、③利根川 150km）

（3）水源としての雨水系

水循環の中で、雨はその始まりである。東京水圏は温帯モンスーンの多雨地帯にある。夏は雨季で梅雨前線と台風の影響があり、冬は乾期で降雪と山から吹き下ろすからっ風がある。その間に春先の長雨と春一番があり、秋口の長雨と木枯らしがある。年単位の変動だけでなく、エルニーニョ、ラニーニャと呼ばれる数年、数十年サイクルの変動もある。さらに、数百年、数千年サイクルの大きな変動があり、氷河期のサイクルのようにもっと長期の変動もある。現生の生きものにとっては、年変動や数年単位の変動でも十分に影響を受ける。

東京水圏は、きわめて多様性に富んだ気候風土にある。洪水もあれば渇水もあり、地域気候と土地条件に適応した居住地が形成されてきた。雨の降り方には地域による偏りがあり、東京水圏の中でも降水量の地域差がある（図４）。

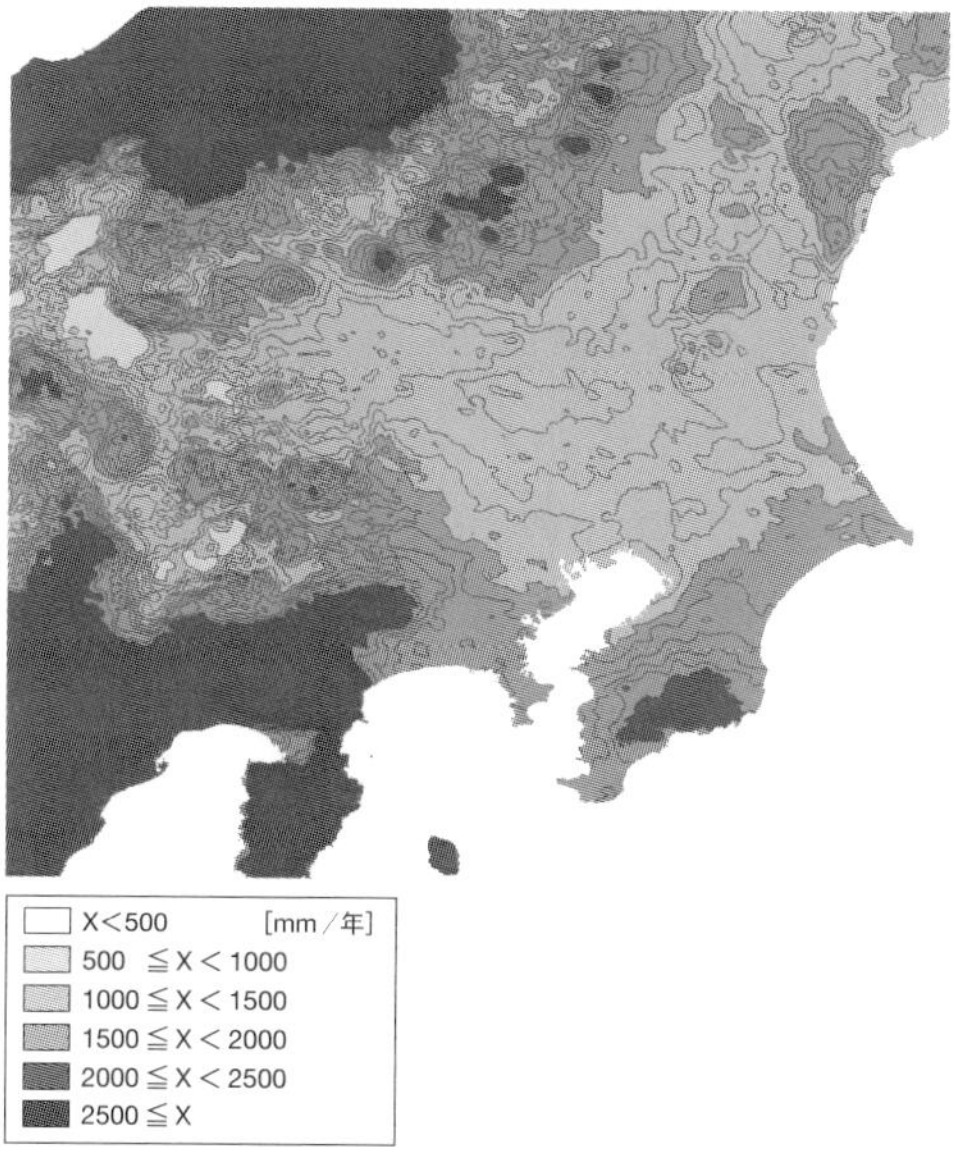

図４　年平均降水量（X）（昭和62年）（Super Map GISを用いて作成）海浜部と山間に降水が多く、平野内陸部ではやや少ない。

降雨量は、多いときは極端に多く、少ないときは無降雨が続くため、年間降水量が一五〇〇ミリ程度と比較的多いにもかかわらず、有効利用は難しい。地球温暖化に伴う極端気象はこの傾向をさらに際立たせる方向に進んでおり、降雨への適応を再考しなければいけない時代となっている。ゲリラ豪雨や豪雪、巨大台風など、今日の水問題の多くは雨問題であり、雨水系の制御は今後大きな役割を担うことになる。[7]

（4）気候を左右する海水系

東京水圏は東に太平洋、南に東京湾の海域に面している。太平洋には南から暖流の黒潮、北から寒流の親潮が流れており、東京水圏沖合で出会う。日本列島は南半分が南西に傾いており、これが東京水圏を屈折点として北向きに折れ曲がる。南西から北東に向かってきた黒潮と、北から南に下りてきた親潮は東京水圏沖で出会って混じり合い東方に向かって流れる（図5）。

海流は東京水圏の気象を決定づける主要因である。黒潮の勢力が強まる夏季は黒潮の源であるフィリピン沖が台風発生の源となり、黒潮とともに北上し、偏西風の影響を受けながら東に向きを変えつつ日本列島に到達する。黒潮と親潮の出会うあたりは暖気と寒気が出会うところでもあり、上昇気流による前線や積乱雲ができやすい。春秋の前線による長雨も海流の勢力の強弱による影響を受ける[8]。

東京水圏の海水系の中で東京湾は大きな役割を果たしている。東京湾は黒潮に沿った海域で最も奥行きのある内湾となっており、広大な干潟や磯、岩場など多様性が高い空間が形成された。源流の山々から豊富なミネラルが供給され、魚の餌となる貝類や甲殻類も多種棲息できる豊かなエコトーン（移行帯）[9]となっている。古東京川の川筋は深く湾口の浦賀水道あたりでは深海につながっているため、深海魚まで入ってくる生物の宝庫となっている。

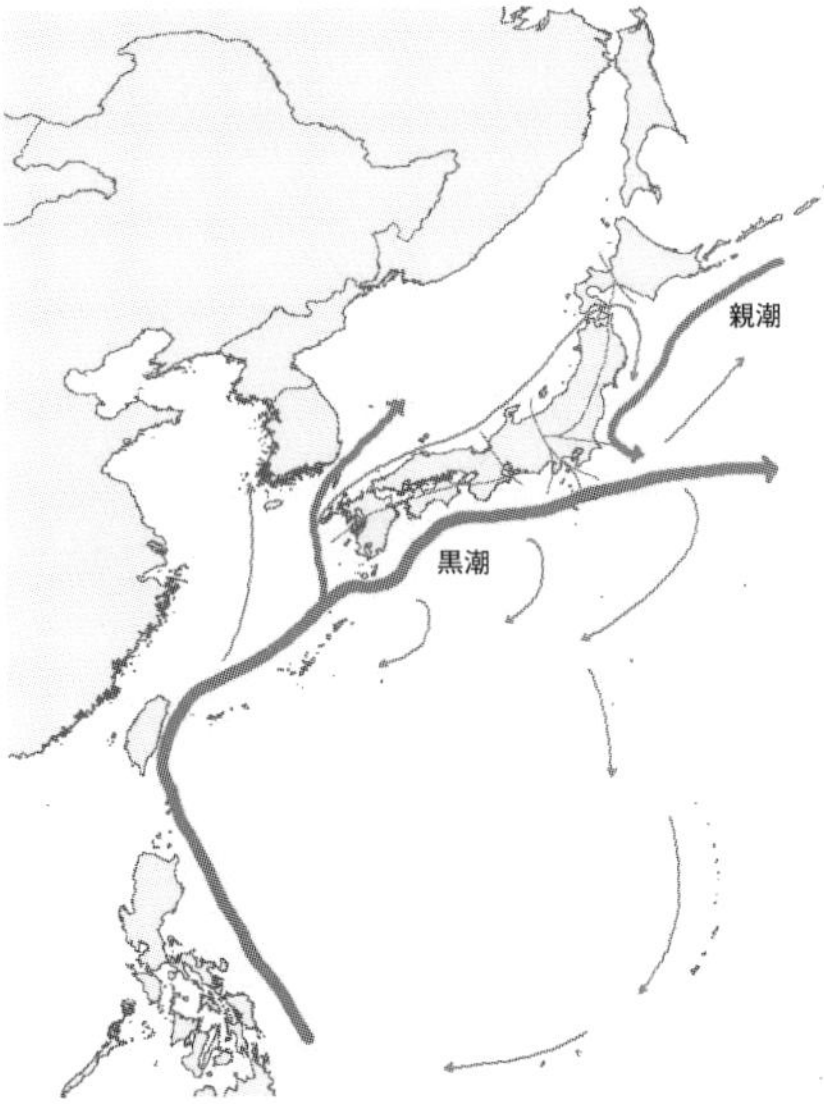

図5　日本列島周辺の海流
（Super Map GISを用いて作成：原図は小田静夫著『黒潮圏の考古学』5頁を用い加筆）
黒潮の流れは速く太平洋西岸の主要暖流であり、寒流の親潮と東京水圏沖で出会う。南方諸島との還流があり、古代の交通路だったことにも注目する必要がある。

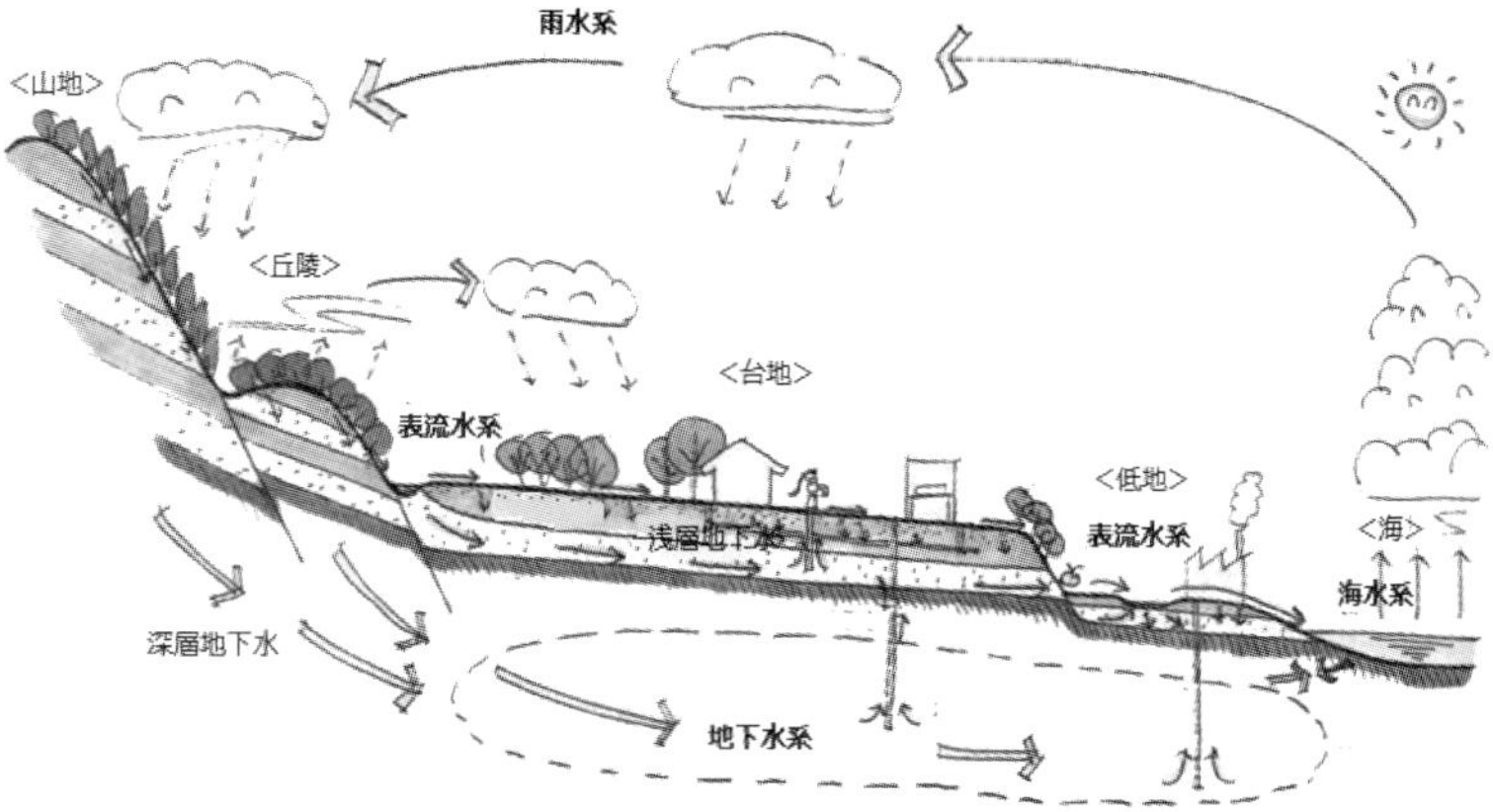

図６　水循環断面図　（筆者作成）
水循環は、海水系・雨水系・表流水系・地下水系と巡って海水系に戻る。その間に山地・丘陵・台地・低地の地形に即して流れ、一部、人工の水利によってバイパスができているが、これも最後は海に戻る。

（５）東京水圏の水循環系

水循環には地球レベルの大きな水循環から地域レベルの小さな水循環までさまざまなスケールのものがある。東京水圏は地域水循環の大単位として捉えることができるが、その中でさらに細かい中小単位の地域水循環の構造がある。ただし、蒸発散と降雨を含めた水循環系は東京水圏で完結する閉鎖系ではなく、地球全体につながる開放系ともなっている。

　水循環系の循環のエンジンは太陽熱エネルギーによる蒸発散とこれによってできる雲からの降雨である。雨は水圏全域に降り注ぎ、標高が高いところほど大きな位置エネルギーを持って水循環の原動力となる。表流水や地下水の一部は川に集まり、海に注ぐ。地下水の流れは遅く、深層地下水は浅層地下水よりもはるかに長い時間サイクルをもって循環する。川は勾配によって流れの速さが異なり、淵や湖沼では速度が遅くなる。流速は東京水圏の中でも場所により異なり、季節や天候によっても異なる。

　東京水圏の水循環系は、人間の生活によって大きく改変されてきた経緯がある。今日では、「健全な水循環系の回復」という国の目標が掲げられ、水循環基本法[10]も成立した。複雑に変化を続ける水環境に対してどのように適応してゆくかが課題である（図６）。

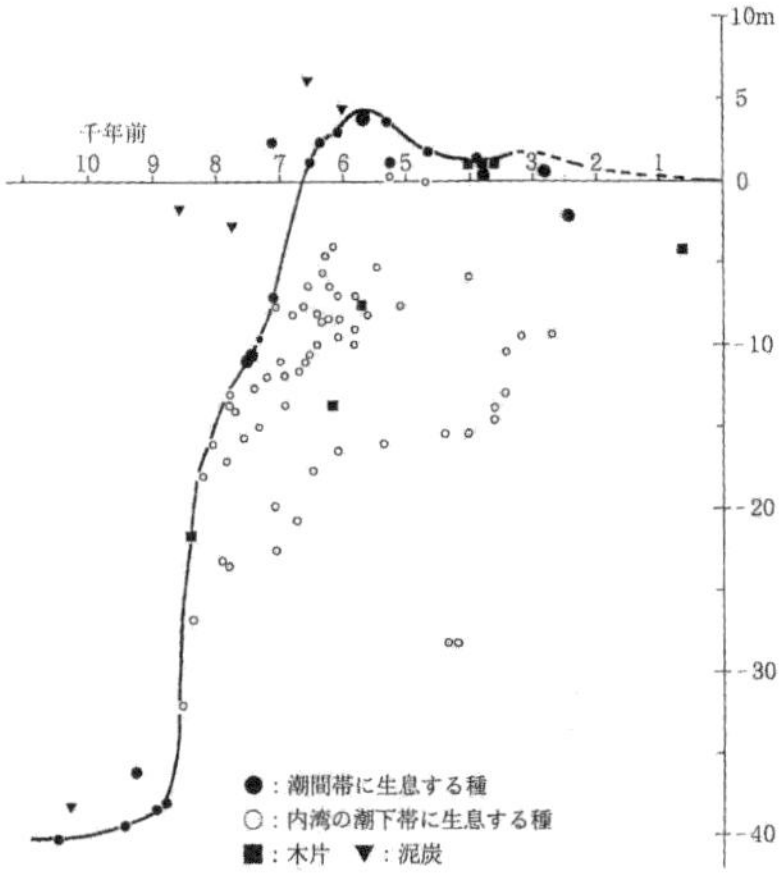

図7　海水位面の変動
（松島義章『貝が語る縄文海進―南関東、＋2℃の世界―』（有隣新書）、p.65より抜粋）

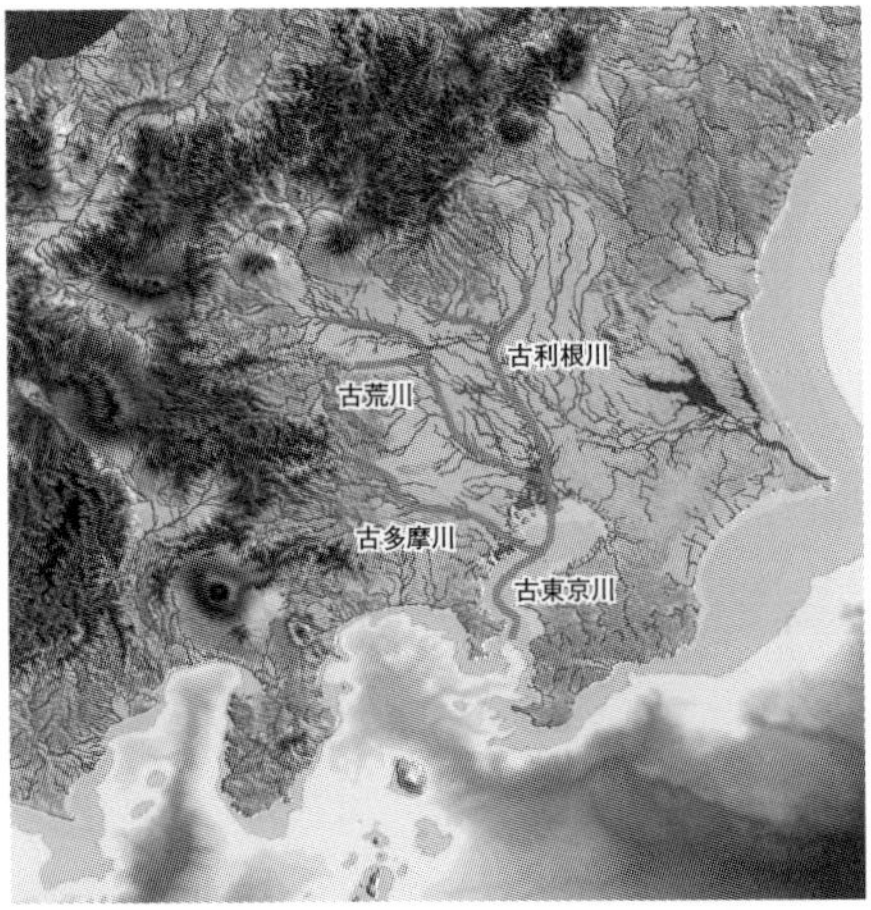

図8　古東京川　（Super Map GISを用いて作成）
最終氷期最寒冷期には海水位面が約120m低下し、東京湾は陸地となり、利根川、荒川、多摩川を束ねた古東京川が流れていた。

2　東京水圏の成り立ち

地球の長い歴史の中で、氷河期が幾度も繰り返され、これに伴い海水位面が上下してきた。東京水圏に人が住み着いてからも大きな変化があり、現在はヒトの居住にとっては比較的温暖で過ごしやすい時期である。しかし、近年急激な地球温暖化が進みつつあり、これによる居住環境の悪化が予測されている。

（1）骨格としての古東京川

人類が東京水圏に到達したのは、考古学などの成果から、四万年～三万五〇〇〇年前であり、最初に辿り着いたのは南アジアからの南方系とみられている。その頃の日本列島は、現在より海水位面が七〇メートル～九〇メートルほど低く、南方の島は台湾から沖縄まで大陸とつながっていた。また、遺伝子から見ると、北方系が日本に最初にやって来たとの見方もあり、北海道は樺太と陸続きで、アムール川河口で大陸とつながっていた[11]（図7）。

当時は気候も現在よりも寒冷で乾燥していたとみられている。その後、さらに寒冷化が進み、二万一〇〇〇年前には最終氷期最寒冷期となり、海水位面は一万九〇〇〇年前に一二〇メートルまで低下した。また、この間に多くの火山活動があり、火山灰の降下によりローム層の形成が進んだ。二万五〇〇〇年前に鹿児島の姶良《あいら》火山の巨大噴火による寒冷化が起きており、これが旧石器時代人の大きな転換期となった。九州南部の先住民は全滅し、東京水圏にも一〇センチメートルほどの火山灰が降り積もっており、日本列島の生き物の世界は大混乱に陥ったとみられている。

この海水位面が下がっていた時期の東京水圏は、東京湾が陸化していて、そこに利根川、荒川、多摩川などを一本に束ねた「古東京川」が流れていた。当時の古東京川の川筋は今も東京湾の中にその痕跡があり、東京湾西岸が深いのはそのためである。東京水圏の基本構造の第一は古東京川の水系として捉えることができる。現在、東京湾は海であるが、その本質は大河川としての性格を残している（図8）。

（2）縄文海進の海と山里

二万一〇〇〇年前以降、地球の気温は急激に温暖化し、海水位面も大きく上昇した。海進は一万九〇〇〇年ほど前から始まり、一万年前から急速に海面上昇が進み、五〇〇〇年ほど前には現在より五メートルほど海水位面が高くなった。これは一万五〇〇〇年前〜二八〇〇年前まで続く縄文時代の後半に当たり、縄文海進と呼ばれている（図9）。

海水位面の急激な変動は火山噴火を誘発する一因にもなる。七三〇〇年前には鹿児島南海にある鬼界火山の巨大噴火が起きた。膨大な火山灰は東北にまで達し、降灰は九州南部で一メートル、琵琶湖付近で五〜六センチメートル、東京でも二センチメートル程度の明確な赤色のアカホヤ層として確認できる。九州南部の縄文人は再び壊滅し、姶良噴火と同様に広域にわたり深刻な影響を与えた。寒冷期の縄文文明はいったん衰退し、その後温暖化とともに回復していく。北に行くほど影響は少なく、縄文中期の人口はほとんどが東日本に偏っていた。

縄文中期の東京水圏は、貝塚の分布により海進の最大範囲が推計されている。浅い海が広く広がり、豊かな漁場となっていたとみられる。[12] 河口のある湾奥や広大な内湾には、豊かな干潟のエコトーン（移行帯）が形成され、利根川、

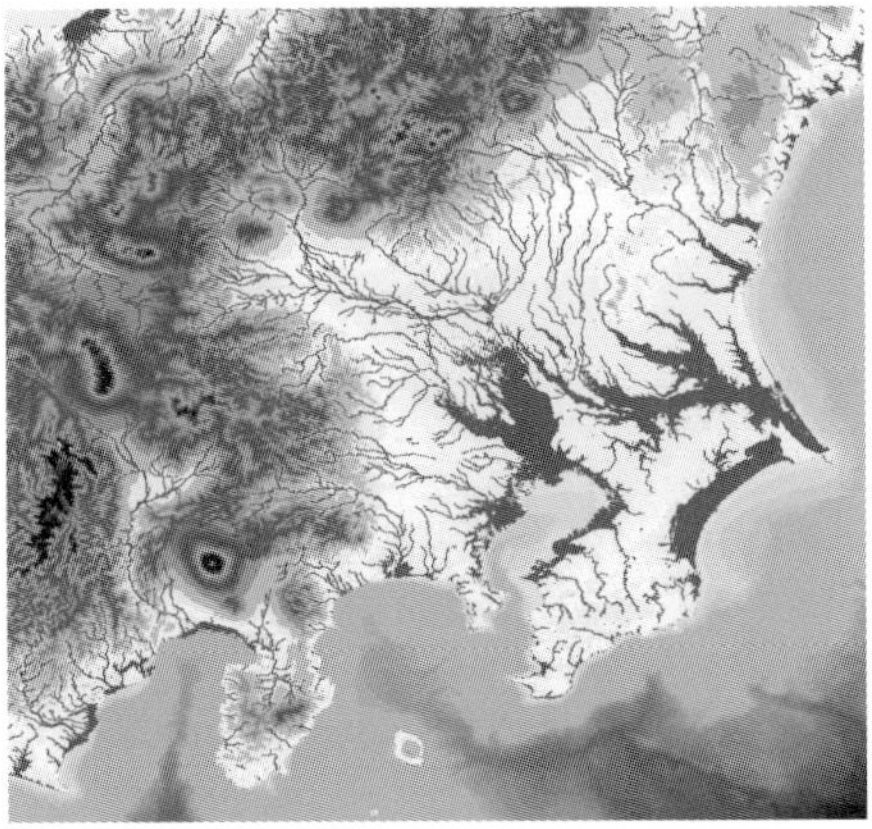

図9　縄文海進　(Super Map GISを用いて作成)
約5000年前の海進最盛期には現在より海水位面が約5m上昇し、東京湾は大宮台地下まで入り込んで奥東京湾となっていた。鬼怒川下流部も海進が進み香取湾となっていた。

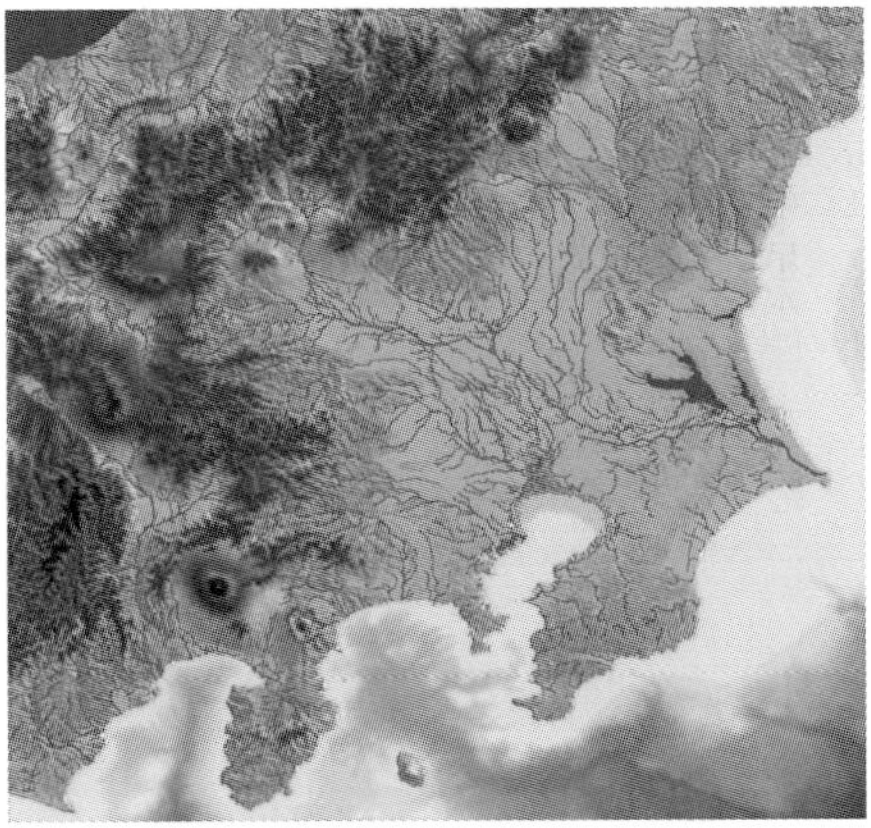

図10　弥生海退と平安海進　(Super Map GISを用いて作成)　弥生時代頃から海退が始まり、平安時代に一時海進があったが、その後近代に至るまで海退が進み、ほぼ現在の位置となった。

荒川では大宮台地周辺、多摩川では武蔵野台地河岸が早くから栄えたとみられる。森も豊かになり、温帯落葉樹林のクリを主食として栽培するまでになったとみられている。絶滅した大動物から数の多い小動物を追って山道が発達し、里では雑穀の栽培なども始まり、雑食化という適応性も高まった。縄文人は海に近い河岸崖線の小さな湧水を拠り所として水辺の幸と森の恵みが得られる小群落を数多く形成していったと見られる。これが東京水圏と日本の原風景の一つであり、今日に至る里山風景につながっている。

（3）弥生海退と低地の出現

約四五〇〇年前から世界的に寒冷化が始まり、生態系も変化して生産性の高いクリが得にくくなっていった。東京水圏の縄文後期の人口は激減し、より温暖な西日本の人口が増えていった。東北で栄えた縄文文化も途絶えるなど、縄文人の多くは他の生きものと共に南に移動していったとみられている。弥生時代になると、寒冷化とともに海退が進み、東京水圏の中央部に広大な低平地が出現した（図10）。この頃には、大陸からの渡来人の定着と拡大が進み、生産の主体は低平地の水田耕作に移っていった。稲の生産性は高く、集約的な生産形態をとることから、生活が豊かになると同時に集権化が進んだ。豪族が各地に出現するようになり、大規模な墳墓がつくられるようになった。

東京水圏では、外洋に面した沿岸地域では寒冷化の影響が小さかったとみられ、ここには黒潮ルートで南から到達していた先住民が早くから定着していた。また、鬼怒川水系の河口部は豊かな水郷地帯の水産物に支えられて栄えていたとみられる。利根川筋はまだ大湿地帯で、利根川を境界として関東水圏内陸部の居住域は西部と東部に大きく分かれていた。西の地域では利根川、荒川の中流域を中心に山裾湧水や扇状地湧水に依拠した居住地を形成していた。森の狩場に加えて、牧には適しており、馬を駆使することで次第に発展していった。

古墳時代、飛鳥時代には、中国大陸や朝鮮半島でも寒冷化の影響を受けて動乱が続き、その余波は日本列島にも及んだ。奈良時代には大陸文明を取り入れた古代国家としての日本が成立し、坂東の諸国家も六四六年の大化改新以降、律令制の体制に組み込まれた。坂東諸国の領域は、当時の地形単位に依拠しており、その地域区分の基本は今日まで引き継がれている。律令制時代の国府は、各国の水系の要衝の地に立地しており、水都の原型もこの時期に生まれたとみることができる[13]。

（4）平安海進と湿潤な日本の成立

弥生海退の寒冷化が進んだ後、一〇〇〇年ほど前に一時的な温暖期がやってくる。降雨量が増えて、陸地化していた場所が海進により再度湿地に戻っていった。この時、東京水圏は日本列島の中では格段に大きな関東平野を形成していたが、下流部の大部分はまだ大湿地帯だったとみられる。関東水圏の東西の交通は限られた渡渉点や渡し舟、小さな橋に依っており、地域は独立していた。温暖化により生産性が上がり、社会が安定して文化が一気に花開いた時代である。この時期、日本列島の中央集権化が進む一方で、東京水圏では、湿潤化により地域の分節化が進み、その水系構造によって区分された領主のテリトリーが強化された。全国各地でも地域固有の水条件に即した文化が形成されていった。平安時代の日本文化の成立には、こうした気候条件の背景があり、温暖で湿潤な時代の環境が日本固有の文化形成を育んだ。

（5）近世に至る海退と戦国

平安海進は大きな気候変動の流れの中での小さな揺り戻しであり、有史時代を通してみると、八〇〇〇年前から次第に寒冷化していく傾向にあった。平安時代末期から以降は再び寒冷化の時代となり、一〇〇〇年前をピークに、近世に向かって寒冷化が進んだ。その原因として、九四〇年頃に現在の北朝鮮にある白頭山の巨大噴火があるとみられている。その影響は全世界の気候にも影響を及ぼし、火山灰は東北地方にも降り注いだ。これに伴う寒冷化が平安末期の応仁の乱などの大きな混乱に関係したとみられている(14)。

東京水圏では、各地で豪族が力をつける一方で、領地はまだ不安定で小規模な開拓地が多く、人口が増えるにつれて小さな気候変動でも大きな影響を受けるようになってきていた。富士山爆発（九三七年）は凶作、飢饉をもたらし、狭い領域に閉じ込められていた農民のストレスはさらに溜まっていった。こうした状況の中、技術的な活路を見出すべく、農具の改良や用水路の整備などが盛んに行われるようになり、自然水系の人工的改変が盛んになってきた。水を制御する大規模土木工事はすでに古墳時代から行われていたが、東京水圏でも本格的な水工土木工事が行われるようになる。時代は戦国となり、生き残りをかけてテリトリーの保持と領地獲得争いが激化する。

坂東にとって鎌倉幕府の成立は大きな意味を持った。鎌倉は小さな山に囲まれて海に開いた「水都」であった。三浦半島と伊豆半島に海上防衛ラインを布き、鎌倉道で束ねられた東京水圏全体を背後に包含する広大な版図を有する。

中核の鎌倉は小さいが、頼朝の描いた構想は坂東を背景に海道も押さえた壮大なものだった。

しかし、元寇の国難を経て、鎌倉幕府の衰退とともに政治の中心は再び京都に戻り、室町時代には平安以来の爛熟期を迎える。しかし、巷では災害や飢饉が相次ぎ、ついに応仁の乱となって京都は再度戦火で壊滅する。坂東諸国も災害の多発で疲弊、混乱し、戦国の争いが果てしなく続いた。全国に及ぶ群雄割拠の段階を経て、最終的に徳川家康が覇者となった。

3　「水都江戸」の成立

家康は、豊臣秀吉に関八州に移封され、泣く泣く寂れた江戸城に入ったとされるが、果たしてそうだろうか。家康は、江戸に入る以前に全国を転戦し、秀吉の「水都京都」の改造や、新しい時代の象徴ともいえる「商都」の堺や、激しい攻防を行った大坂城などから多くを学んでいる。戦国武将の地勢を見る目は確かであり、孫子・呉子の兵法をはじめとして築城・攻城術にも長けていた。「水都江戸」は、こうした経験を踏まえて首都としてふさわしい構想を練ったてあろう。家康は、幼少期に今川家に人質として長く過ごし、東国の事情には通じていた。境遇を同じくする頼朝には多くを学んだであろう。頼朝を尊崇する徳川家康は、東国国家の再興を図り、坂東全域を視野に入れた首都構想を描いたものと思われる。それ故、「水都江戸」の版図が「水都鎌倉」を凌ぐ東京水圏全域であることに不思議はない。

家康の時代には古代に比して土木技術や水管理技術が格段に進化しており、大規模な水系構造の改造を実現している。主なものとして、江戸城のお濠や用水路網の整備、多摩川開発と玉川上水の開削、利根川東遷・荒川西遷、小名木川・新川の開削、お止め山と御巣鷹山の整備、などである。これらは、どれ一つとっても優れた事業であるが、バラバラではなく、それぞれが相互に関連するする一体的な計画となっている。

（1）江戸城内濠・外濠の整備

江戸城は東京水圏の中で絶妙な位置にある。もとは品川を拠点としていた太田道灌が築城した出城であり、鎌倉公方が古河公方と利根川をはさんで対峙するべくつくられた。品川沖から見ると武蔵野台地の先端が一際高くそびえる最東端にあり、城の立地として優れた戦略拠点であった。家康が関八州に移封された時点では、長い東国内の抗争の果てに江戸城も荒れ果てていた。

家康がその江戸城に目を付けたのは、道灌とはまた別の視点からだったと思われる。それは、東京水圏を一望できる甲武の山からの視野だったと思われる。家康は織田軍の一隊として武田家を滅ぼす大きな役割を担ったが、信玄を畏怖し、その軍政を高く評価していたことから、武田家の遺臣を多く引き取った。戦国時代最強軍団を支えた有能な彼らを家康は重用した。大久保長安もその一人であるが、長安は家康が関東に入るにあたり事前に土地台帳の作成を命じられている。家康の関東一円を見渡した江戸整備には、甲州流治水や鉱山技術など、甲州からの技術導入が役立ったものとみられる。

江戸城の位置の絶妙さは、武蔵野台地の最東端であるだけでなく、多摩川、荒川、利根川の水系が一点に集まる河口部にあり、江戸湾の最奥にもあたる要所としての特異性にある。江戸城は、広域戦略の要衝であり、家康はその水系改造を踏まえた全体像を視野に入れていたとみられる。

江戸城の足元には日比谷入り江が入り込んでいたが、ここは平川（神田川）の河口であり、入り江の東側には荒川（隅田川）がつくった半島状の河口洲である江戸前島があった。低湿地帯が広がり、葦葭原も広がっていたという。家康は、この日比谷入り江を埋め立てるために神田山を切り崩し、広い平地をつくり出した。ここに道三堀と低地部の内濠の整備を行い、物流ルートの確保から始めた。埋立地には運河が廻らされ、河岸地が多く配置され、新たな江戸湊は首都の物流拠点として整備された。さらに江戸城を取り巻く小さな谷戸を掘削して内濠を完成させ、そこに湧水を用いた水源池や溜池も設けた。また、本郷台地を開削して平川の上流部の神田川を隅田川につなげることにより、神田川の水害対策と外濠への舟運の導入が図られた。後年には平川の谷戸に沿って掘割を開削し、最後は台地を深く開削し、外濠が完成した[15](図11、図12)。

江戸城の水系改造は、地下水系、表流水系、海水系の全てに及んでおり、幅広い知恵と技術、膨大な資材と労働力が結集されている。江戸城の立地は、地下水系から見ると、武蔵野台地の下末吉面と武蔵野面にまたがっており、浅い地下水の宙水を濠などに活かした整備を行っている。表流水系では細かく発達した谷戸が集まる地形を利用して掘割とする一方、神田川は迂回させ、隅田川も上流で荒川を付け替えるなど大きく手を入れて安定させている。海水系の改変も大規模だが、運河網を整備することで海域と陸域の交わりを高めている。清流の中小河川群の流入による生物多様性に富んだ

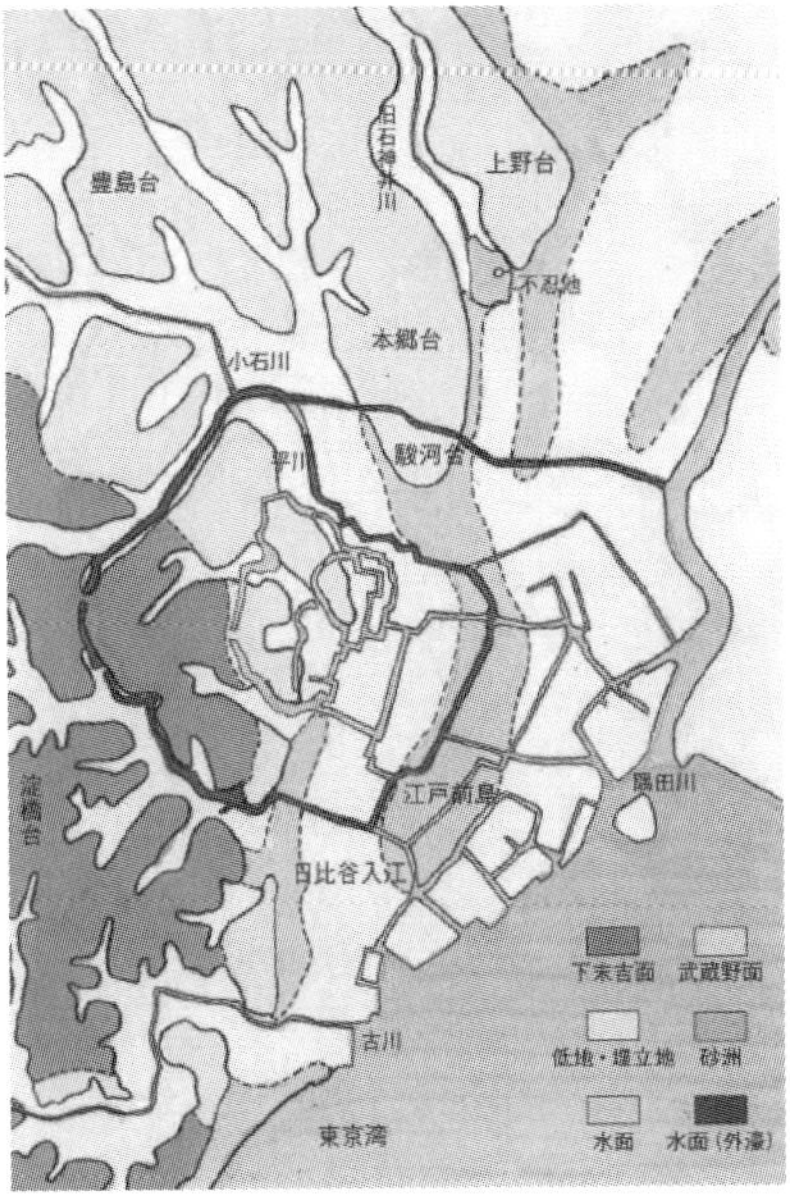

図11　内濠・外濠の位置と原地形　(筆者作成、原図は貝塚爽平著『東京の自然史』12頁をもとに作成加筆)　内濠・外濠は、日比谷入り江などの低湿地を埋め立て、台地の谷地を利用しつつ開削し、付け替えた神田川の流路も用いている。

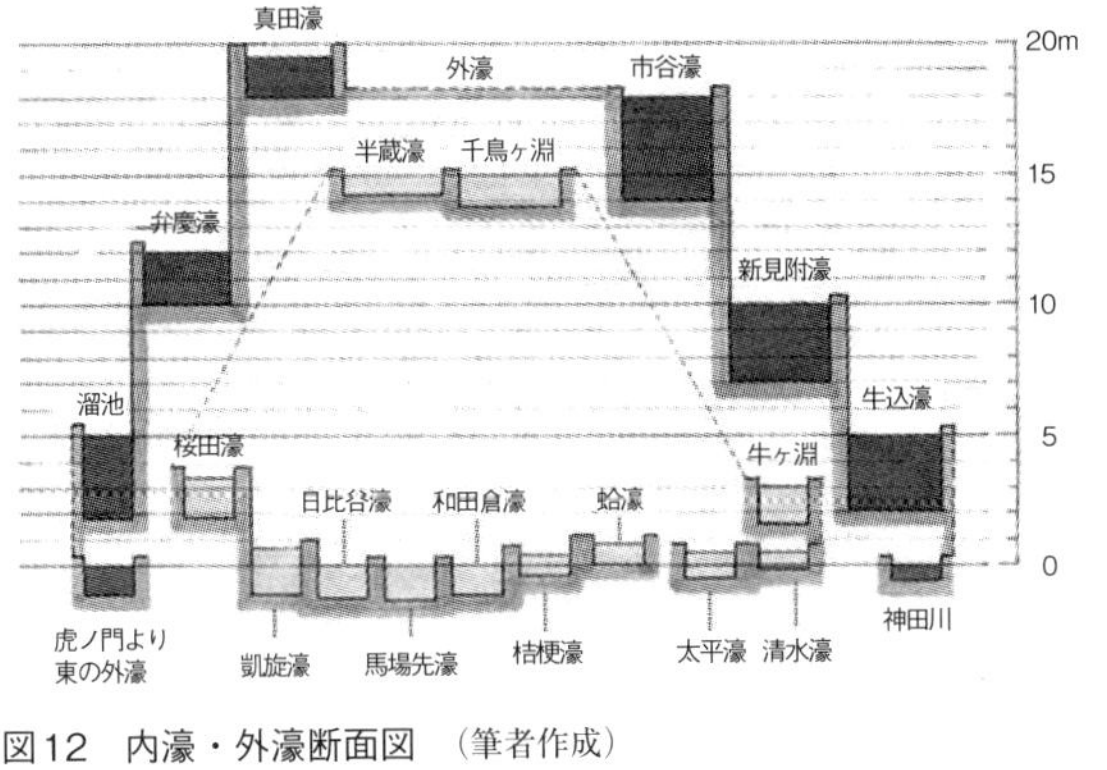

図12　内濠・外濠断面図　(筆者作成)
台地と低地を利用して、その高低差によりお濠の水循環を行っている。最も高い真田堀には玉川上水が給水されていた。

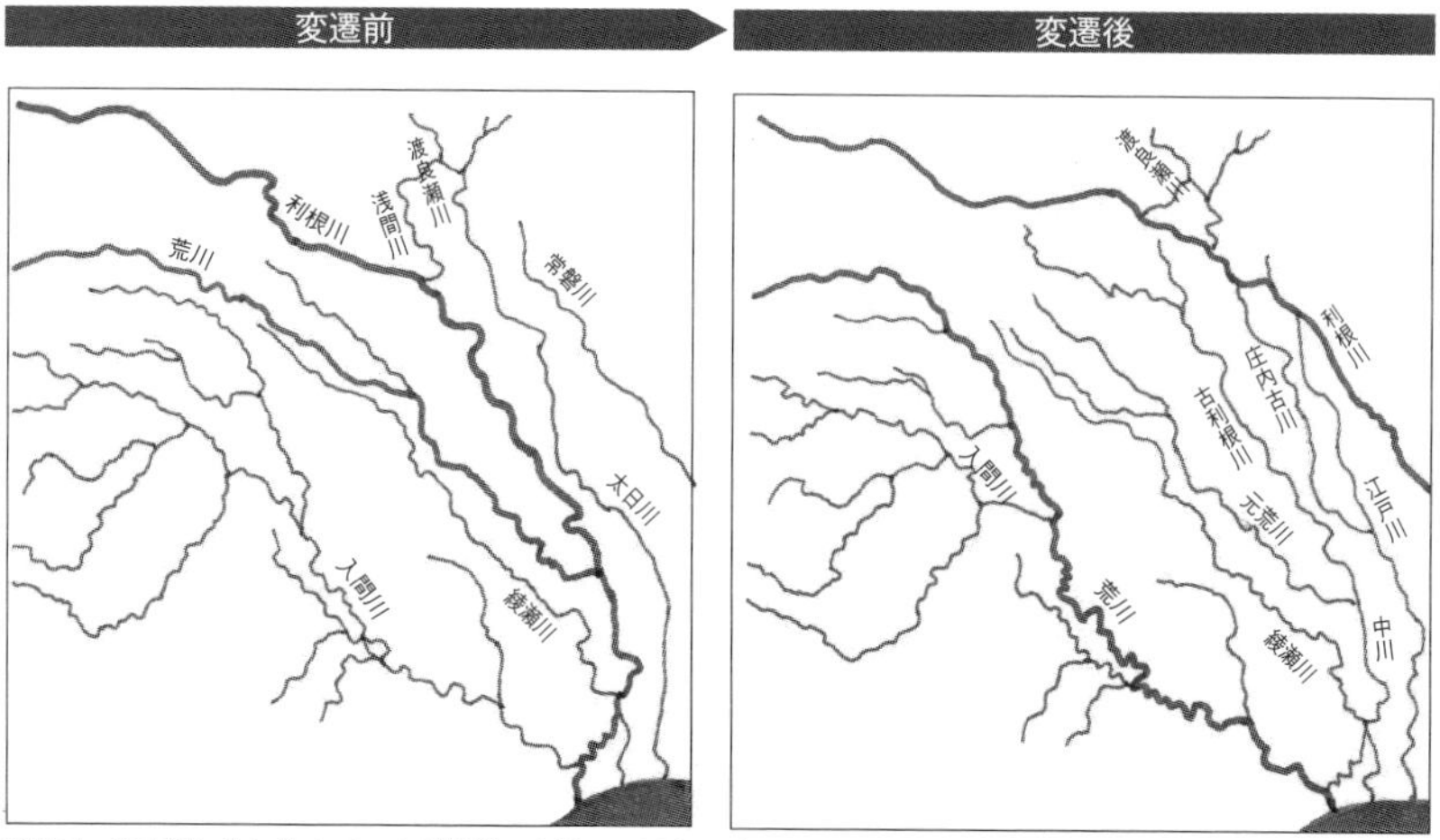

荒川は、東京湾に流れ込んでいた利根川の支川で、現在の元荒川筋を流れていた。

今から約370年前の江戸時代に、熊谷市久下あたりで新しい河道を開削し、和田吉野川と合わせ、現在のように入間川を合流して東京湾に注ぎ込むようになった。河口部の流れは、現在の隅田川筋である。

図13　利根川東遷・荒川西遷　(国土交通省HPを参考に筆者作成)
荒川は下流部で利根川と合流する川だったが、上流部で利根川から分離して入間川の川筋に流し、利根川は上流部で常陸川につなぎ、銚子に流した。

豊かな海を損なうことも最小限にとどまっている。総じて水との関わり方がより豊かになったと見ることができる[16]。

(2) 利根川東遷・荒川西遷

家康が江戸に入府した一五九〇年八月に隅田川が氾濫している。荒川利根川の大氾濫原はかねてより領主たちが手を焼いてきた問題であり、江戸にとって治水は重要課題だった。利根川と荒川はしばしば氾濫して一体となって乱流していた。これを治めるために、上流部で河道の付け替えが何度も試みられた。一五九四年に会の川締め切りに始まり、利根川の河道を次第に東に寄せていった。一六四一年には赤堀川を新たに開削して利根川を鬼怒川水系の常陸川に放流した。その後も整備を続け、利根川本流は銚子に流れることになり、元の川筋は江戸川と中川としてまとめられた。利根川東遷が完成したとみられるのは一六五四年であり、その後も江戸時代を通して工事が継続されている。また、荒川も一六二九年に入間川上流部に付け替えられ、低地の西側に寄せられた。これにより、利根川と荒川は分離され、大氾濫原は農地化が進み、江戸を代表する川は荒川水系の隅田川となった（図13）。

利根川と荒川の流路を固定することは、舟運を安定させる目的もあった。戦国時代の重要戦略物資として水とともに重要なのは塩であった。家康は、行徳塩田の塩を運搬するために、浅瀬の江戸湾では舟運に不便だったことから、沿岸に小名木川運河を掘った。さらにこれを伸延させて新川（船堀川）を開削することにより、江戸川までつなげた。これにより、銚子から江戸中心部に至る航路ができ上がり、江戸湾の海道とつながった。これは江戸湾が行き止まりだった東京水圏の地域構造を大きく変える意味を持った。鬼怒川流域と分断されていた利根川内陸部には川湊が発達し、小名木川でつながった荒川流域も含めて、流域を越えた広域水運ネットワークが形成された。

（3）多摩川開発と玉川上水開削

一方、多摩川では、江戸開府六年前の一五九七（慶長二）年から、六郷用水と二ヶ領用水が計画され、一六一一年に完成している。城下町の整備と同時に直近の未開発地に水田開発を進めた。これが江戸初期の食糧供給に寄与するとともに、後の多摩川沿川発展の足がかりとなった。そして多摩川の清流河川としての真価が発揮されたのは、伏流水としての神田川を使った神田上水や上流から取水した玉川上水など、飲料水としての価値であった。

江戸城は湧水に恵まれた場所に立地している。しかし、惣構の中の武家屋敷や町人地だけでも大きな人口があり、さらに首都としての膨張に伴う水需要の増加が加速した。当初は千鳥ヶ淵と溜池が水源であったが、湧水量は限られており、より大きな水源を必要とした。そこで、神田川の井の頭池を水源とする神田上水が一五九二年に整備されたが、それでも追い付かなかった。玉川上水はその対策として一六五三年に急遽開削されたと伝えられている。工事は二回失敗したが羽村から取り入れる三回目のルートで成功し、難工事にもかかわらず一年に満たない期間で完成したという。上水は四谷大木戸から地下に入り、江戸城内や武家屋敷に配水されたほか、市内にくまなく配水された(17)。

玉川上水の役割は、都市用水を賄っただけでなく、武蔵野台地の開発に寄与したことも大きい。分水路網が張り巡ら

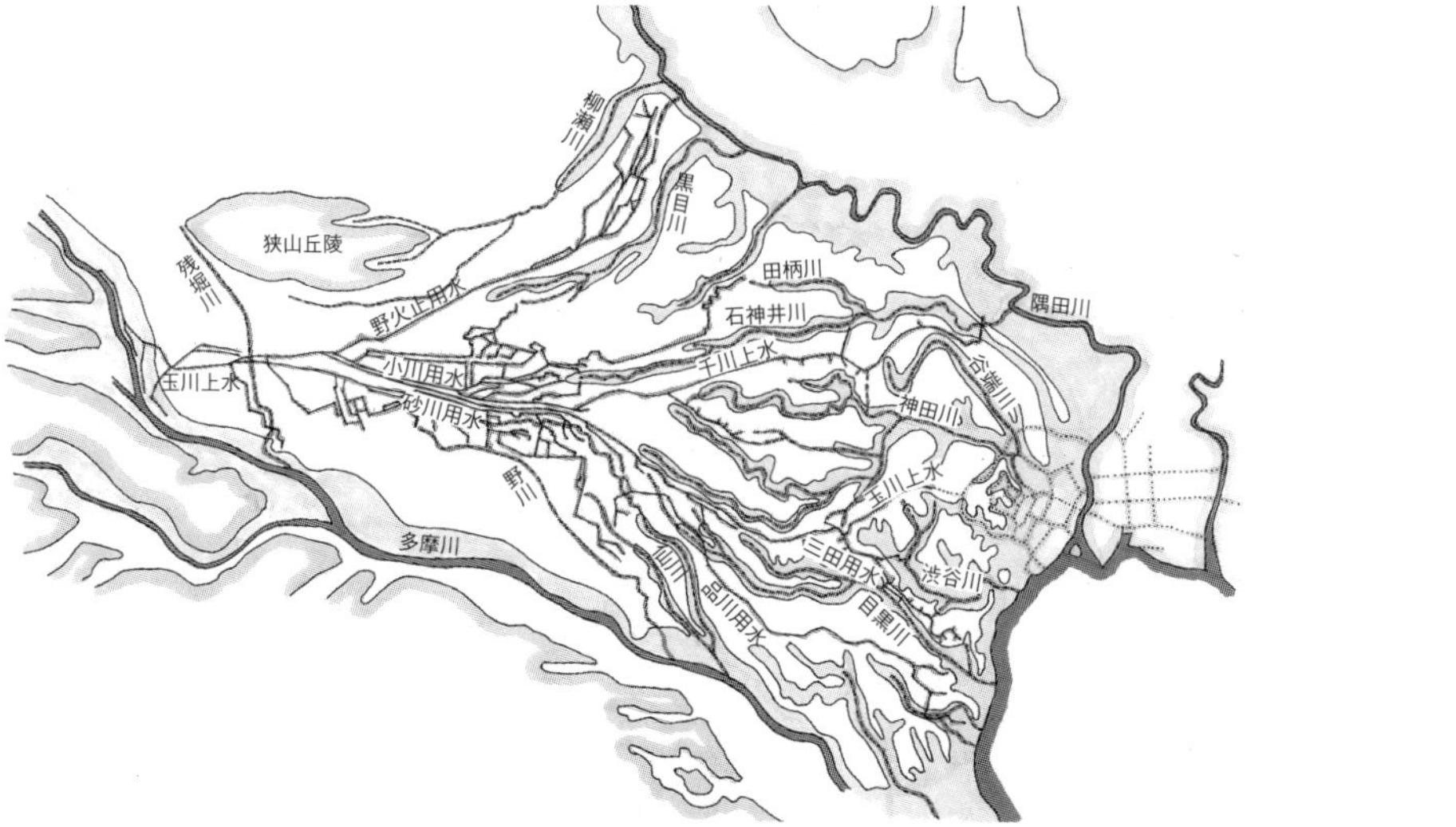

図14　玉川上水網　（筆者作成、原図は比留間博著『玉川上水』146-147頁を用い加筆）玉川上水の分水網は、その流末が全て武蔵野台地の中小河川の源頭につながれていた。

され、用水路沿いに新田開発が進んだ。その結果、貧水性で不毛の土地が、人が住み畑や雑木林をつくれるまでになった。玉川上水は素掘りであり、結果としてローム層の台地を潤す一大灌漑事業となった。分水路の末端は全て中小河川の源頭につなげられ、武蔵野台地全体に広大な水網が形成された。

計画からたった一年でできてしまった一大工事には史料が乏しく謎も多いという。水不足になってから思い付きで始めたとは思えない節もある。それは、玉川上水が外濠の最も高い位置にある真田堀に落とされて、内濠・外濠全体の水循環の源頭としての役割を担っていたからである。玉川上水のこうした高次元の発想は家康の当初計画の江戸全体像の中にあって、玉川上水の完成をもって外濠が完成したと見ることもできる。

玉川上水は、利根川東遷・荒川西遷と並んで東京水圏の水系構造を大きく変える役割を果たした。表流水系に新たな水網を加えただけでなく、武蔵野台地の地下水系の構造も大きく変えた。多摩川上流部の清流が直接江戸市内に流れ込むようになったことで、中小河川群や各河口部の水田の収穫や生態系にも少なからず影響を与えたとみられる。また、武蔵野台地全体が居住適地に変わったことは、その後の東京に至る

図15　「調布玉川惣畫図」（長谷川雪堤筆　多摩市教育委員会所蔵、写真提供：公益財団法人多摩市文化振興財団）多摩川源流部が描かれている。多摩川源流は江戸時代には玉川とされていた。しかし、絵図でも小菅川が上流に延びて大菩薩峠に至ることが記されている。このルートが甲州に抜ける古道であり、甲州街道が整備された後は甲州街道裏街道と呼ばれた。

までの西方への居住地発展を支える基盤となった（図14）。

家康は初めから源流の山々の価値を見抜いていたと思われる。

（4）お止め山と御巣鷹山

源流の価値は水そのものだけではない。水が育む山の木々が江戸の重要な建設資材であり、粗朶《そだ》は燃料として不可欠であった。粗朶を用いた炭は山林の主要産品でもあった。他にもキノコや木の実、薬草、イノシシなど、源流は江戸を支える資源の山であった。当時の西国はすでに長い戦乱と元々貧弱な生態系であったことから山林崩壊が進み疲弊が進んでいた。奥三河出身の家康には山の価値もよく分かっていたものと思われる。

その証拠と言える政策がお止め山と御巣鷹山である。森林保護と鳥獣保護を実施していたのである。幕府は、玉川上水の水量を確保するため、源流の森林の多くを「お止め山」として森林伐採を禁じ、焼き畑や開墾も厳しく制限した。また、鷹狩の鷹を育てるための御巣鷹山と鷹狩をする御鷹場を各地に指定し、森林と野生動物の保護を行った（図15）。

林業振興と森林の保全の一体化は、治山治水の考え方そのものであり、後に河村瑞賢によって確立される。港湾が川の堆砂で埋まりやすく、それが上流部の荒廃と関係することは当時すでに知られていた。材木屋で財を成した河村瑞賢は山と川と海の関係をよく承知しており、治山治水や航路開発に業績を上げた。

こうした生態系を全体像として捉える視点は、優れた武将に共通する資質で

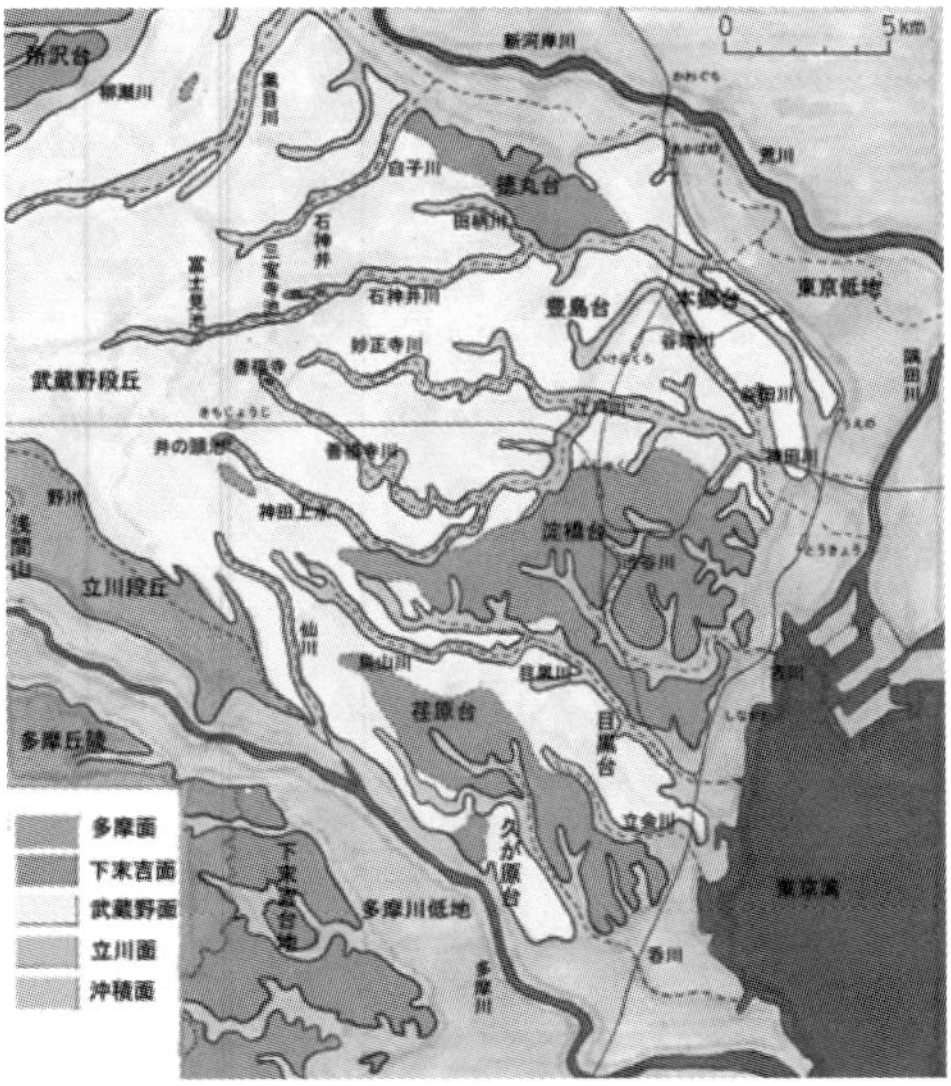

図16　武蔵野台地の地形地質（筆者作成、原図は貝塚爽平著『東京の自然史』31頁を引用加筆）

もあった。家康はエコロジストとしても秀でていたと言える。今日で言うところの水循環系全体を見渡して総合的なバランスをとった計画を行ったのである。これが「水都江戸」であり、中核となる外濠と外郭となる源流の山々によって江戸の外郭、内郭のテリトリーが形成されていた。

(5)「水都江戸」の水系構造

江戸の水系構造は江戸末期に最も豊かになったと言える。江戸の発展は江戸切絵図からも読み取れる。複数の切絵図から水面部分を取り出してみると、江戸の水系構造がよくわかる。江戸以前に比べてはるかに多くの水域が生まれており、制御された水際線の長さは飛躍的に増えている（口絵、「切絵図・迅速図からの江戸水系図」参照）。

まず、内濠と外濠が江戸の中心核を明確に描いている。その位置は台地と低地にまたがって両者をつないでいる。台地部は目黒川と石神井川で輪郭がつくられており、その内側に神田川の外郭線が見える。さらにその外側には、多摩川と新河岸川の崖線のエッジがある。つまり、外濠から外側に三つの自然のエッジがあり、全体として環状の構成となっている。実は、目黒川、神田川、石神井川は、かつての多摩川の流路跡であり、図16でわかるように、江戸城を中心とする下末吉台の台地部が削り残されたのである。

次に低地部では、荒川即ち隅田川と旧利根川の江戸川が東西に離れて、その間に低地部が広がり、中央に中川が流れている。隅田川と中川の間の下流部はデルタ地域となっていて、人工の運河が碁盤目状に配されており、臨海部は木場などがあって運河の密度が高い。また、デルタ地域の上流側には水田地帯が広がり、細かい用水路網が敷かれている。中川の東側も水田地帯で、かつての利根川の流路にもとづく用水路網が発達している。

水系から見た江戸のテリトリーは、戦国というヒトの生存競争と淘汰の果てに辿り着いた一大生息圏である。エコヒストリーの中でも、原始、古代の湧水を単位とした集落とその生活圏という小さなテリトリーが、その集合体としての郷や国に発展し、より広域なテリトリーを持つ水都に至ったといえる。生活圏を支えるテリトリーには、交通、流通ルートの要衝を押さえるという方法と、日常的な食料供給や生活物資の生産地域を押さえるという、線的、面的な保持方法がある。自然の水系に依存していた時代から、近世になって技術力を駆使して人工水系をつくり出すようになったことで、テリトリーは拡大し、これを保持するためにより大きな武力と高い技術力も必要となっていった。戦国時代の終焉は、淘汰が進んで全国の生態学的なスミワケを完成させた。「水都江戸」はそのスミワケの頂点に立つ最大の群集地となった。巨大にもかかわらず、テリトリーの中核部と外縁地域の関係は水循環系で一体的なつながりが保たれていた。新たにつくられた中核部に対して、外縁部は江戸時代に至る過程で歴史的に蓄積されてきた小さな生活圏の集積であり、それは古代以来の地理地形と水系で区分けされたかつて

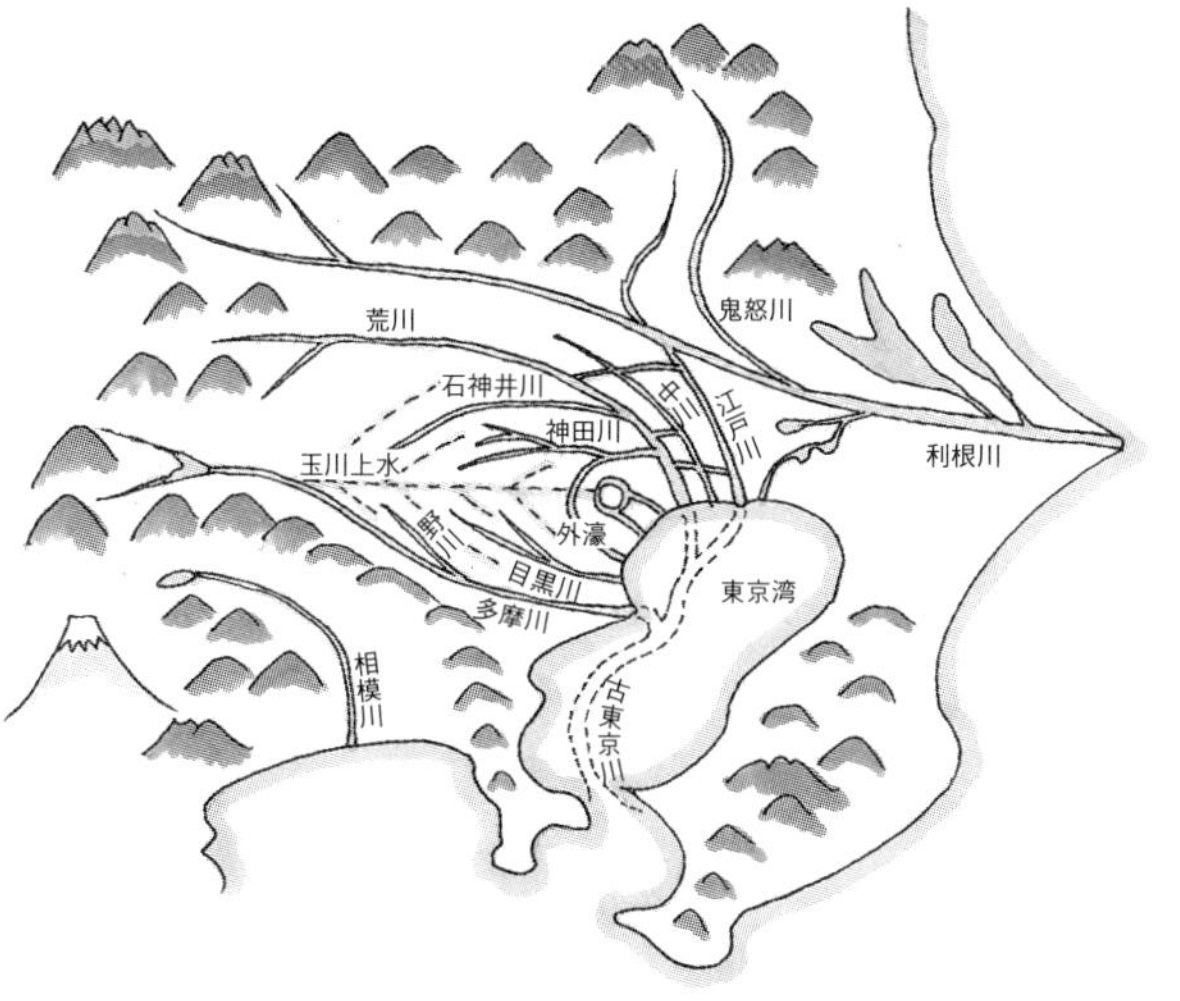

図17　江戸水系構造　（筆者作成）
江戸は、内濠・外濠を中核として、幾重にも水系で包み込まれた構造となっており、玉川上水の給水網と利根川・江戸川・荒川の舟運ネットワークによって構成されている。その外縁は、源流の山々と黒潮の海流によって画されている。

の国や郷の単位が基本となっている。これは稲作によって生活の基本が支えられてきた農業社会であったために流域単位や水系単位でテリトリーが構成され、それが大きく束ねられても基本単位は変わらないからである。近代以降の地形や水系に縛られずに化石エネルギーを用いるようになる以前の到達点として、「水都江戸」は地球環境時代に振り返るべきモデルといえる（図17）。

4　水都東京に向けて

江戸時代初期は次第に寒冷化が進行する時代の中に訪れた一時の温暖期であった。そこに至る中世の戦国時代の混乱は、気候変動による食料供給の困窮が大きな要因の一つだった。家康は戦国の覇者であると同時に、気候に恵まれた点においても桓武の平安初期とよく似ている。しかし、家康は戦国を引き起こす混乱の要因となる食料供給や水資源確保など、生存を支えるための都市整備に徹底的な手を打った。その結果が「水都江戸」と言ってよい。

しかし、江戸末期には寒冷化の影響が深刻化し、火山噴火や大洪水などが頻発した。鎌倉時代の元寇は日本にとって大きな転機となったが、その教訓もあり内需で国力を蓄える鎖国政策をとって来た江戸幕府も、黒船によって開国を余儀なくされた。

この西欧列国の大航海時代自体が、世界中を襲っていた寒冷化による西欧の行き詰まりを打開すべく技術開発に糸口を求めた結果であり、これにより得られた武力による外攻策だった。植民地化されたアジア各国に対して、最後の標的とされた日本はかろうじて植民地化を免れた。近代の産業革命以降、帝国主義の覇権を争う時代となり、戦争が多発し、ついに二度の世界大戦を引き起こすまでになった。この化石燃料の膨大な消費により、寒冷化は一転、地球温暖化の時代に転じた。

（1）東京水圏の変容

「水都江戸」の変容はドラスティックなものだった。鉄道と自動車の登場により、陸の時代となり、近代水道や上水道が普及するなど、水系構造は大きく改変された。関東大震災や太平洋戦争が、その大きな契機となり、掘割や水辺が瓦礫で埋め立てられ、道路や建築用地に転換された。戦後復興の過程でも海岸線埋立てが盛んに行われ、東京オリンピックに際しては、お濠や河川の上に高速道路が建設されるなど、「水都江戸」の水系構造は大きく変容した（口絵、「現在の東京水系図」参照）。

地下水系では、低地の工業地帯の地下水揚水により、大規模な地盤沈下が起きた。深層地下水の過剰汲み上げだけでなく、家庭の井戸の水源として使われてきた浅層地下水も水位低下して、湧水の枯渇や河川の流量が減少し、生物生態系は損なわれていった。地下鉄や大規模建築の地下工事による水みちの阻害など、地下環境の攪乱も起きている。表流水系では、市街化の進行による都市洪水対策としてコンクリート三面張りの護岸や河道の直線化が行われた。地盤沈下地帯では、護岸のかさ上げが繰り返され、カミソリ護岸となった。水田や湿地の多くは団地に変わり、風景は一変した。上下水道の普及は表流水を風景から消したが、衛生面の向上や安定給水、治水対策など多くの貢献をした。海水系では海岸線の干拓が進み、自然海岸が消滅して海との関わりが分断された。一方で東京港や横浜港の港湾整備が進み、東京湾への大型船の出入りができるようになった。雨水系では、都市の過密化によりヒートアイランド現象が起きるようになり、乾燥化が進むとともに、上昇気流の勢いが強くなり、積乱雲の勢力が増して都市型集中豪雨の要因にもなってきた。水質の汚染は、河川系、地下水系、海水系の全てに及んだ。

（2）水辺空間保全と水系再生

幕末には国土の疲弊も進んでいて、森林は関東水圏でもすでに危機的状況を呈していた。江戸時代初期には森林保護の重要性を踏まえた治山治水の政策が取られていた。しかし幕末にはその統制が緩み、森林荒廃が進んでいた。明

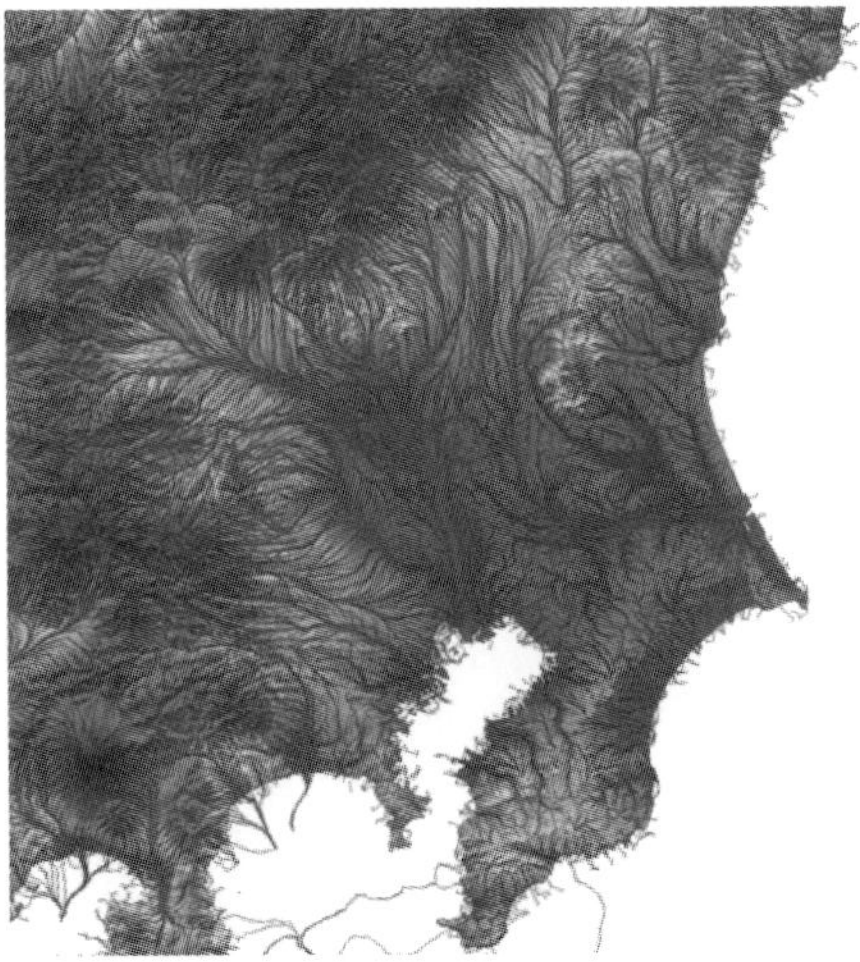

図18　地下水の流れ
(提供：リバーフロント研究所　製作：地圏環境テクノロジー)
地下水の流れをシミュレーションした図によると、利根川本流は今も東京湾に流れていることが分かる。多摩川も武蔵野台地の伏流水として荒川に流入する水みちが多くみられる。また、利根川の源流部が東京水圏の主要な水源であることも読み取れる。

治に入るころには治山治水の考え方が見直され、治水に限らず上水確保のための水源林保護が重視された。

東京府は水源林調査の通達に基づき、同年調査を行い、後に「武蔵国玉川泉源巡検記」として報告している。当時、源流部の山は入会山と御料山との関係でトラブルが多発して荒廃が進んでいたことが背景にある。この時、山を再生するために植えられた苗木が今日の東京の水源林となっている。帝都東京以降の水都改変の中でも、水源林保護に関しては水都江戸の施策が継承されたと言える[18]。

戦後になると、公害問題や環境問題が全国で起きるようになり、一九七〇年代以降、環境の保全再生の意識が高まってきた。東京水圏においては、隅田川の水質改善や暗渠化した川の再生、水辺の空間づくり、ウォーターフロント開発などが行われるようになった。一九九二年の地球環境サミット以来、地球環境保全が世界の共通課題として共有され、人類全体の存続をかけた環境再生の時代に入った。地球破滅シナリオが描かれ、二酸化炭素削減のための合意を図る作業が続けられているものの、南北問題や地域間戦争の問題が解けず、現状は最悪シナリオの方向性に向かっている。これから東京水圏で取り組むべき課題はたくさんある。源流に立ち返って辿り着くモデルは「水都江戸」である。そして基盤となる地下水の構造は今も太古からの流れを保っており、これを踏まえる必要がある（図18）。

（3）水都東京に向けて

近代に至るまで寒冷化傾向が続いてきたが、西欧の近代化は化石燃料の利用という新エネルギーを得たことにより一気に加速した。その弊害が地球温暖化という問題となって跳ね返ってくるという仕組みは、近年ようやく人類が気付いたことである。海水位面の上昇速度は緩やかではあるが確実に進行している。一メートル上昇すると平安海進と同様のレベルとなる。気候変動は地震や火山噴火とも関係しており、巨大噴火の危険性も高まってきている(19)。

「水都東京」の展望は、エコヒストリー全体を見通すことから見えてくる。東京の水系構造の変遷をもとに地域水循環系を見直す必要がある。まず、東京の基本骨格は古東京川であり、ほとんどの川が束ねられていることを思い起こす必要がある。利根川の流量を東京湾に戻し、高水のバイパスを銚子に流すことで東京湾の水質回復や生態系回復に役立てることができる。次に縄文海進の時代を踏まえると、現在のトレンドも海進であり、縄文人が広がった海域の豊かさをよく活用して繁栄を築いたことに学ぶ必要がある。ゼロメートル地帯の維持は海面上昇とともに厳しさを増すことから、これを海域として再編することも検討の余地がある。さらに、江戸の遺産の一つである玉川上水に下水処理水ではなく本来の多摩川の水を流すことで、お濠や東京の中小河川の全てが浄化できる。水道水源の代替は雨

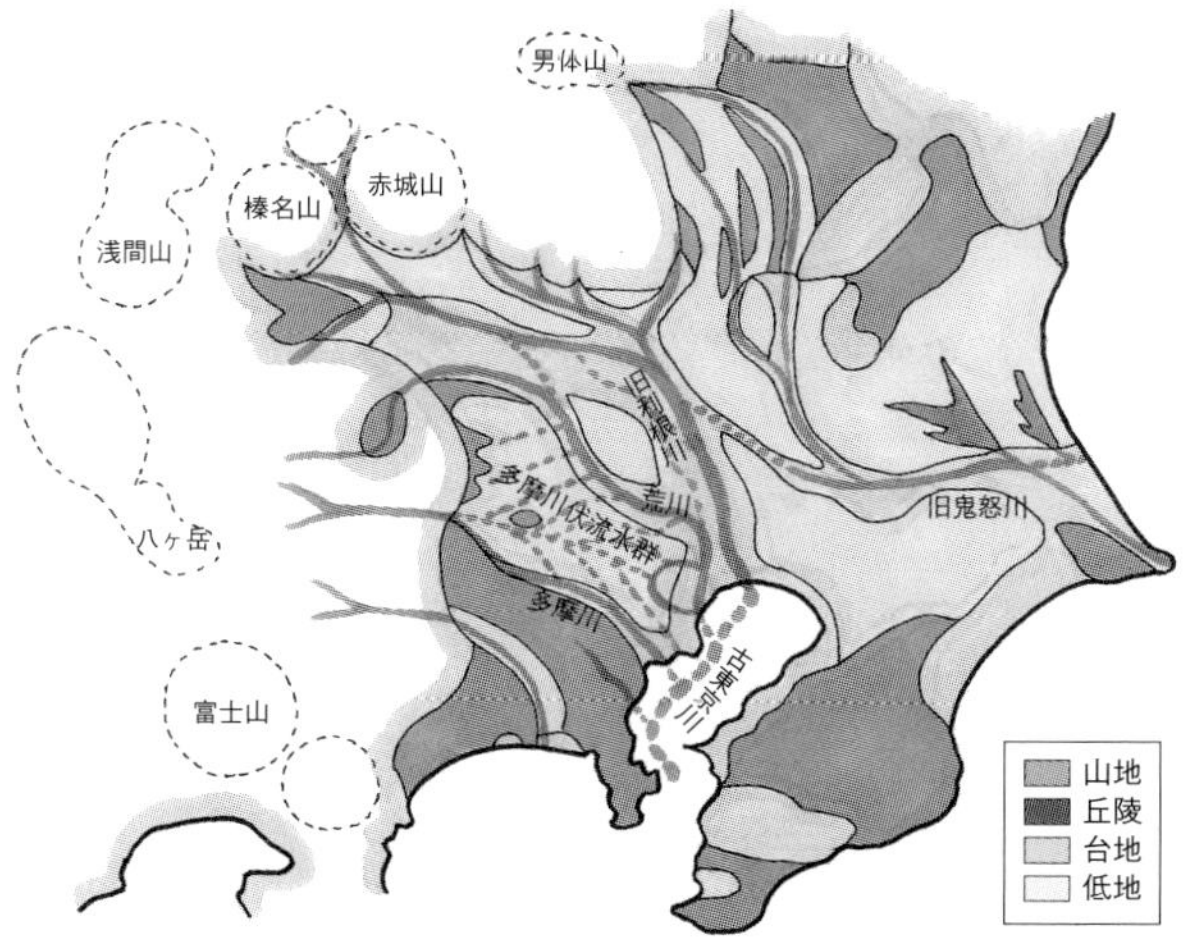

図19　東京水系構造　（筆者作成）

東京水圏は古東京川水系と旧鬼怒川水系とに大別される。古東京川水系は、旧利根川と荒川がつくった低地と多摩川がつくった武蔵野台地で構成される。武蔵野台地は多摩川の伏流水群として東京湾に清水を供給している。

水利用と水源林改善で賄うことができる。こうした考え方については別途詳しく論述する必要があるが、エコヒストリーから浮かび上がる「水都東京」の方向性の一端として示しておきたい（図19）。

おわりに

法政大学エコ地域デザイン研究所は二〇〇四年以来「都市と地域の再生」をテーマとして、エコロジーと歴史を結び付ける独自のアプローチを行ってきた。今では当たり前になった手法であるが、当時は新たな取り組みと言えた。「東京再生研究会」が前身であったという経緯もあり、「東京の水辺空間の在り方」が中心となる研究テーマであった。

一〇年経って、あらためて東京に正面から取り組んでみよう、というのが『水都学Ⅲ』のテーマである。エコロジーから東京を考える中で、大きな節目となったのは、二〇〇五年一一月にブライアン・フェイガン氏を招いて開催したシンポジウムであった。フェイガン氏は二〇〇五年八月に『古代文明と気候大変動—人類の運命を変えた二万年史—』を出版しており、この本で同年八月に起きたハリケーン・カトリーナによるニューオリンズの水没を予言していた。このシンポジウムを受けて二〇〇七年一月に「東京源流展」を開き、ここで二万五〇〇〇年前からの東京のエコヒストリーを示した。今回、これを踏まえてさらに先に進めるべく東京水圏の源流をあらためて辿ることとした。

今や、古気象と歴史、地理を結び付けた出版がブームとなっているが、そのことは予測されてきた通り、温暖化が深刻化し、誰の目にも気象の異変が明らかになってきたことと無縁ではない。すでに気象庁が「極端気象」と命名するに至っているが、これはほんの序章であり、東京に巨大台風がいずれ来るであろうことや富士山噴火も予想されている。その時になってから東京現代文明の将来を嘆くことのないように水循環都市「水都東京」を目指したい。

注　記

（1）源流の郷協議会『源流白書～源流の危機は国土の危機～』、二〇一四年三月。河川の最上流に位置する自治体の協議会がまとめた白書には、源流という言葉が使われるようになった経緯や意味がまとめられている（六―二四頁）。

（2）M.G. Turner, R.H. Gardner, R.V. O'Neill 著、中越信和、原慶太郎訳『景観生態学～生態学からの新しい景観理論とその応用～』文一総合出版、二〇〇四年。「相互に影響し合う動的な生態系において空間パターンの重要性の研究に新しい概念や理論、手法を提供するのが景観生態学である」（一頁）としている。地生態学（Geo Ecology）と同義であるが、日本では主に景観生態学が使われている。

（3）E.P. Odum 著、水野寿彦訳『オダム生態学』築地書館、一九六七年。「なわばり」すなわちテリトリー（Territory）は、「生態的なレベルでの競争（Competition）で……種内競争は……自己調節する傾向のある個体群にとって重要な要因である」（一三四―一三六頁）。

（4）梅棹忠夫、吉良竜夫編『生態学入門』講談社学術文庫、一九七六年。すみわけ（Habitat segregation）は、「日本語を言語として、後に外国語訳がつくられた数少ない学術用語の一つ」。「単なるコンペティションではなく、むしろ住み場所を互いにすみわけることによって、無益な競争を避けて、相互の生活を全うする」（七三―七四頁）。

（5）水収支研究グループ編『地下水資源・環境論～その理論と実践～』共立出版、一九九三年。「地下水流動系と浸食地形の形成関係には、表裏一体の側面があり、広域的地形、中間的地形、局所的地形といった地下水流動系からの地形区分も可能である」（一一四―一一五頁）。

（6）貝塚爽平『東京の自然史』紀伊国屋新書、一九六四年。約二万年前を古東京川の時代としている。地形的類型の大区分として、海岸平野、内陸盆地、火山地、山地丘陵、を挙げている（一一六頁）。

（7）日本建築学会編『雨の建築学』北斗出版、二〇〇〇年、『雨の建築術』北斗出版、二〇〇五年、『雨の建築道』技法堂出版、二〇一一年。雨水利用（Rainwater Utilization）から水循環を踏まえた雨水活用（Rainwater Harvesting）への取り組みの転換、雨水活用建築の普及などを提唱している。

（8）海流、気象については、気象庁の各種データ、資料に基づいている。

（9）A. Mckenzie, A.S. Ball, S.R.Virdee 著、岩城英夫訳『生態学キーノート』シュプリンガー・フェアラーク東京株式会社、二〇〇一年：「バイオーム（主要群集タイプ）は、ほぼ一様な生息場所を持つ大地域であり、エコトーン（移行帯）で相互に混じり合う。」

（10）『水循環基本法』（二〇一四年四月二日公布）。目的として「……水循環に関する施策を総合的かつ一体的に推進し、もって健全な水循環を維持し、又は回復させ、我が国の経済社会の健全な発展及び国民生活の安定向上に寄与する」としている。

（11）小田静夫『黒潮圏の考古学』第一書房、一九九二年。「神津島の黒曜石は約三・五万年前頃、東京都武蔵野台地の遺跡（武蔵台第Ｘ上層文化）から発見されたのが最古の例」（四五頁）。
スティーブン・オッペンハイマー著、仲村明子訳『人類の足跡一〇万年全史』草思社、二〇〇七年。

崎谷満『ＤＮＡでたどる日本人一〇万年の旅』昭和堂、二〇〇八年。遺伝子解析の面から、約一〇万年前の出アフリカ以降のヒトの足跡が推定されている。

（12）松島善章『貝が語る縄文海進』有隣新書、二〇〇六年。貝塚から得られた貝の生息域から得られた海岸線の推移を見ても急激な海面上昇がわかる。

（13）江口桂『古代武蔵国府の成立と展開』同成社、二〇一四年。国の都という形態をとる都市の成立は律令制以降であり、立地条件には水の要素も重要であった。

（14）田家康『気候で読み解く日本の歴史』日本経済新聞出版社、二〇一三年。古気象学は、南極やグリーンランドの氷床コアの解析が進んだ一九八〇年代以降大きく発展して、古気象からの歴史解析が盛んになり、著作が数多く見られる。

（15）鈴木理生『江戸の川と東京の川』井上書院、一九八九年。江戸城の築城経緯については鈴木氏をはじめ多くの著作がある。

（16）法政大学エコ地域デザイン研究所編『外濠～江戸東京の水回廊～』鹿島出版会、二〇一二年。濠の開削と地形、水みちの関係などの記述あり（一六―一七頁）。

（17）堀越正雄『井戸と水道の話』論創社、一九八一年。玉川上水についての記述は、その多くが「上水記」（一七九一年）に依っている。謎が多いとされる玉川上水の研究は数多い。

（18）東京都水道局『水道水源林一〇〇年史』東京都水道局水源管理事務所、二〇〇二年三月。

（19）気候変動に関する政府間パネル（ＩＰＣＣ）『第５次評価報告書』。「追加的緩和策がないベースラインシナリオでは、二一〇〇年における世界平均地上気温が、産業革命前の水準と比べて、三・七～四・八度上昇する確信度は高い」としている。

論文2

江戸東京と内川廻し——河川舟運からみた地域形成

難波　匡甫

はじめに

平城京と平安京

元明天皇、和銅三（七一〇）年に遷都された平城京。その後、桓武天皇、延暦一三（七九四）年の遷都において、京都盆地に造営されたのが平安京である。当時、平城京が南京、平安京は北京とされ、天皇在住の都はどれも京と認識されていた。それが平安後期になると、平安京は京として確固たる役割を果たし、平安京が京都として定着するようになった。

遷都の理由はさまざまであり、ここで扱うべき事柄ではないため、物流の視点から平城京と平安京を捉えてみたい。河相に違いはあるにしても河川が流れる盆地に位置していた両京において、物資輸送を舟運に頼っていた時代、付近の河川は重要な輸送経路となっていた。古代、海外交易の窓口となる国際港として、住吉津や難波津が置かれていた。平城京では、往来や物資輸送は大和川における舟運が担い、国際港に近い奈良盆地は使節送迎など朝廷の海外に対する体裁を保つことのできる立地であった。一方平安京においては、住吉津や難波津からの航路が確保できた淀津まで、淀川における舟運により物資を運び、そこから陸送することで、瀬戸内海方面との関係性が確保できた。のみならず、越（越前・越中・越後）との交易が可能な立地条件であったことが平安京の特徴といえる。[2] 敦賀などの日本海の港から琵琶湖までは、野坂山地の峠を越えなくてはならない。幸い、標高の低い野坂山地は馬でも比較的容易に越すことができた。越から陸送された物資は、琵琶湖北端の「湖北三浦」と称された塩津、大浦、海津で舟に積み替えられ、平安京近くの大津や坂本まで湖上輸送することができた。琵琶湖から京までは陸送となるが、北陸から海産物などの物資を供給できる立地が平安京の特徴であった。

京における物流の利便性

これまで記したように、平城京は瀬戸内海の東端にある海外交易の窓口となっていた住吉津や難波津との関係性は深かった。しかし、山地に囲まれる盆地であったため、他の地域との関係性は希薄であったと考えられる。平城京は国際港からの一方向にのみ開けた立地で、物流経路においては「行き止まりの地」であったと理解できる。同じように盆地に位置していた平安京は、瀬戸内海と日本海の「二方向に開けた地」という立地条件を有し、平城京よりも物流の利便性は高かった。瀬戸内海方面だけではなく、日本海方面からの人・物・情報が得られることは、朝廷としての権威高揚や実利獲得、文化形成にとって有益であったことだろう。遷都の理由として物流の利便性がどの程度影響していたかは定かでないが、平城京から長岡京、そして平安京と京が移り変わるたびに、その利便性は向上したと考えられる。

1　物流における江戸の位置

江戸の地勢

時代は下り戦国時代、関八州への国替を命じられた徳川家康は、天正一八（一五九〇）年本拠とした江戸に入府した。

関八州の領地は随一の広さだが、辺鄙な地であったことは否めず、当時の江戸城も豊臣政権下で五大老の筆頭となった家康には、あまりにも貧弱な存在であっただろう。幕府は江戸城築城のほか、道三堀や小名木川開削などの城下における普請も行い、関八州の本拠にふさわしい江戸の構築に力を入れた。

群雄割拠の戦国時代にあって、信長や秀吉をはじめとする武将は、京都や大坂の攻略を戦の要としていた。しかし、家康は大坂夏の陣で天下を平定した後も、江戸を拠点とした権力構造を継続させた。江戸が関八州の本拠のみならず、全国の本拠に値するとの判断によるものだろう。ただ、江戸城と同様、当時の江戸の地は上方に比べると、産業・文化の面であまりにも見劣りし、全国の本拠としては脆弱であったと考えられる。

江戸の物流

幕府は諸大名の国替や改易、また天下普請を命じたり、武家諸法度を制定したりと、権力を磐石なものとするためさまざまな政策を講じた。寛永一二（一六三五）年の武家諸法度の改定による参勤交代の制度は、江戸の都市形成に影響を及ぼしたと考えられる。辺鄙な地であった江戸が、全国各藩の藩主が住まう都市へと変貌する手がかりとなった制度だからである。拡大する江戸市中では至る所で、道や橋などの普請、屋敷や寺社の作事の様子が目にされたことだろう。

人口が増加することで、当然のごとくさまざまな物資の需要は高まる。戦略的にも重要な塩に関しては、行徳から安定的に確保するための航路として、小名木川が整備されたことは広く知られている。江戸周辺において、塩業以外に江戸の需要に応じられるほどの地場産業は育っていなかった。そのため、上方方面からの物資供給に頼る状況にあった。つまり、先に平城京や平安京で記した物流面の立地条件について考えると、当時の江戸は上方の一方向から供給を得る行き止まりの地であった。幕府は権力強化のための政策に加えて、江戸を全国の本拠にふさわしく仕立てあげるために、物流に関する政策も重要な意味を持っていたと考えられる。

新たな舟運航路・内川廻し

戦国時代では、領地を越えた日常的な物流は成立しにくく、舟運も域内での利用が主だった。利根川東遷の普請が文禄三(一五九四)年に開始されていることから、全国制覇を果たした江戸幕府にとって、廻米のほか江戸への物資供給の観点から、全国的な舟運航路の整備が急務であったことが理解できる。利根川東遷は、江戸湊に注いでいた利根川の流れを、いくつかの瀬替えにより、銚子に注ぐ現在の利根川の流路に変更するための普請であった。会の川の締め切りに始まった普請は、承応三(一六五四)年赤堀川の通水によってひと段落を迎えた。この普請により小名木川、新川、江戸川、利根川を介して江戸と銚子を結ぶ新たな舟運航路が誕生し、この航路が「内川廻し」もしくは「奥川廻し」と称された。

その後、豪商・河村瑞賢が寛文一一(一六七一)年に東廻り航路を確立し、内川廻しが東廻り航路に組み込まれることとなる。翌年には西廻り航路も確立された。これらの航路は、江戸の発展にとって重要な存在となった。それまで、上方方面にしか物流経路が開かれていなかった江戸は、東廻り航路の整備により東北方面との経路も確保できたことで、物流の一大拠点として発展を遂げた。古代の京では、都を移転することで物流環境の改善が図られたが、近世の江戸においては、普請技術の向上[3]を背景とした瀬替えにより物流環境の改善が図られたわけである。この全国的な舟運航路の影響を受けたのは、江戸だけではない。陸送は距離が短くとも舟運と比較すると効率が悪く、陸送をともなう日本海から琵琶湖を経由して京都へ至る経路は、物流手段として西廻り航路よりも劣り、衰退することとなった。

悲願の普請計画

利根川と江戸川において舟運が成立していなかった時期でも、東北からの舟は那珂《なか》湊《みなと》に入港していた。そこから涸沼の海老沢までは舟を利用し、海老沢からは、陸路で霞ヶ浦と北浦に至る経路があった(図1)。霞ヶ浦や北浦から江戸までの航路は、利根川東遷の完成を待つこととなるが、完成後も、舟運航路が十分に確立されていなかったたばかりではなく、高瀬船のような輸送用の川船はわずかしか存在していなかった。東北からの廻米を太平洋経由で江戸に運ぶことは、幕府をはじめ水戸藩などの諸藩にとっても初めての経験であったからだ。

東廻り航路の確立以前よりすでに、那珂湊から霞ヶ浦や北浦に至る物流経路は陸送であったため、その負担を軽減することが、舟運に携わる江戸商人たちの願いとなっていた。寛文七（一六六七）年、那珂湊から江戸までのすべての経路で船が利用できるよう、江戸の商人たちは海老沢・下吉影間の運河掘削を計画し、翌年水戸藩の許可を得た(4)。普請の費用はすべて商人たちが負担する計画であり、それだけ江戸への物流が盛況であったことが推察できる。この計画は幕府からの理解が得られず、実現することはなかった。新堀計画が頓挫している間、鹿島灘を南下し銚子までの航路が整備されると、那珂湊経由の廻漕は減少した。

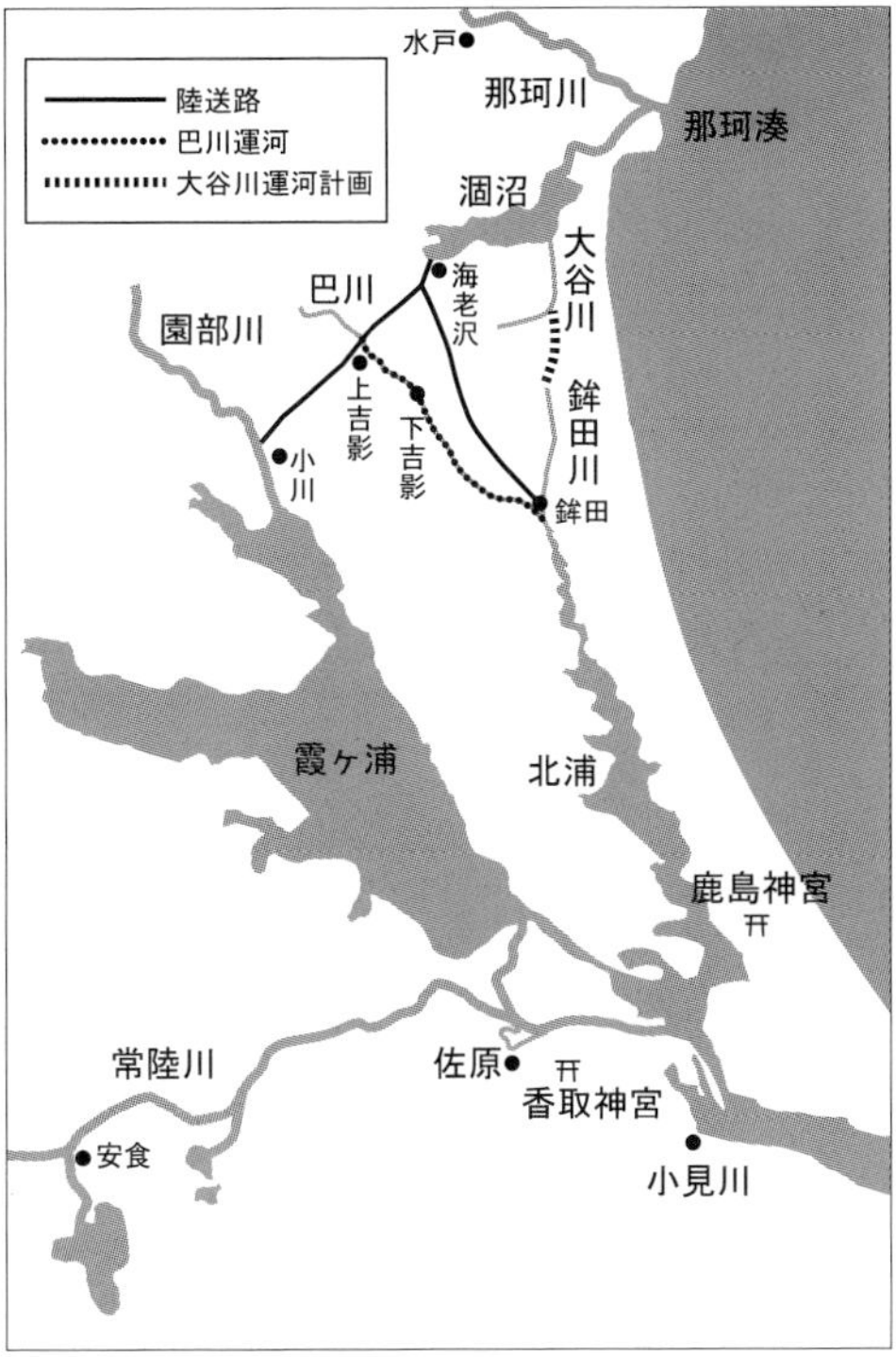

図1　那珂湊と利根川間の航路

物流は常に効率性と安全性が求められるため、陸送や海路となる部分をなるべく減らし、河川や運河を利用する経路が廻船従事者の念願として計画されることが多い。それは、時代や地域を越え、物流の普遍的な法則ともいえる。西廻り航路により打撃を被った日本海から琵琶湖を経由して京都へ至る物流経路においても、湖北と若狭の間にある野坂山地を貫く運河計画が次々と幕府に訴願された(5)。当時この運河計画が実現されることはなかったが、一九世紀になると部分的に運河開削が実

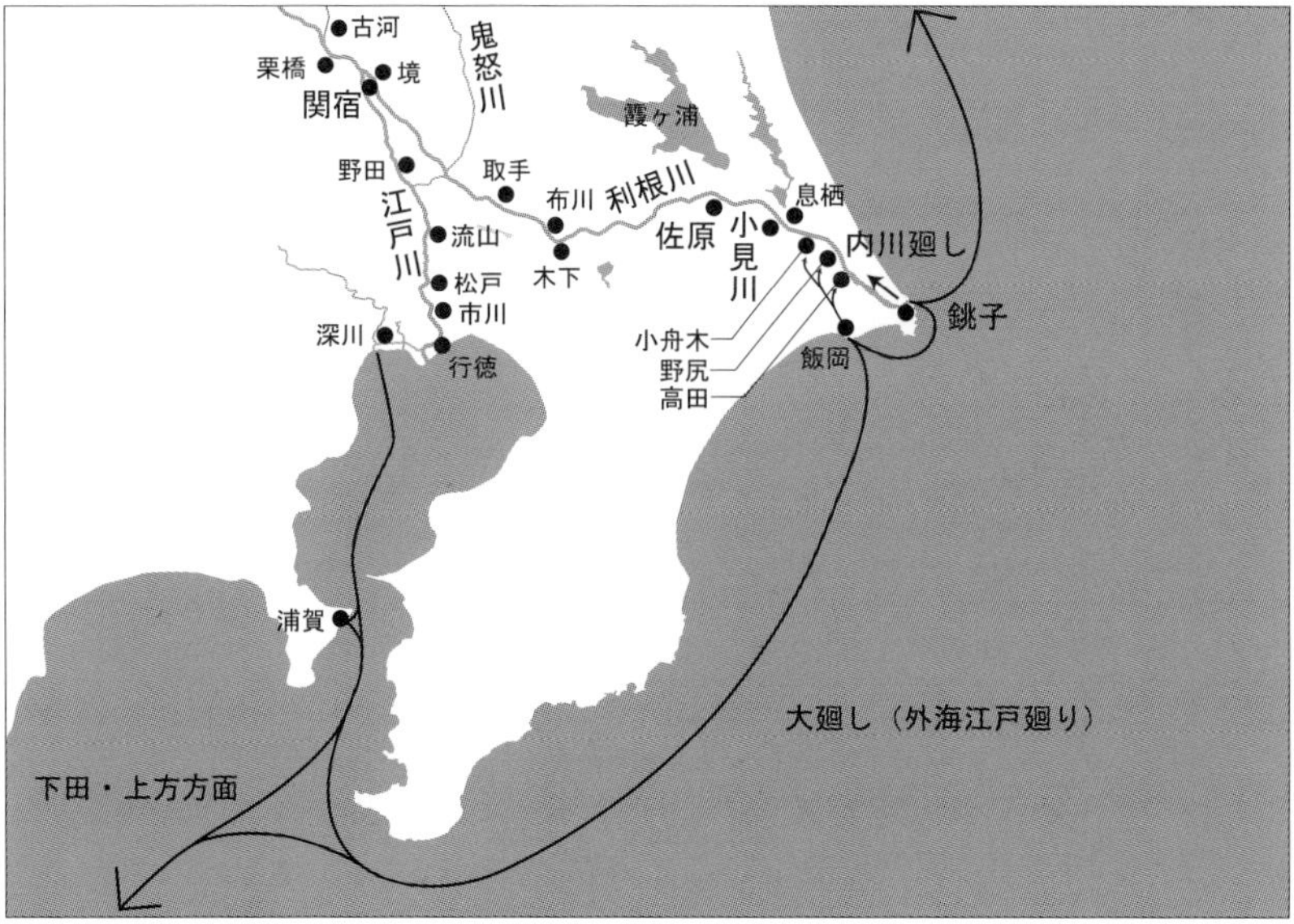

図2　内川廻しと大廻し

現し、物流経路として活用された。明治期にはこの他にも、敦賀と大阪を結ぶ阪敦運河が構想された。また、明治二七（一八九四）年にインクラインも併設して完成した琵琶湖疎水の計画は、すでに天保年間には壬生村の農民によって発想され、その計画が京都町奉行に請願されていた。理想的な物流経路の発想は、その実現の有無にかかわらず、地域の悲願として計画されていた。その中から、地域の粘り強い意志を背景として、時代を経て社会に適合したかたちで実現される計画もあったことが分かる。

内川廻しの発展

東廻り航路では、銚子より利根川を利用する内川廻しの他に、房総半島の東側を南下し伊豆半島の下田に寄港した後、黒潮に乗って江戸に至る航路は「外海江戸廻り」とも「大廻し」とも称された（図2）。内川廻しは危険が比較的少ないが、所要時間が川の水位に左右された。一方、大廻しでは大量に物が運べたため運賃が比較的安いが、房総半島沖の航行は非常に危険を伴った。船頭や荷主、廻船問屋は両航路の特徴を理解したうえで、内川廻しもしくは大廻しのどちらかを選択できるようになった。

享保期（一七一六〜三六）頃までは、大廻しに比べ内川廻しの利用が多かったと考えられている。天明三（一七八三）年の浅間山大噴火は、江戸に灰を降らすほどの規模で、利根川水系に泥流が流れ込み、利根川の河床を押し上げたとされている。噴火の影響もあり、天保期（一八三〇〜四四）になると、銚子河口では土砂の堆積が進み、大型廻船の入港に支障が生じるようになった。そのため銚子は、東廻り航路における内川廻しへの玄関口として機能しづらくなったようだ(6)。

銚子湊への入港時の危険が増すと、太平洋に面する高神村名洗（現在の銚子市）より利根川へ抜ける名洗運河が計画された(7)。この計画は、江戸町人により幾度となく請願されたが、実現することはなかった。銚子沖を迂回する大廻しにおいては、高神村の高台に常夜燈を設置し、航海の安全性を高める工夫がなされた。また、航海技術の向上もあって、内川廻しよりも大廻しの需要が徐々に高まったと考えられている。

利根運河

明治になって、河床上昇で航行に支障が生じていた内川廻しにおいて、利根運河が構想された。内川廻しは、利根川と江戸川が分流する関宿を迂回するかたちの航路であり、その関宿周辺に航行の難所が点在する弱点があった。そのため、江戸時代から利根川の木下と江戸川の行徳を結ぶ陸路が利用されていた。特に傷みの早いなま物が運ばれたことから、鮮魚《なま》街道と呼ばれ、こうした陸路は複数あった。利根運河は鮮魚街道の運河版といえるもので、明治二三（一八九〇）年利根運河株式会社により、利根運河は開通された。その後、国内通運会社の通運丸をはじめとする汽船が就航し、二、三日要していた東京から銚子までの約一四五キロメートルの所要時間が一八時間程度に短縮された。

明治三〇（一八九七）年に東京と銚子を結ぶ総武鉄道が敷設され、所要時間が四時間程度に短縮されたため、長距離の舟運利用に影響が生じ、大正期以降に利根運河の利用も減少傾向を示した。昭和一六（一九四一）年の台風第八号により、堤防が破損したことで、利根運河は航行不能となった。その後、利根運河が洪水対策として国有化されたことで、内川廻しの役割は幕を下ろすこととなった。

内川廻しの足跡

内川廻しは、時代を超え拡大し続けた江戸東京への物資供給路として、十分に評価できよう。また、東北方面への物流経路を担保し、江戸を物流大動脈の要所に仕立てた功績は、江戸幕府の長期政権の支えになったと捉えることができる。ここで疑問に思うことは、家康が江戸を本拠とした全国的な権力構造を発想した時期である。その答えは本人に質すより方法はないが、関東の地形や地質といった自然条件への理解を深めることで、秀吉から関東移封の命を受けた際には、すでに江戸の将来像を描いていたとの仮説が頭を過る。東北方面との物流を可能にした存在は、内川廻しだけではなく、房総半島を迂回する大廻しもあった。大廻しにない内川廻しの価値は、沿川開発にあり、利根川や江戸川沿いに形成された河岸は、江戸東京と深く関わりながら発展をとげた。東北方面との物流経路の確保と関東平野の開発は、江戸の将来像の要であり、当初より内川廻しに重要な役割が期待されていたのではないだろうか。

2　内川廻しの河岸

河岸の形成

江戸時代初期の関八州において、拡大する江戸の需要に応えるだけの地場産業は成立していなかったため、江戸への物資供給は上方からの下り物の比重が高かった。こうした状況の中、利根川東遷や東廻り航路が確立されることにより、内川廻しによる舟運が確立された。内川廻し沿川には、物資を積降する河岸が争うようにつくられ、利根川本川や渡良瀬川、鬼怒川などの支川に留まらず、川越を流れる新河岸川を支川にもつ荒川水系や霞ヶ浦、北浦など、関東平野一円に河岸が分布した。関東平野の各地で地場産業が興されるほど、江戸における需要は高く、大消費地江戸と直結するこのとできる河岸が地場産業の核として機能した。

　内川廻しにおける河岸は、中世に港機能を果たしていた津とは異なり、産業としての舟運に対応した河港として新たに成立した。文禄期から慶長期（一五九二～一六一五）においては、廻米を輸送する目的で、領主層により河岸が創設された。寛永一二（一六三五）年の参勤交代の制定により、諸藩領からの江戸廻米が増加し、江戸、大坂を中心とした幕藩制下の領主米を基本とする全国的市場が形成されていく。この時期、内川廻しを含む利根川、荒川水系を通じて結ばれた関東各地の奥川筋には、数多くの河岸が新たに誕生するとともに、商品輸送を引き請ける河岸問屋が成立した。承応期から寛文期（一六五二～七三）には、廻米ばかりではなく、一般の商品も扱う河岸問屋が営業として成り立つようになり、河岸問屋は運上金などの関係で領主との結びつきを強めるようになった。

　河岸の次なる動向は、新たな流通路を開拓する主体が登場することであった。既成の荷主、河岸問屋、船持、荷請問屋は、領主との関係を深め、既得権を確かなものにするため、自然と排他的な性質が強くなり、新規参入が難しい社会を形成していった。銚子から関宿を経由して江戸川に入る舟運航路は、間道や脇道の陸路によってその距離を短縮し、より短時間に物資を江戸に運べるといった地理的な特徴があった。たとえば、鮮度が命である銚子方面からの魚は、布佐で荷揚げされ、松戸まで牛や馬によって運ばれた後、再び舟運によって日本橋魚河岸などに運ばれた。こうした新たな輸送路では、小資本でも工夫次第で参入できたことから、新興流通勢力が元禄期（一六八八～一七〇四）以降に急増し、物流の新旧担い手における熾烈な競争が生じた。陸路を利用する新たな流通路に対応して、船揚げ荷物の駄送のみを扱う陸付河岸が誕生した。それまでの河岸は、荷物の積降しによって商売が成立していたが、陸付河岸のひとつ利根川右岸の布施は、高瀬船からの荷物を流山に陸送するための河岸として成立した。

　元禄二～三（一六八九～九〇）年、幕府は従来からの河岸を管理する目的で「河岸吟味」を実施した。河岸吟味によって、旧河岸と呼ばれる八六ヵ所の公認河岸が定められた。江戸川筋では行徳、流山、金杉、西宝珠花《ひしほうしゅばな》、中下流の利根川筋では権現堂、境、取手、小堀、布川、木下、安食、西大須賀、源太、結佐《けっさ》、佐原、津の宮、小見川、阿玉川、野尻などの河岸が公認された。河岸吟味という調査が実施された背景には、幕府の統制がおよびにくい新興の流通勢力が、幕府の庇護のもとに成立していた従来からの河岸によって築かれてきた体制を揺るがす存在になっていったことが考えられる。

明和八（一七七一）年～安永六（一七七七）年にも再び、幕府は関東全域を対象として、河岸吟味を実施し、旧河岸に河岸問屋株を設定することで運上の増収を図った。幕府公認の河岸や河岸問屋を経由しない輸送はすべて禁止され、河岸における船持は河岸問屋に従属することとなり、河岸問屋とともに、輸送における幕藩制を強化することが意図された政策であった。

河岸を核とした地場産業

内川廻し沿川では、江戸の需要を支えたさまざまな地場産業が興った。中でも、銚子や野田の醤油は広く知られているのではないだろうか。

ヒゲタ、ヤマサは銚子市の、キッコーマンは野田市の醤油メーカーとして有名である。日本における醤油の原点は、平安時代につくられていた醤であった。醤は当時の塩漬けした発酵食品の総称で、穀物を塩漬けにしたものが醤油のようなものであったと考えられている。鎌倉時代には「たまり」と呼ばれる、醤油と味噌の中間のような調味料がつくられるようになり、室町時代になると「たまり醤油」が誕生したようである。醤油を商品として製造した醸造業者は、金山寺味噌の老舗として知られている紀州・湯浅の玉井醤とされている。徳川家康が初めて江戸に入った天正期（一五七三～九二）頃に、玉井醤が醤油や味噌の醸造業を始めた。玉井醤のたまり醤油が上方で販売されると、日常的な調味料として、民衆に親しまれるようになった。

銚子の豪農であった田中玄蕃は、そのたまり醤油の製法を学び、銚子で醤油の醸造を始めた。当時、主な調味料として塩を使っていた江戸庶民には、たまり醤油は口に合わなかったようで、元禄期（一六八八～一七〇四）頃に小麦や米麹を原料に加えるなど製法が改良され、「関東地廻りしょうゆ」と呼ばれた濃口醤油が誕生した。この濃口醤油が、江戸庶民に広く好まれるようになったのは、庶民文化が江戸で花開いた文化・文政期（一八〇四～三〇）頃であった。文化・文政の頃には、濃口醤油だけではなく、にぎり寿司が考案されるとともに、その寿司に適した赤酢も愛知県半田市で誕生した。この時代、漁獲技術の発展を背景として、寿司のネタとなる魚介類が庶民にも比較的手軽に入手できるようになり、豊かな食文化が花開いた。寿司の原材料となる醤油や米、赤酢、魚介類などは舟運によって運搬されていたことから、舟運が豊かな食文化を支えていたといえる。

近代になり、内川廻しにおいて関宿周辺に航行の難所が生じ、舟運の需要に陰りが見えるようになった。その後、利根運河の開削が起爆剤となり、需要は上向くが総武鉄道の開通により、東京と銚子間といった広域輸送としての舟運利用は減少した。鉄道の開通は、内川廻し沿川の各都市の構造にも変化をもたらした。それまで、内川廻し沿川は河岸を核として発展し、その後背地が形成されていた。こうした地域に、鉄道駅という新たな核が誕生することで、河岸と鉄道駅の関係性が各都市の地域形成に影響を及ぼした。

3　下利根の河岸　小見川

小見川の歴史

内川廻しの河岸のひとつである小見川を流れる利根川の支川・黒部川の流域には、多くの土器が発見され、縄文期には集落があったと考えられている。小見川が『海夫注文』[8]において「さわらの津」や「津のみやの津」と並んで、「おみがわの津」の名で登場するのが、南北朝の時代である。当時は香取の海（現在の利根川）を挟んで、北側が南朝勢力圏、南側が北朝勢力圏に分かれるといった事態が生じていた。

天正一八（一五九〇）年、この地域は徳川氏の直轄地となり、代官支配となった。文禄二（一五九三）年には新しいまちの開発「まち立て」が行われ、陣屋、河岸、町場の下地が築かれた。この年は利根川東遷の普請開始の前年にあたるが、小見川のまち立て実施が、後の内川廻しを前提にしていたかどうかは定かではない。文禄三(一五九四)年に小見川の領主となった松平家忠が記した『家忠日記』には、文禄元(一五九二)年に「江戸兵糧米小見川より昨日出し候由候」とあり、利根川舟運の状況が伝えられている。慶長七(一六〇二)年には土井利勝が一万石を拝領され、その後、城主が幾度か交代し、慶安二(一六四九)年に内田氏が小見川藩の城主となった。

河岸としての小見川

黒部川沿いに発展した小見川の河岸は、利根川において佐原に次ぐ規模であった。小見川が河岸として発展した裏には、「小見川船」の存在がある。関東の川船は、原則的に川船奉行の管轄下におかれ、年貢を上納していたが、小見川船は例外の扱いをされていた。それは、近世初期の検地において、小見川船を石高五〇石として村高に入れ、小見川藩の知行高に算入したためであった。そのため、幕府廻米など川筋での臨時の課役や川筋の通行税も免除される優遇措置を受けることができた。幕府は川船奉行支配下以外の船の増加を恐れ、享保五(一七二〇)年小見川船を四九艘と定めるほどであった。こうした優遇措置は、小見川が河岸としての発展する後押しになるとともに、河岸の発展には都市構造も深く関わっていたと考えられる。

小見川の都市構造

河岸として発展していた近世小見川の都市構造であるが、元禄一一(一六九八)年の絵図には、天平三(七三一)年に創立し、建久九(一一九八)年に再建されたとされている正福寺の参道がまっすぐ黒部川までのび、そこに大橋が架けられている様子を確認することができる。この参道には、河岸の鎮守である須賀神社が面していることから、集落の主要な通りであったのだろう。文献史料から十分に検証できたわけではないので、推測の域を出ないものの、「おみがわの津」とされる河港は、実相寺から黒部川に至る通りであったと考えられる（図３）。おみがわの津は物資輸送を主とする河岸とは異なり、海夫が漁と域内交通としての舟運に従事するための集落であったためである。当時の集落が黒部川ではなく、むしろ香取の海を意識した浜としての集落形態であったと考えるのが自然であろう。また、実相寺の創立年代が不明ではあるが、「小見川元禄絵図」には実相寺から黒部川に至る通りが旧銚子街道よりも強調して描かれていて、当時の小見川では中心的な通りであったことが理解できる。

旧銚子街道は近世になってからその役割が高まり、沿道に町屋が建ち並んだと考えられる。先の元禄絵図では、最下流に架かる大橋が、正福寺の参道の延長線上にではなく、新町を通る旧銚子街道の位置に架け替えられている。これは、正福寺の存在以上に旧銚子街道が重要視され、まちの軸として認知されていたためではないだろうか。小見川が城下町（陣屋）であることから、旧銚子街道の線形が大橋においてクランクしていたと考えられる。

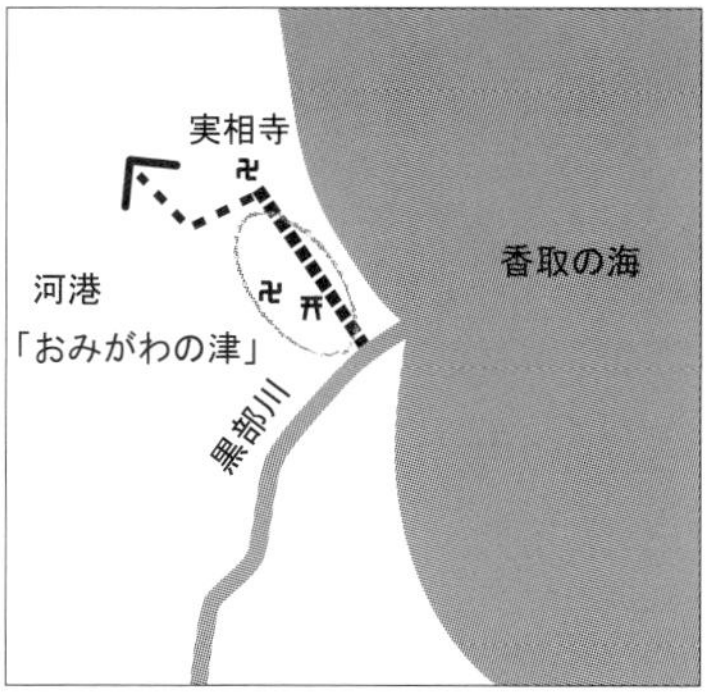

図３　中世小見川の都市構造

近世になり小見川は、おみがわの津としての都市構造から、河岸としての都市構造に転換が図られた。明言することはできないが、その都市構造の転換は、文禄二（一五九三）年に実施されたまち立てによるものであると推察することができる。近世の小見川は河岸の軸と街道の軸を核として構成され、広がりある市街地が形成されていた（図４、図５）。

明治三〇（一八九七）年に総武鉄道が開通すると、駅を中心とする新たな核が形成される。小見川においては、舟運と鉄道による物資輸送は連携されることはなかった。現在では、中央大橋が整備され、かつてのクランクしていた道路が解消されている（図６）。小見川では明治二〇（一八八七）年に全域を焼き尽くす大火事があり、江戸時代の家屋は残っていないが、ちば醤油の蔵など大火前後の家屋は数軒残っている。また、黒部川以南、旧銚子街道を琴平神社に

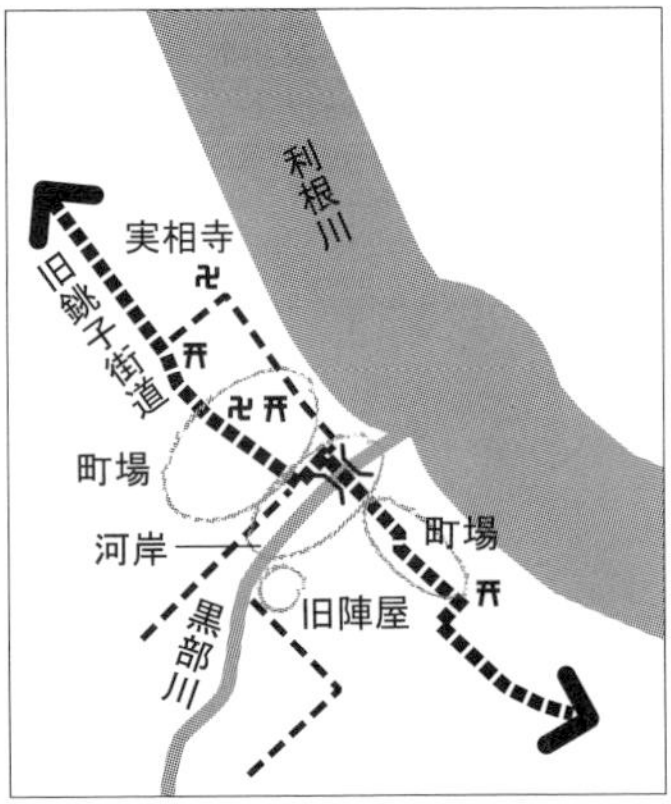

図4　近世小見川の都市構造

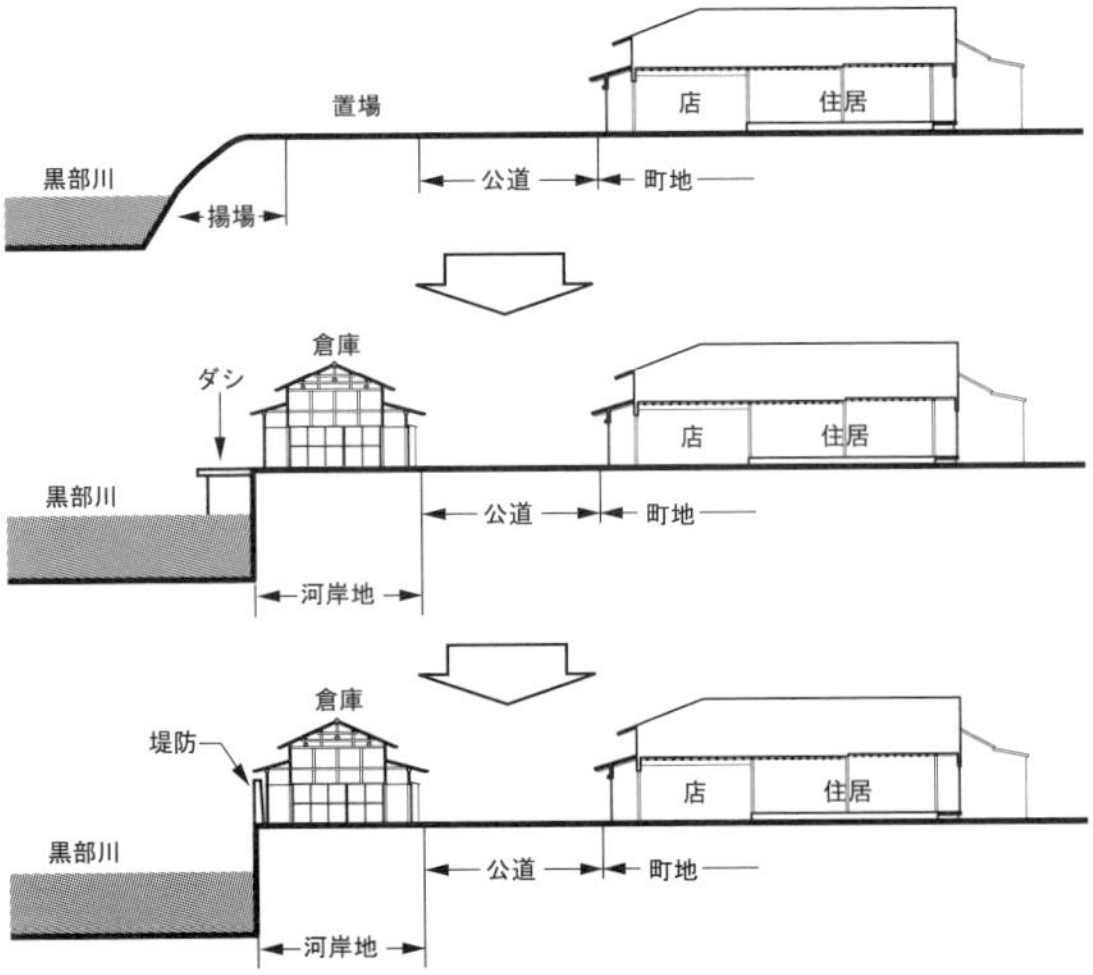

図5　河岸（黒部川水際）の空間構造の変遷

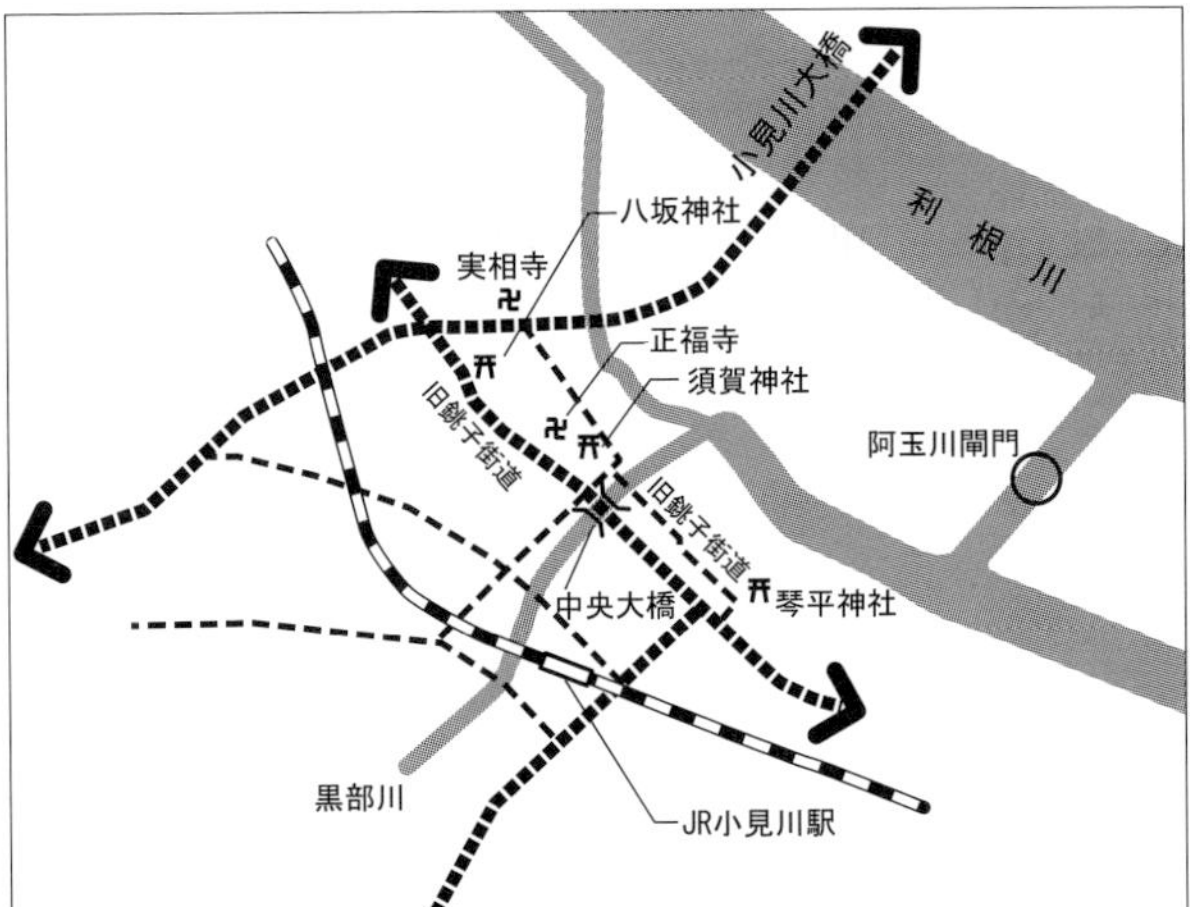

図6　現在の小見川の都市構造

向かう途中のクランクには、かつて河岸問屋屋敷があり、屋敷の裏は利根川に面していて、船着場のあったことが確認されている。

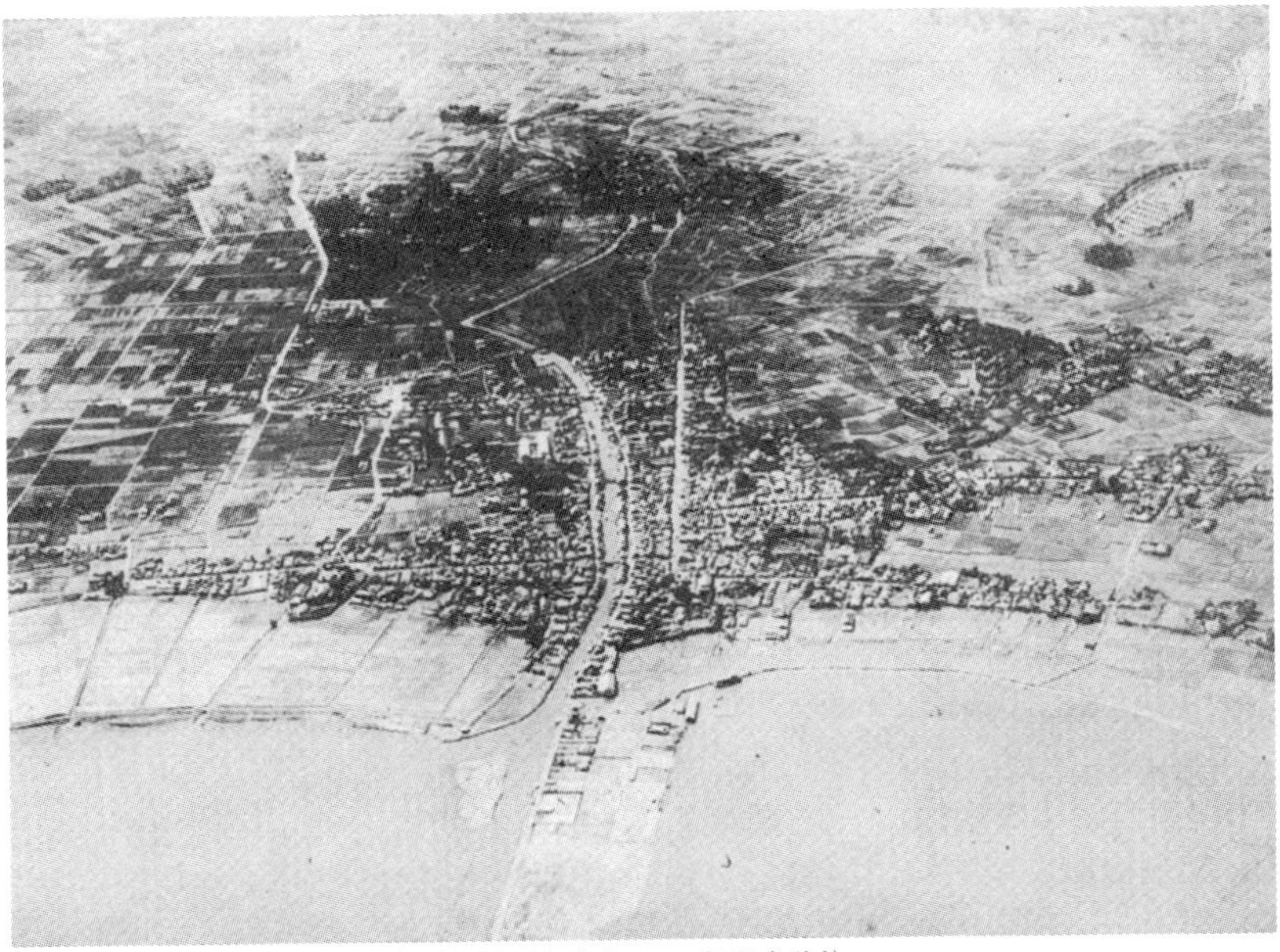

写真1　小見川全景（昭和11年、『小見川中央小　110年記念誌』）

地場産業

小見川では、醤油や酒の醸造業が盛んであった。嘉永年間（一八四八〜一八五三）の関東の「醤油番附」には、総数百一銘柄のうち三銘柄が入るほど、小見川の醤油業は評価されていた。現在、黒部川左岸の大橋付近にある鶴嶋製作所は、昭和三六（一九六一）年まで酒造所を営んでいた。敷地内には仕込みのための井戸がたくさんあったとのことで、黒部川以北では酒造所が成立するほど上質の地下水が確保できた。一方、黒部川以南での地下水の水質は必ずしも良質ではなかったため、酒造業は黒部川以北においてのみ確認することができた。

広域交通である旧銚子街道が賑わいを見せるようになると、正福寺の門前周辺は、「堂の前」と呼ばれる花柳界が成立した。大正四（一九一五）年に発行された『小見川案内』には、その花柳界について詳しく記述されている。芸妓屋としては角隅、玉寿司、立川、新壽、杵屋、吉野家、木屋の七軒があり、旅館兼料理屋としては丸山旅館、林屋旅館、錦盛館、新発田屋など、この他にも料理専門店などが営業するほど小見川の河岸は賑わっていた。明治二七（一八九四）年頃の芸妓の数は六〇名

写真２　黒部川の鳥瞰
（昭和41年、写真左下：ちば醤油、撮影：篠塚榮三氏）

ほどであったが、明治二八（一八九五）年に総武鉄道が銚子まで開通すると、それまで小見川経由で運ばれていた米の扱い量が減少し、明治三五（一九〇二）年には芸妓の数が一五名程度になるほど花柳界は低迷した。交通体系の変化が、花柳界に限らず、地元の商売に影響を及ぼした。

小見川では明治二〇年の大火事により、歴史的に価値の高い建物は残っていないが、河岸として賑わっていた当時の都市構造は今日でも確認することができる。（写真1、写真2）

おわりに

大陸の河川舟運

世界に目を向けると、河川舟運を取り巻く状況は日本と異なることが分かる。欧州大陸にはエルベ川やライン川、ドナウ川といった国際河川が、いくつもの国を通過して流れている。地図を見ると欧州の主要都市は、それらの国際河川沿いに点在していて、河川との関連の深いことが理解できる。チェコ北端のスデーティ山地から端を発し、北海に流れ込むエルベ川沿川には、プラハ、ドレスデンがある。また、スイスのトーマ湖に端を発し、北海に注いでいるライン川沿いには、バーゼル、ストラスブール、ボン、ケルン、ロッテルダムがある。ドイツ南部のシュヴァルツヴァルトから端を発し、黒海に流れ込むドナウ川には、ウィーン、ブタペストがある。内陸都市の発展には、北海もしくは黒海へ抜ける物流経路の担保が不可欠であり、河川舟運が大都市の成立に寄与していたことが都市の立地状況からみえてくる。

中国大陸においても、成都、重慶、武漢、蘭州、西安、鄭州、済南、太原、石家荘、天津、北京といった古い内陸都市は、長江や黄河をはじめとする河川沿いに位置している。一九九〇年代に入り高速道路の整備が進むと、長江における舟運の需要は減少傾向を示すようになった。しかし、二〇〇三年に三峡ダムへ貯水が開始されると、ダム湖の水位が上昇し、重慶市に至るまでの流域で航路条件が改善し、一〇〇〇トン級の船舶航行が可能となった。二〇〇四年の長江本川の舟運貨物輸送量が、ミシシッピ川の一・六倍、ライン川の二・三倍にあたる六億四〇〇〇万トンとなり、長江本川の舟運貨物輸送量が世界一となり、現在でも河川舟運が重要な物流手段として成立している(9)。

北米大陸の穀倉地帯を流れるミシシッピ川でも、一九世紀初頭に綿花や砂糖を運搬した蒸気船就航以降、河川舟運は健在である。一八世紀になって整備されたミシシッピ川水系とエリー湖やミシガン湖とを結ぶ運河により、今では穀物や石油、天然ガス、石炭が河口のニューオリンズだけではなく、大西洋へ直接運搬されている。

海外に目を向けると、河川舟運が都市の発展に留まらず、国家経済の根幹を担う重要な役割を果たしていることが見えてくる。また、日本の輸入飼料の九割がミシシッピ川流域で賄われていて、海外の河川舟運といえども日本との関係が深いことが分かる。

首都圏の河川舟運

首都圏においても、かつては河川舟運が地域の発展に深く関わっていた。荒川では、河口から約三〇キロメートルに位置する秋ヶ瀬橋付近までは航行が可能である。そのため現在でも、東京湾の製油所から朝霞市の油槽所まで、タンクローリー四〇台分程度のタンカーによりガソリンが輸送されている。舟運では大量な物資を安価に運べるため、朝霞市付近のガソリン価格が周辺地域より多少安い傾向になるそうだ。

残念なことに、日本の河川は大陸のものと比べ勾配が急であり、治水との関連からも、将来的に物流手段として河川舟運を活用することは必ずしも有効ではないだろう。東京においては戦後、河川舟運の需要の低下にともない、高潮対策としての防潮堤が整備され、現在に至っている。この防潮堤は、高潮から市街地を守る防災施設としての役割を果たす一方で、市街地と河川を物理的に分断する存在にもなっている。隅田川や荒川、江戸川沿いを歩いていても、市街地から川面を見ることのできない場所は多い。

目的地への移動手段として、鉄道や自動車は舟運よりも優れている。ただし、鉄道や自動車より優れている河川舟運の特性もある。それは、地域との関係性と歴史性である。鉄道の駅や高速道路のインターチェンジといったように、舟運では地域との接点が限定されることはない。物理的には着岸できる所はどこでも、舟運と地域の接点となり得る。また、河川は線路や道路のように一様ではなく、浅瀬もあれば流れの変化もある。舟運はその場のいまの状況を把握する必要があり、地域との関係性を無視しては成立できない移動手段なのである。加えて、舟運は鉄道や自動車よりも歴史が古く、江戸東京や沿川は舟運との結び付きによって発展してきた。つまり、かつての河川舟運を紐解くことは、地域形成への理解につながるわけである。

船に乗る機会の少ない現状において、船上からの眺望も舟運の特性としてあげることができる。このような舟運の特性が魅力となって、近年、隅田川や神田川、日本橋川、江東内部河川、荒川では観光舟運の需要が高まっている。船は鉄道や自動車よりも移動速度が著しく遅いが、その分、普段気にすることもない目前の景色に関心が向く。観光舟運の活性化によって、船着場などの施設や船舶の運航業者が充実し、河川舟運の活用範囲が広がることが期待できる。その際、防災対応としての舟運活用の視点も重要であると考える。物流としての河川舟運の活用は有効でないと先に記したばかりであるが、災害時の輸送手段として舟運本来の特性を発揮させることは、首都圏の安全性向上にとって不可欠である。災害時の河川舟運を有効に活用するためにも、防災をも意識した観光舟運の運用が求められている。

内川廻しにおけるテリトーリオ

江戸東京にとっての内川廻しは、東北方面からの廻米などの輸送路に留まらず、地場産業育成の基盤となり、沿川からの物資供給の要であった。また、下利根は江戸東京から行楽に訪れる人もおり、その代表が鹿島紀行の松尾芭蕉であろう。内川廻しは、風光明媚な下利根における文化情報の伝達網でもあった。

一方、利根川・江戸川流域にとっての内川廻しは、大消費地の江戸東京と直結する輸送路として地場産業興隆の礎となり、地域発展に寄与する存在であった。そして、内川廻しによって暮らしや世相など江戸東京からの情報が入手しやすかったはずである。下利根一の河岸・佐原の伊能忠敬が江戸深川に移り住み、日本全国の地図作成に尽力できたのも内川廻しの存在が不可分であっただろう。

このような相互関係成立の背景に、二つの制御が影響していたと考える。ひとつは、流域における舟運秩序の制御である。内川廻しにおいて、江戸幕府では河岸吟味や船番所により船舶や航行、物流手法に関して制御していた。この制御は、河岸ごとの事情が考慮され、地元の裁量も認められた規則であったと考えられる。もうひとつは、水の制御である。利根川東遷をはじめとする舟運経路の確保や堤防などの洪水に関わる普請は、流域全体を睨んでいた幕府により制御されていた。明治以降は、舟運秩序の制御と同様に政府が水の制御を担った。

このように、水系における舟運秩序や水の制御により、輸送路としての内川廻しが担保されることで、江戸東京と利根川・江戸川流域は、経済や文化など幅広い分野において深い関係が成立したと考えられる。言い換えると、江戸東京拡大の一翼を利根川・江戸川流域が支え、流域の発展は江戸東京の拡大が牽引し、その立役者である内川廻しは、舟運秩序や水の制御が担保されることで、人・もの・情報を運ぶ機能を果たすことができたといえる。

水系のテリトーリオとは河川舟運の面からみると、舟運秩序や水の制御を背景とし、地域間もしくは流域における相互補助の関係が成立する圏域と捉えることができる。そして、水系のテリトーリオを意識することは、これからの流域における地域間や都市間の関係性、および流域全体の発展に関する取り組みの糸口になると考えられる。海外の河川舟運のように、物流による河川舟運の活用は見込めないものの、流域における地域間の関係改善や流域全体の環境形成といった視点において、日本の河川舟運は未知の可能性を秘めているからである。

注記

（1）安藝皎一『河相論』岩波書店、一九五一年、一頁。河川の改修、未改修を問わず、ある時点の河成り、河幅、水深、河床勾配および河床砂礫の構成状態を、著者である安藝皎一氏が「河相」と名付けている。
（2）竹林征二『湖国の「水のみち」 近江——水の散歩道』サンライズ出版、一九九九年、五四頁〜五七頁。
（3）大石慎三郎『江戸時代』中公新書、中央公論社、一九七七年、三四頁〜三六頁。日本の水田は、支川の谷戸や谷間の狭小な地域か、溜池による灌漑による小規模な平地につくられていた小規模水田群が中心であった。大河川を水源とし沖積層平野に生産力豊な水田をつくれるようになったのは、戦国末期から近世初頭にかけて成立した巨大な領主権力と、領主がもつ強力な用水土木技術であったことを指摘している。
（4）『水戸市史　中巻（一）』水戸市、一九六八年。
（5）前掲『湖国の「水のみち」 近江——水の散歩道』、六二頁〜七一頁、八二頁。
（6）斎藤善之「近世における東廻り航路と銚子港町の変容」『国立歴史民俗博物館研究報告 第103集』歴史民俗博物館振興会、二〇〇三年、四三五頁〜四三六頁。
（7）川名登『利根川荒川事典』国書刊行会、二〇〇四年、二六四頁。
（8）南北朝の貞治五（一三六六）年から至徳四（一三八七）年に、漁を生業としていた下総国と常陸国の属する津（港）と知行者が列挙された記録。
（9）李瑞雪「長江水運システムの近代化と上中流港湾整備戦略」『東アジアへの視点』二〇一一年六月号、公益財団法人国際アジア研究センター、二〇一一年、二七頁。

論文3

東京湾を中心とした〈海域〉

岡本　哲志

はじめに

東京湾の海域をテリトーリオの視点から考える時、おおまかに三つの柱が設定できるであろうか。つまり、地形、交易、生業が示す東京湾におけるテリトーリオである。

一つ目の地形に関しては、江戸に幕府が置かれた以降の人工的な埋め立てによる海岸線の変化による視点である。この新たにできた土地の上に、江戸・東京の都市としての繁栄の一端がある。

二つ目の交易は、船の航路と東京湾内の歴史的港町の存在があげられる。外海から船で運ばれるさまざまな人、ものの流入が東京湾（東京湾は時代によって、内海、江戸湾とも呼ばれてきた。だが、内海という名称は今日的に馴染みが薄く、また江戸湾は江戸時代後期のほんの一時期に使われたに過ぎない名称である。従って、以降は馴染みのある東京湾に統一して使用する）沿岸に位置する城下町・江戸や港町を繁栄させてきた。この東京湾内で繰り広げられてきた廻船のあり様が太平洋航路と結びつき、物流をベースとした関東一円のテリトーリオを形成した。

三つ目の生業では、魚貝類の宝庫である広大な東京湾の自然環境と、独自の集落空間をつくり出した漁師町（漁師町は江戸時代に猟師町と書かれてきた。しかし、今日的に馴染みがなく、以降は漁師町に統一して使用する）に焦点を当てたい。これらが城下町・江戸を海域と関連づける結節点となっていた。

この三つが絡み合った時間軸・空間軸のなかで、江戸・東京のテリトーリオとしての東京湾の海域を描こうとしている。

1　東京湾の埋め立てと江戸・東京の繁栄

（1）東京湾埋め立ての変遷

徳川家康が江戸入府早々手をつけた整備は、行徳からの塩を江戸城下まで、東京湾を通らず船で直結できる運河の開削であった。道三堀、日本橋川とともに、江東エリアでは小名木川が東西に整備された。このことは、同時に江東エリアの船による利便性を大いに高めた。慶長元（一五九六）年には、早くも深川八郎右衛門が隅田川河口付近の左岸一帯の砂州を開発する許可を得て、深川村を開く。ここを基点に小名木川以南の新田開発に拍車がかかる。

小名木川南側の深川汐除堤外に広がる干潟が寛永六（一六二九）年に摂津出身の漁師たちに与えられ、漁師町が形成された。現在の江東区の清澄町・佐賀町・永代町・福住町あたりである。寛永四年には、干潟の大規模な造成工事が行われ、富岡八幡宮とその別当寺である永代寺が建立された。高橋付近では海辺新田が慶安年間（一六四八～五一年）に整備される。後にこのあたりは舟大工が多く居住する海辺大工町となった。また、舟運による物資の受け取りや保管、問屋への運送などの業務を行う商人たちによって町場も形成された。

明暦の大火（一六五七年）後の元禄一〇（一六九七）年には、木場の移転を視野に、永代浦入海干潟一五万坪の新田開発が試みられた。江東エリアの場合、主に巨大化する江戸のゴミ処理場として、埋め立てが行われてきた。日常出る江戸市街のゴミはほとんど塵・芥の類であったが、火事の多い江戸では瓦礫処理のゴミが大量に発生した。また何よりも、舟運が活発であった江戸時代は川や掘割の浚渫が重要で、浚渫土砂が膨大な量にのぼった。その恰好の捨て

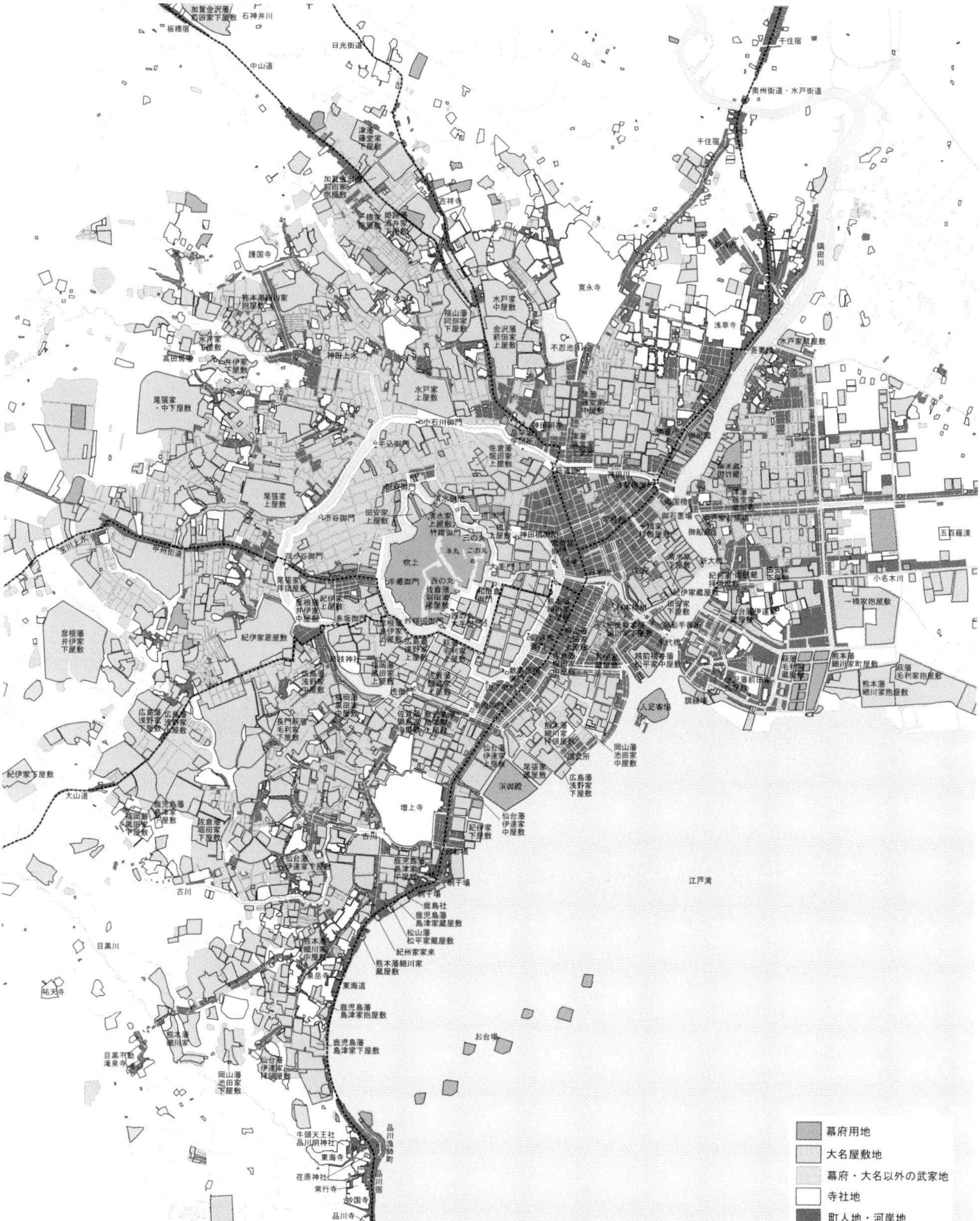

図1　江戸後期の江戸の土地利用　（筆者作成）

場が深川の地先に広がる遠浅の海だった。江戸後期までには、江戸の水際は埋め立てによって地先をより海の方へ延ばした（図1）。

明治維新以降は、明治政府の財政難から河川の浚渫を怠ったつけが表面化する。近代産業を勃興させる上でも、東京の河川舟運は重要視され続けるが、土砂堆積で船の運航に支障をきたすようになる。そのこともあり、浚渫が大規模に行われる。その主なものとしては、明治一六（一八八三）年に始まった東京湾澪《みお》浚い工事があげられる。これによって、月島の埋立地が誕生した。明治三九年からは、隅田川河口改良工事が行われる。この工事は、東京に近代港湾を建設する目的が背景にあった。関東大震災以降の東京は、火事による瓦礫処理の深刻さとともに、近代都市化へと向かうなかで建設廃材も急速に増大した。その廃棄場所として東京湾がその受け皿となり、東京湾の埋め立てが進行する。明治・大正・昭和の戦前期の八〇年余りは、三〇〇年近い江戸時代の埋め立て面積を遥かに越える五五六・七ヘクタールもの土地を生みだした。しかしながら、これらの埋め立てた量を圧倒的に上回る時代が戦後である（図2）。高度成長期に活発化するビルの建設需要に伴う、建設廃材は東京湾の埋め立てを加速させ、大きく変化する生活環境のなかで生みだされる生活ゴミが加わることで、さらに水深の深い東京湾の埋め立てに向かわせた。

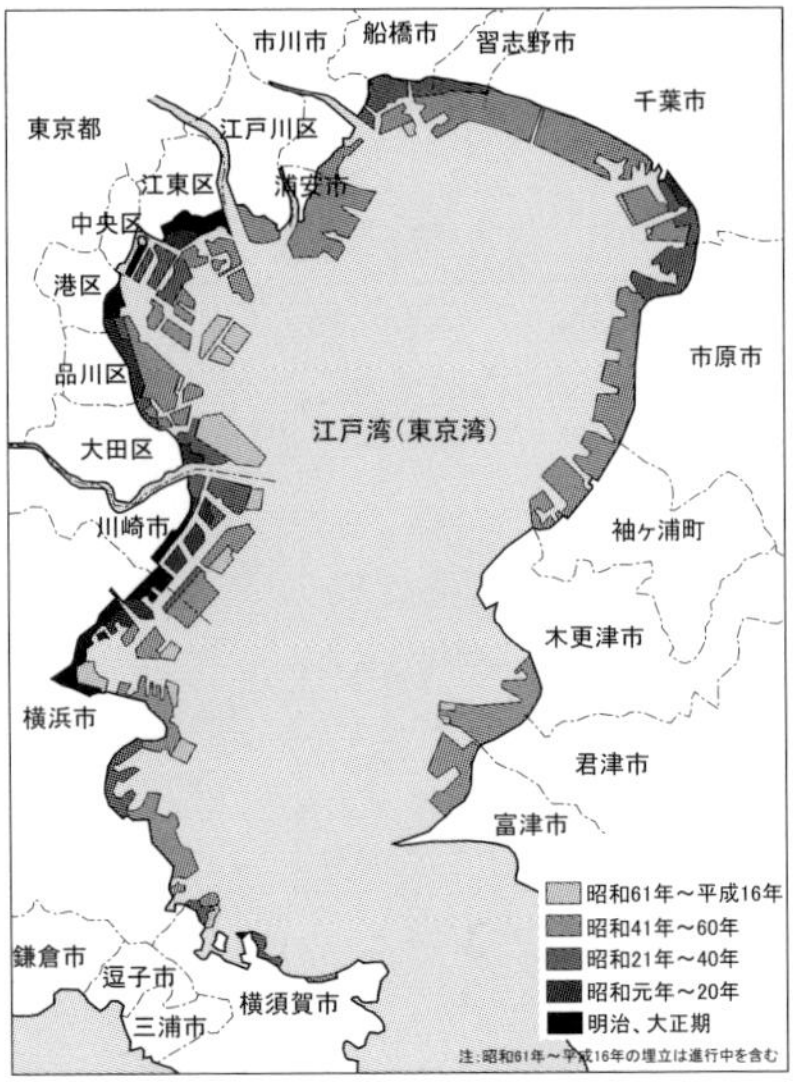

図2　東京湾の埋め立ての変遷　（筆者作成）

（2）潮干狩りと海水浴場の変化

江戸時代の遊びに潮干狩りがある。『江戸名所図会』をはじめ、潮干狩りの風景を描いた絵を数多く見受ける。釣りも江戸の庶民にとって気軽なレクリエーションであり、釣りをする人たちを描いた絵も多い。江戸時代は江戸市街の前に広がる東京湾が身近な存在であったようだ。

また、私たちにとって馴染みの深い海の行楽といえば海水浴がある。海水浴は、明治維新以降の西欧化する流れのなかで、健康や医療のために欧米の人たちが持ち込み、定着する。江戸時代以前の武術のための水練ではなく、健康を維持する海水浴が東京湾の砂浜で見られるようになる。羽田沖の埋立地では、潮干狩りや海水浴をベースとしながら、娯楽のパラダイスをつくりあげた。羽田の砂浜は遠浅で、そこでの潮干狩りや海水浴とともに、海水を浄化したプールも設けられた。それに加え、有力者が掘り当てた温泉、高級娯楽だった競馬が近代に合体する。しかも魚介類の宝庫となれば、花街をセットにしたパラダイスの開発に突き進むのは必然だった。関東大震災以降、広大な敷地には鉄道が引かれ、民間の飛行場もでき、東京都心から多くの人が訪れるようになり、穴守神社を中心に大いに賑う。

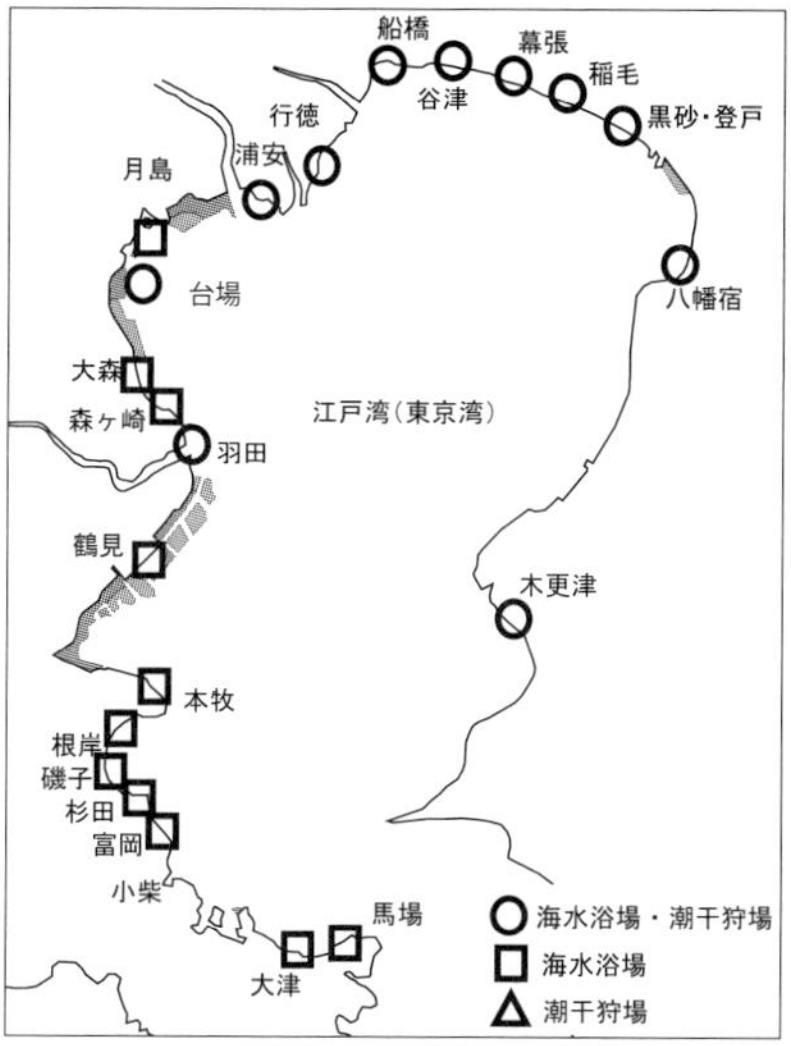

図3　東京湾の主な海水浴場・潮干狩場の分布（昭和初期）（筆者作成）

渡辺貴介氏は、二五年以上前に新聞記事から昭和一〇年ころの東京湾における潮干狩りと海水浴場の分布を図化した。江戸時代から近代以降の戦前まで、頻繁に埋め立てが行われていたにもかかわらず、東京都心近くに潮干狩りの場と海水浴場があったとわかる（図3）。戦後すぐの一九五〇年代、東京都心近くでは海水浴をする場が失われるが、東京近郊ではまだ潮干狩りが行われていた。高度成長期以前の東京湾は海の行楽がまだ身近なものであった。海辺との結びつきが大きく失われるのは、高度成長期以降の急激な東京湾の埋め立てと一致する。地先が人工的な埋め立てによって、自然の渚が猛烈なスピードで消滅していく。さらに、その埋立地には

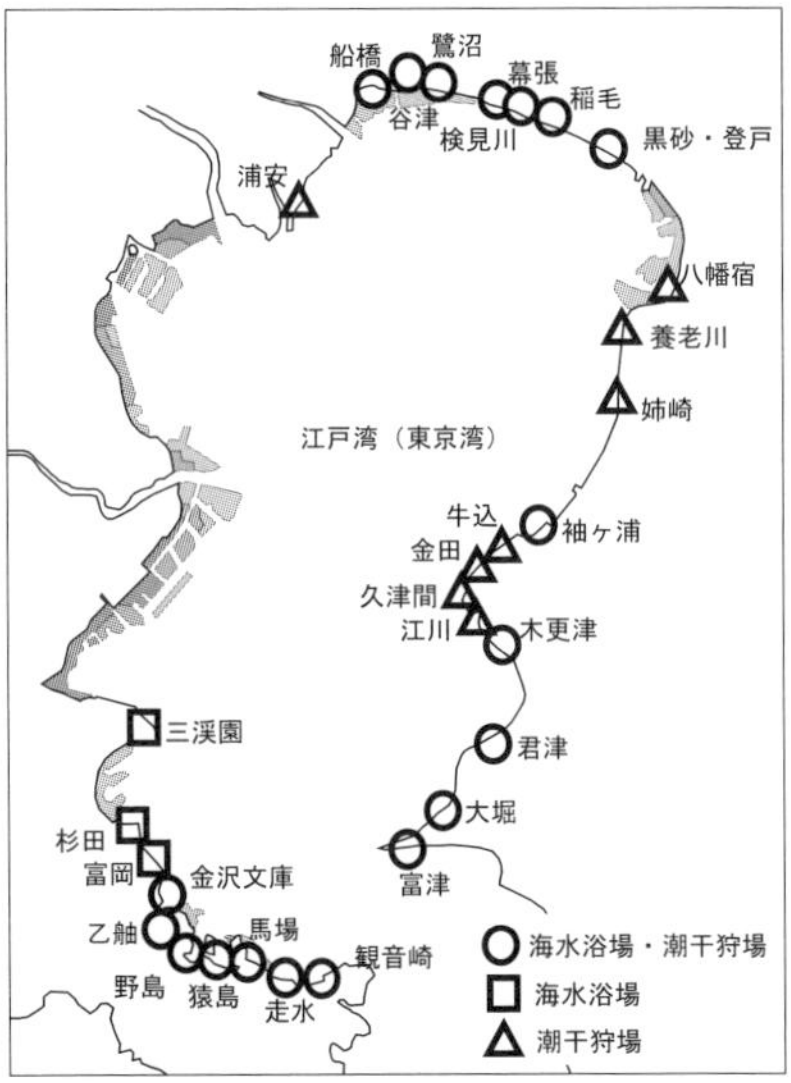

図4　東京湾の主な海水浴場・潮干狩場の分布（1960年）（筆者作成）

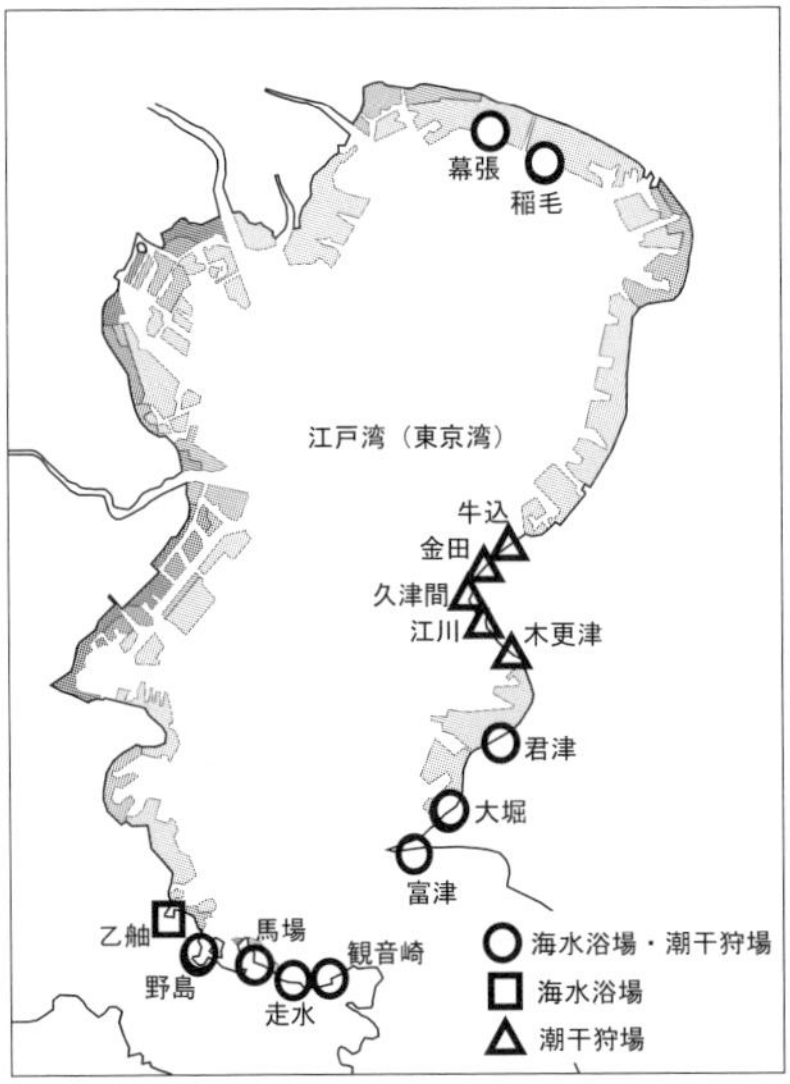

図5　東京湾の主な海水浴場・潮干狩場の分布（1980年）（筆者作成）

一般の人たちが入ることのできない工場や倉庫などの土地で占められた。京浜工業地帯は、一九六〇年代すでに潮干狩りの場も海水浴場も見られなくなる（図4）。その後になると、東京湾内でのレクリエーションに東京圏の人たちは見切りをつける。東京湾の外房総にわずかに、潮干狩りの場と海水浴場が残るのみとなる（図5）。

（3）埋立地に立地する近代施設

日本初のガス事業は横浜からで、明治五（一八七二）年に始まる。二年後の明治七年には、現在東京ガス本社ビルが建つ東京府芝区浜崎町（現港区海岸一丁目）においてガス製造工場が稼働し、煉瓦街の銀座通りにガス灯の火が灯った。この通り沿いの南金六町九番地には、からくり儀右衛門こと田中久重が田中製作所を明治八年に設立する。久重の養子、二代目久重は明治一五年に銀座二丁目の大倉組前で東京電灯会社の宣伝のためにアーク灯を点灯する実験を試みた。同じ年には芝浦の臨海部へ進出し工場を建て、後の東京芝浦電機の基礎を築く。工場が大規模化することで、旧来の市街地では収まらなくなった工場が臨海部の埋立地に進出する。

また、厄介施設と呼ばれる下水処理場が臨海部の広大な埋立地を占拠した。東京の下水処理場は下谷・浅草方面の下水を処理する三河島下水処理場が大正一一年に運転開始したのが最初である。三河島下水処理場は隅田川に処理水が放流されており、その後に運転開始された砂町(昭和五年)と芝浦(昭和六年)の下水処理場は臨海部の埋立地に建設された。戦後も、森ヶ崎など埋立地に立地した下水処理施設が目立つ。

関東大震災後、食文化の基地、魚河岸も東京湾に面する大規模な敷地を求めた。江戸時代、魚市場は日本橋魚河岸にあったが、小規模な魚市場は漁師町など、江戸市街やその近郊に数多く見かけられた。明治期、魚市場は乱立する既存の施設を廃止して、日本橋、新場、金杉、千住に統合される。日本橋魚河岸は、関東大震災により焼失し、芝浦に仮設の魚市場が開設された。しかしながら、芝浦は交通の便の悪さと敷地の狭さが問題となり、大正一二(一九二三)年一二月に東京市が海軍省から築地の用地の一部を借りて中央卸売市場開設までの暫定市場を建設することになった。これが築地市場のはじまりである。昭和一〇年二月には、東京湾に面する築地に広さ約二三万平方メートルの東京都中央卸売市場が開設された。

(4)東京湾に展開したプロジェクト(幻の万国博覧会と丹下健三の「東京計画1960」)

東京臨海部の埋立地は、先に見た工場などが立地するだけでなく、大規模なイベント空間を誘致してきた。現代でいえば、晴海の見本市や有明の東京ビッグサイトが思い浮かぶ。東京を活性化する起爆剤に、東京湾の埋立地が受け皿となる。

万国博覧会を日本で開催する動きは、すでに明治二三(一八九〇)年にあった。時期尚早ということで見送られたが、これで立ち消えとなったわけではない。ロンドン(一八五一年)やパリ(一八八九年)の万国博覧会、あるいは内国勧業博覧会(上野公園での第一回が一八七七年)の成功に刺激を受け、メディアなどが記事にする。しかしながら、大正九(一九二〇)年に世界恐慌があり、大正一二(一九二三)年には関東大震災が起き、東京・横浜の大都市が壊滅的

図6　東京湾埋立地でのオリンピックと万国博覧会（1940年、筆者蔵絵葉書）

な打撃を被る。それでも、関東大震災後の帝都復興事業が一段落する昭和五（一九三〇）年には、最初の万国博覧会開催に向けた協議会が開かれた。またオリンピック夏期大会の方も、同じ年に当時の東京市長・永田秀次郎（一八七六～一九四三年）が第一二回大会招致の意向を表明する。オリンピックとともに万博「紀元二六〇〇年記念 日本万国博覧会」の同時開催が昭和一五（一九四〇）年と決まった。

博覧会のメイン会場は月島四号埋立地（現晴海・豊洲地区）、第二会場として横浜（現山下公園）が当てられ、東京湾内の埋立地が大いに脚光を浴びる（図6）。東京会場は約一五〇万平方メートルと広大な土地が用意された。晴海会場は正面に肇国記念館が配されるとともに、日本の生活・社会・文化を語る場として日本建築で埋め尽くされた全体の展示配置が考えられた。豊洲会場では近代化するこれからの日本を表現するように農林・化学工業・機械・電気といった産業館が目玉となり、諸外国の独自性を表現する外国館などが並ぶはずだった。第二会場の横浜では水に関連する海洋館・水族館・水産館といった施設が置かれる予定になっていた。しかしながら、昭和一三年には戦争遂行に直接必要としない土木建設工事、着手中のものも含め一切を中止する閣議決定がなされる。戦争の激化で開催直前にオリンピック夏期大会の返上と同時に、万国博覧会の無期延期が決定された。

戦後になると、東京が昭和三九（一九六四）年夏季大会開催地に選出された。この時、日本はまさに高度成長期にあり、自動車が東京に溢れかえった。右肩上がりの経済成長は、都市に公害問題などのさまざまな歪みを内包させた。東京は成長する都市像を描かなければならない時代にあった。

高度成長期、大都市はさらに大規模となり、人や情報、もののネットワークが有機的に結びついていなければ、東京を筆頭に大都市は生き延びることができない状況に追い込まれる。当時は、そのような考えが一般的だった。すなわち、情報とともに、人やものをネットワークする体系的な交通計画の導入が必要とされた。もはや旧来からの東京が抱えてきた「都心」という求心的な都市の構造ではこれ以上の発展は望めないという眼差しが、高度成長を目の当たりにした丹下健三にもあったはずだ。その根本的な解決策として都心から東京湾に骨太な交通の軸を伸ばす提案が「東京計画1960」と題してなされた。東京の構造を求心型放射状から線型平行射状に変革してゆく計画案が描かれる。ただ東京湾に目を向けたことは、丹下健三の試みだけではない。江戸時代から、東京湾を埋め立てることにより、求心的な都市システムを東京湾に向け、放射状に拡散する流れの逆転を試みることで、硬直化した都心部の空間機能を活性化してきた歴史がある。しかも、一〇〇年、五〇年のスパーンで展開してきた流れとの違いは大きい。

2　東京湾内の海上ネットワーク

(1) 伊勢湾と三陸を拠点とした新たな廻船の仕組み

「津々浦々」といわれるように、江戸時代には海岸線に沿い港町や漁村が数多く分布した。江戸時代の船は、外洋を航行できる、複数の帆と櫂で漕いだ中世の船と異なり、一本マストの帆船にすぎず、常に陸の地形を眺めながらの航海だった。必然的に、風待ち、汐待ちする船が立ち寄る湊の数も多くなければ、航海が立ち行かない。それも、全国をネットワークする仕組みのなかで、大都市である江戸や大坂を中心に多くの物資が集散した(図7)。江戸時代前期は、大坂の商人たちが航海の実権を握っていたが、江戸後期になると様変わりする。

米を基準に社会を成立させていた枠組みが崩壊しはじめた時代が江戸後期といえる。例えば、米を上回る利潤を生

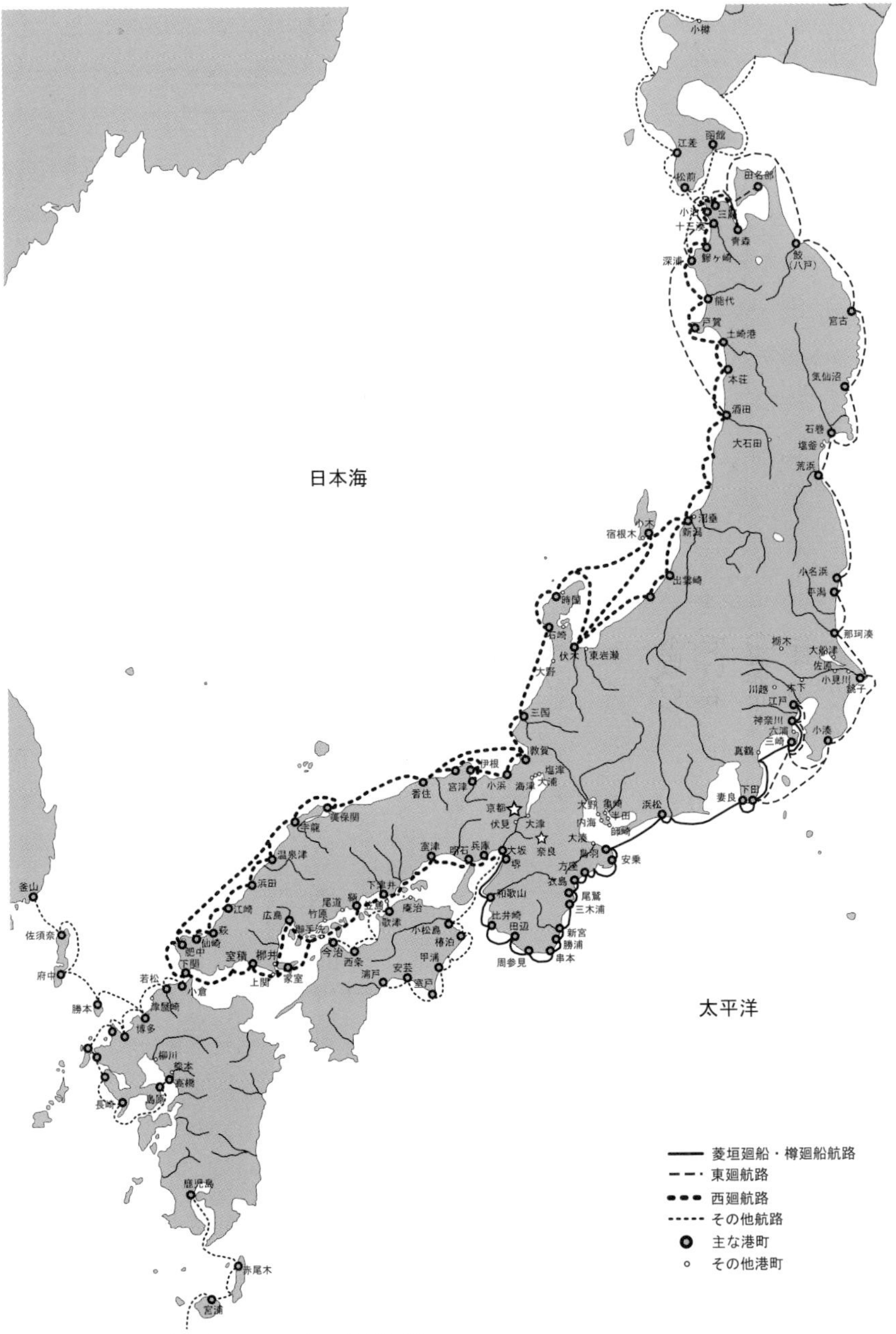

図7　近世日本の海のネットワーク　（筆者作成）

むさまざまな商品の出現は、米が貨幣の単位ではなく、単なる食料となりつつあることを暗示させた。これらの商品が物流のルートに乗ると、新たな新興商人の出現とともに、それを運ぶ人たちの航海スペースが増大する。伊勢の酒や酢、三陸の昆布や鰹節は、遠隔地とネットワークすることで、新たな時代へ価値を生みだす。右から左へものが移動するだけではなく、生産し、加工し、商品化していく流れの節目、節目が、廻船で結び付けられた。江戸に向けた商品として、連携のなかで一つのかたちになる仕組みが成立したことに、新たな動きを躍動させる。

そこに浮上するのが、内海を核にした伊勢湾の廻船であり、豊かな漁場を手にする三陸の廻船である。京の都や大坂に上質で高価な商品を整え、送る土佐の鰹節などの旧来のシステム以上に、百万都市に膨れ上がった江戸の消費は新興の廻船を営む人たちに新たな市場を提供する。安くて、比較的良質な品物を運ぶルートが可能になった時期は、河村瑞賢《かわむらずいけん》（一六一七～九九年）の東廻り航路（一六七一年）、西廻り航路（一六七二年）のネットワーク化を可能にした。遥か以降の時代だった。新たな商品の出現が待たれたし、それをネットワークさせる人たちの新たな仕組みが必要だった。それは、だれでもが自由に寄港できる湊の整備を越える画期だった。三陸は、豊かな漁場が目の前にある。また、陸からの不便さがあるものの、良好な湊があれば、安価な海産物を大量に江戸に運び込めば、それを売りさばく商人たちが育っており、何よりも消費する多くの人たちがいた。新興の地から、新たな物流の流れがつくられていった。

（2）江戸湾内の湊と流通（神奈川湊と品川湊）

仙台藩の廻船が江戸へ航海するために作成された木版の航路図がある（図8）。浦賀から江戸に直行するルートと、神奈川（金川）に立ち寄り江戸に至るルートが記されている。江戸と神奈川の海上航路は、日本の各地方と江戸を結ぶ物流ネットワークの最終区間でもあった。ここで仮説が思い浮かぶ。それは、米などの荷を満載した千石船（廻船）を水深の浅い江戸に近づけるための方法である。例えば、オランダではデン・ヘルダー、エンクハイデン、ホールンに寄港しながら、船に満載された荷を途中でおろし、船体を軽くして水深の浅いアムステルダムの港に至った歴史的

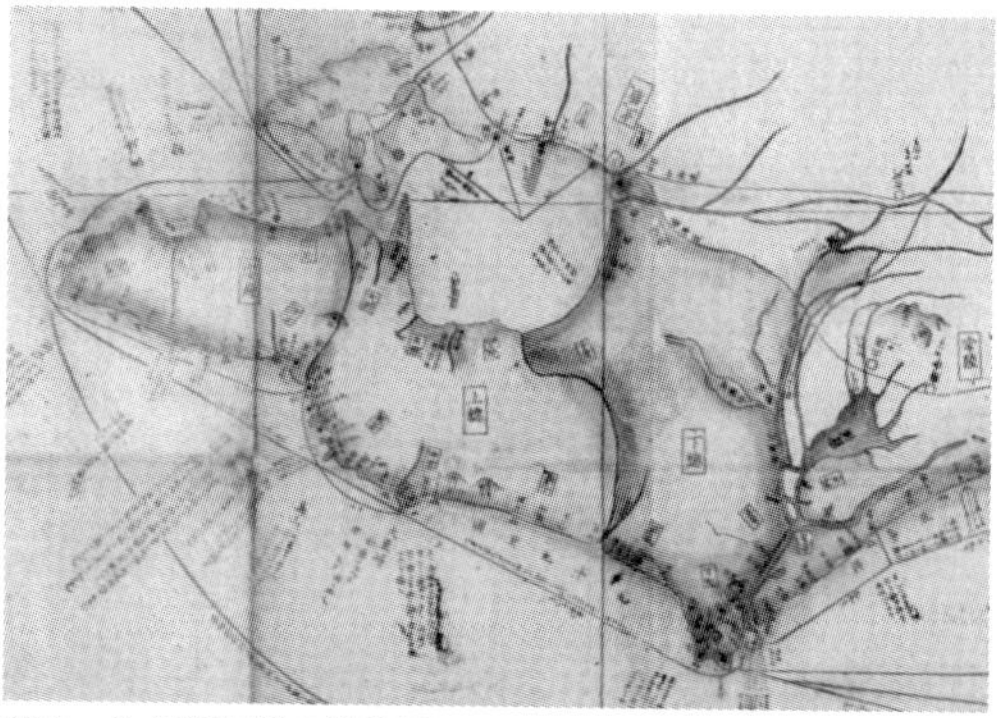

図8　仙台藩廻船の航路図
（「改正東海舟程全図」（部分）　天保11年（1840）、横浜市歴史博物館蔵。横浜都市発展記念館・横浜開港資料館編『港をめぐる二都物語』2014年、43頁より転載）

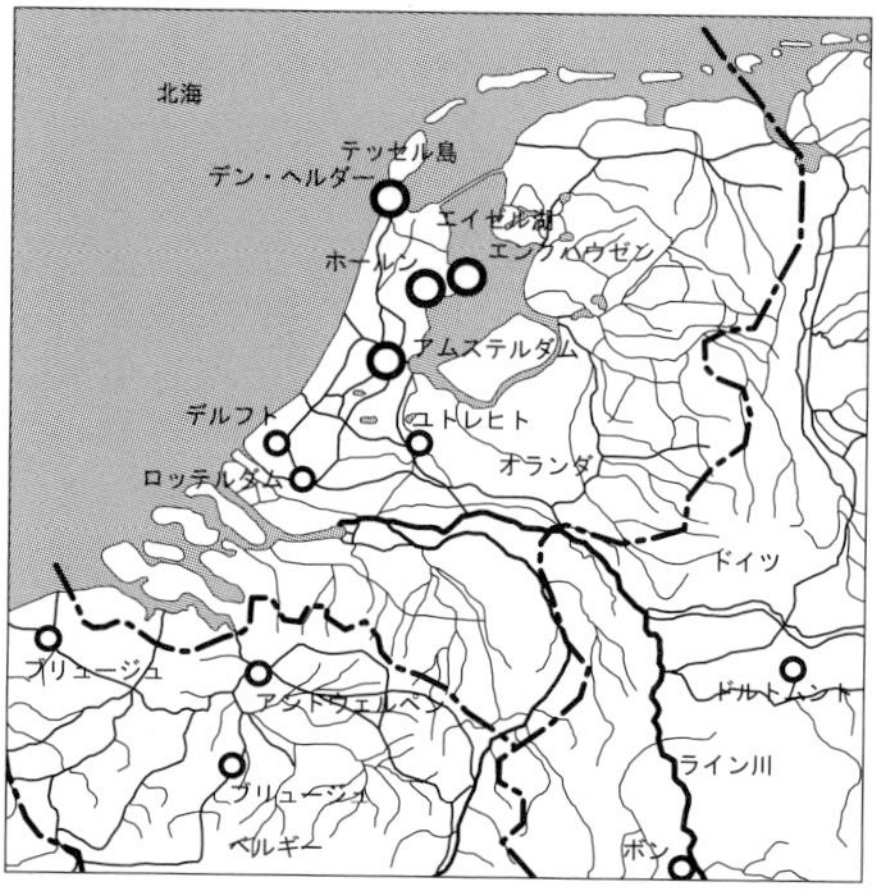

図9　オランダ都市関係地図　（筆者作成）

経緯がある（図9）。それと同じように、江戸湾に入った大型の廻船がまず神奈川湊で荷をおろし、ある程度軽くなった船が品川沖に、さらにそこで荷をおろし、最後に船体をより軽くした船が佃沖に向かったのではないかということだ。このような仮説のもとに、新たな視点で神奈川湊、品川湊を見ていきたい。

はじめに、東京湾の遠浅の海が大型船を湊に接岸できない状況を考察しよう。幕末に開港を巡って諸外国と幕府とのやり取りがあった。アメリカ合衆国の外交官であるT・ハリス（一八〇四～七八年）が通商のために日本を訪れ、開港地の候補に品川をあげた。品川は、江戸に入る東海道の最初の宿場町であり、中世に繁栄を極めた港町であった。ただ、品川の前面にある東京湾は遠浅の海が広がり、干潮時に沖まで干潟が続く状況にある。江戸時代後期の幕臣であり、列強との折衝に尽力した外交官の岩瀬《いわせ》忠震《ただなり》（一八一八～六一年）が調査を命じられる。岩瀬は、品川浦の水深が浅く船が湊に着岸できず、沖合に停泊せざるを得なく、品川湊には船を安全に守る港湾施設がないと指摘する。この結果をもとに、幕府はハリスに対して品川湊が遠浅で船が着けられない地理的状況を理由に品川の開港を拒絶した。

また、一七世紀後半には河村瑞賢により、東廻り航路、西廻り航路が整備され、全国をネットワークする海上交通網が確立され、江戸には諸国から船によって商品が運びこまれ、東京湾内の湊が繁栄しはじめる。なかでも品川湊と神奈川湊は重要な位置を占めた。金沢文庫で知られる称名寺（現横浜市金沢区）には、品川湊と神奈川湊から徴収した入港税を記した室町時代の古文書が残る。この古文書は、二つの湊が太平洋航路による廻船で繁栄するとともに、東京湾内の流通拠点として相互に頻繁な取引がなされ、密接な関係があった可能性を示唆する。

戦国時代に一時衰えた神奈川湊は、江戸時代になり東海道の宿場町として再び栄え、一大消費都市・江戸に魚貝類や年貢米を送り出す地域の拠点として位置付けられていく。さらに神奈川湊の画期が江戸時代後期にも訪れる。伊勢湾を拠点とする新興の海運集団の内海船が寄港しはじめる。内海船の取引品は神奈川湊を中継地に、内陸の北関東や八王子と結ばれ、江戸を中継する交易ルートとは異なる物流ルートが新たに浮かび上がる。

ただ、東京湾内の湊で最大の問題は、遠浅の海が広がっていたことだ。神奈川湊では、沖に碇泊している大型の廻船から小船に荷を積み替える荷役作業が必要となり、その小船によって荷が陸上げされた。江戸に近づけば近づくほど、水深の浅さによる悪条件が増大する。

江戸は内港都市として成立してきたために、諸国から荷を満載してきた大型廻船を直接接岸できる港湾施設がなかった。そのため、廻船は品川沖か隅田川河口の佃沖に錨をおろし、海上で小船に荷を積み替え、江戸市中に巡る掘割沿いにある河岸から問屋の蔵に運び込まれた。特に佃島・永代橋に囲まれた隅田川河口は、内海航路の最終地といえ、多くの廻船が碇泊した。従って、隅田川河口周辺の町、日本橋小網町や深川には荷役を行う背取宿や廻船問屋が集中した。

江戸時代、この一帯が江戸湊の中心地であったのだが、荷を満載した廻船が佃沖までは到達しなかった。品川沖よりさらに江戸側に進むと水深が浅くなるため、一部の大型廻船はすでに品川沖で大茶船と呼ばれる六五石積みの茶船より大型の船に積み替えて江戸の河岸に荷物を運搬していた。さらに、先に見てきたように神奈川湊でも一部の荷を降ろす船があった。軽くなった大型廻船をより浅い佃沖に碇泊する流れが見て取れる。まさに仮説で示したオランダの状況が、江戸湾内の湊間にもあった。

（3）海図から見えてくる江戸と横浜の立ち位置

嘉永六（一八五三）年、M・C・ペリー（一七九四～一八五八年）率いる四隻の「黒船」が浦賀沖に来航し、江戸幕府はパニックとなる。市井の人たちといえば、はじめのころは興味本位で小船を繰り出して勝手に近づく者がいたりして、浦賀が見物人でいっぱいとなった。その後、幕府から警戒を呼びかけるお触れが出ると、逆に人々のなかに不安が広がっていく。その騒ぎを揶揄した「泰平の眠りを覚ます上喜撰《じょうきせん》たつた四杯で夜も眠れず」という狂歌が詠まれもした。日本側の騒ぎをよそに、ペリーが率いる艦隊は幕府のお膝元の東京湾で測量を試みる。これは巨大艦隊が東京湾内を安全航行する上で必ず試みる科学的実験に過ぎなかった。

しかしながら、この行為に脅威を覚えた幕府は、自らも江戸防衛上の航路把握のために、東京湾の測量を実施する。長崎海軍伝習所で西洋式測量術を学んだ幕臣たちの手により、東京湾を測量し近代的な海図が安政六（一八五九）年六月に作成された（図10）。幕末、西欧的な科学技術により、東京湾の自然環境の解明が加速する。

横浜が開港された安政六年六月以降は、精密な海図が軍事的な目的とともに、商船の航海のために製作されるようになる。イギリスでも、横浜開港の年にイギリス海軍省が東京湾の海図を作成している。海岸線から海側に向かって、細かく水深を測る。東京湾が視覚や体験だけではなく、実測によって遠浅の海であることを示した。隅田川の澪筋が台場の間を縫って江戸湾に至る様子も描かれた。これから五年後の元治元（一八六四）年六月、イギリス軍工兵大尉ブラインが作成しイギリス陸軍省に送った江戸湾の地図は、停泊地や砲台とともに、掘割が巡る江戸や居留地を描き込んだ横浜の主要都市の概要、幕府の主要施設など、内陸側の状況もわかるものとなる（図11）。この五年の間に、薩摩とイギリスとの戦争（一八六三年）、幕府と長州との戦争（一八六四年）と、日本が大きく変革する時期にあり、

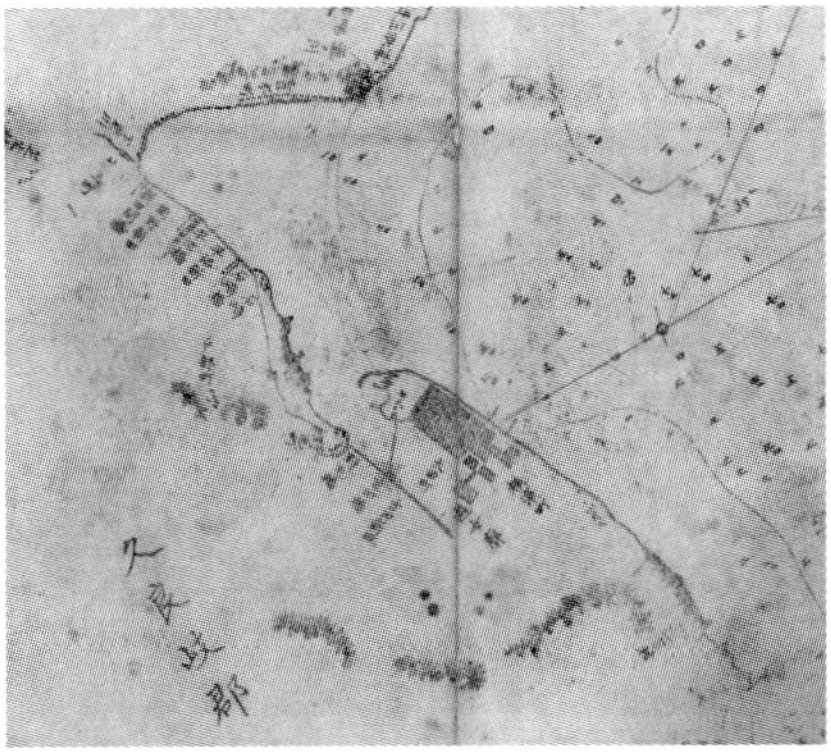

図10 「神奈川港図」（部分）
（福岡金吾、松岡磐吉、西川寸四郎、安政6（1859）年6月、横浜開港資料館蔵。前掲『港をめぐる二都物語』、34頁より転載）

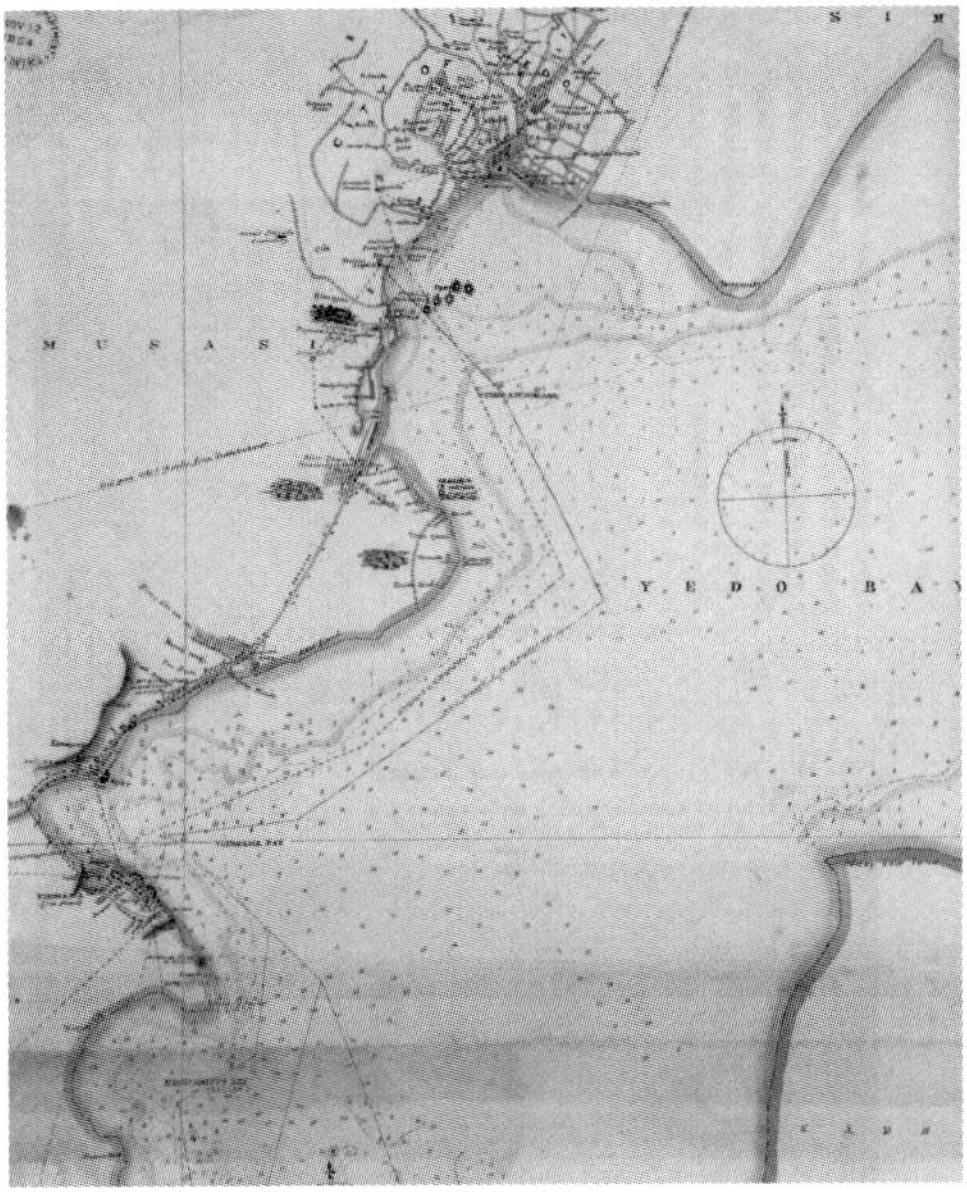

図11 江戸湾の地図
（“Japan Islands. Nipon Bay of Yedo”（部分）、1864年6月29日、イギリス国立公文書館（The National Achives）蔵。前掲『港をめぐる二都物語』、37頁より転載）

イギリスは薩摩、長州だけではなく、江戸幕府のお膝元にも関心を示したことがうかがえる。

（4）近代港湾建設に先んじる横浜と頓挫し続ける東京

明治はじめの横浜港は、全国の輸出入額の七割前後を占め、他の開港場である神戸、長崎、函館などを大きく引き離す。ただ、外国からの輸入品の過半数は横浜からいったん東京に集積されており、各地方とのつながりは東京が圧倒していた。

近代化の動きとして新橋・横浜間の鉄道開通があったが、明治二〇年頃でも貨物輸送の主力は船であり、その多くが江戸時代以来の五大力船をまだ使い続けた。悪天の時は航海できないなど、不効率な輸送環境でもあった。加えて、干潮時に遠浅の海になる弱点を持つ横浜は、入港する外国の大型船は横浜港の遥か沖合に碇泊し、艀船を使って荷を陸上げした。明治政府は、明治六年（一八七三）にスコットランド人技師R・H・ブラントン（一八四一～一九〇一年）に依頼し、大型船が直接横付けできる埠頭建設を横浜港に企図したが、明治政府の財政難で立ち消えとなる。

明治一〇年代に発案された初期段階の市区改正計画に

は、東京築港案が盛り込まれた。経済学者の田口卯吉（一八五五〜一九〇五年）は、東京を将来世界の中心市場に押し上げ、横浜から東京に国際貿易港の機能移転を主張した（図12）。東京府知事の松田道之（一八三九〜八二年）は明治一三（一八八〇）年五月に田口の論を盛り込んだ東京の都市改造案を打ち出す。だが、明治一五年に松田が急逝し、その後を継いだ芳川顕正《よしかわあきまさ》（一八四二〜一九二〇年）は築港よりも市街地の改良に重点を置く構想に方向転換する。その後東京商工会の代表として渋沢栄一（一八四〇〜一九三一年）も委員に加わる市区改正審査会が組織されると、渋沢は持論の東京築港を議題に乗せることを主張し、芳川の考えと対置する。明治一八年四月の審査会では東京築港が審議され、その席で東京築港が浮上した。ただ、横浜側の猛烈な反対運動に合い、東京築港計画はいったん棚上げとなる。

横浜の築港に目を向けると、明治一九（一八八六）年五月に内務省がオランダ人技師J・デ・レーケ（一八四二〜一九一三年）に横浜港内で船渠《きょ》の築造できる場所を調査させており、神奈川県もその年の九月にイギリス人技師H・S・パーマー（一八三八〜九三年）に横浜築港の調査設計を頼む（図13）。パーマー案の審査を内務省から依頼されたオランダ人技師L・R・ムルデル（一八四八〜一九〇一年）は、横浜築港に対して厳しい評価をした。東京の外港となる場合は停泊地が狭すぎると批判し、ローカルな港に止まる場合でも築造費用が高額すぎると判断した。内務省からは、東京築港の有無が決まるまで横浜築港の実施を棚上げする回答があった。だが思わぬところから横浜の築港が現実味を帯びる。明治二一年四月、外相の大隈重信は明治一六（一八八三）年にアメリカ政府から日本に返還された幕末の下関事件の賠償金を横浜の築港工事に当てる旨を首相の伊藤博文に提起する。明治二二年三月には、黒田清隆内閣の閣議でパーマー案による横浜築港が決定する。これにより、「帝都」の東京と「帝都の関門」の横浜という位置付けがなされた。

明治三一年六月、初代東京市長になった松田秀雄（一八五一〜一九〇六年）は、東京築港計画の策定を工学博士の古市公威《ふるいちきみたけ》（一八五四〜一九三四年）に依頼する。古市は、東京の築港計画が頓挫した後も、築港調査委員として東京築港に携わってきた経緯があり、東京帝国大学工科大学教授の中山秀三郎とともに東京築港計画図を作成し、明治三三（一九〇〇）年一月松田に提出した（図14）。この案をもとに、松田は衆議院に東京築港に関する建議案を提出し、明治三四年三月に可決された。東京は重化学工業の発展と人口の急増で、より多くの消費物資を確保する必要性が高まり、大型船が直接東京港内に入港できる本格的な築港が求められた。ただ、この時期物資を搬入する場所といえば、江戸時代から続く河岸が中心であり、艀《はしけ》船による横浜からの物資輸送に頼る他なかった。横浜港は、パーマー

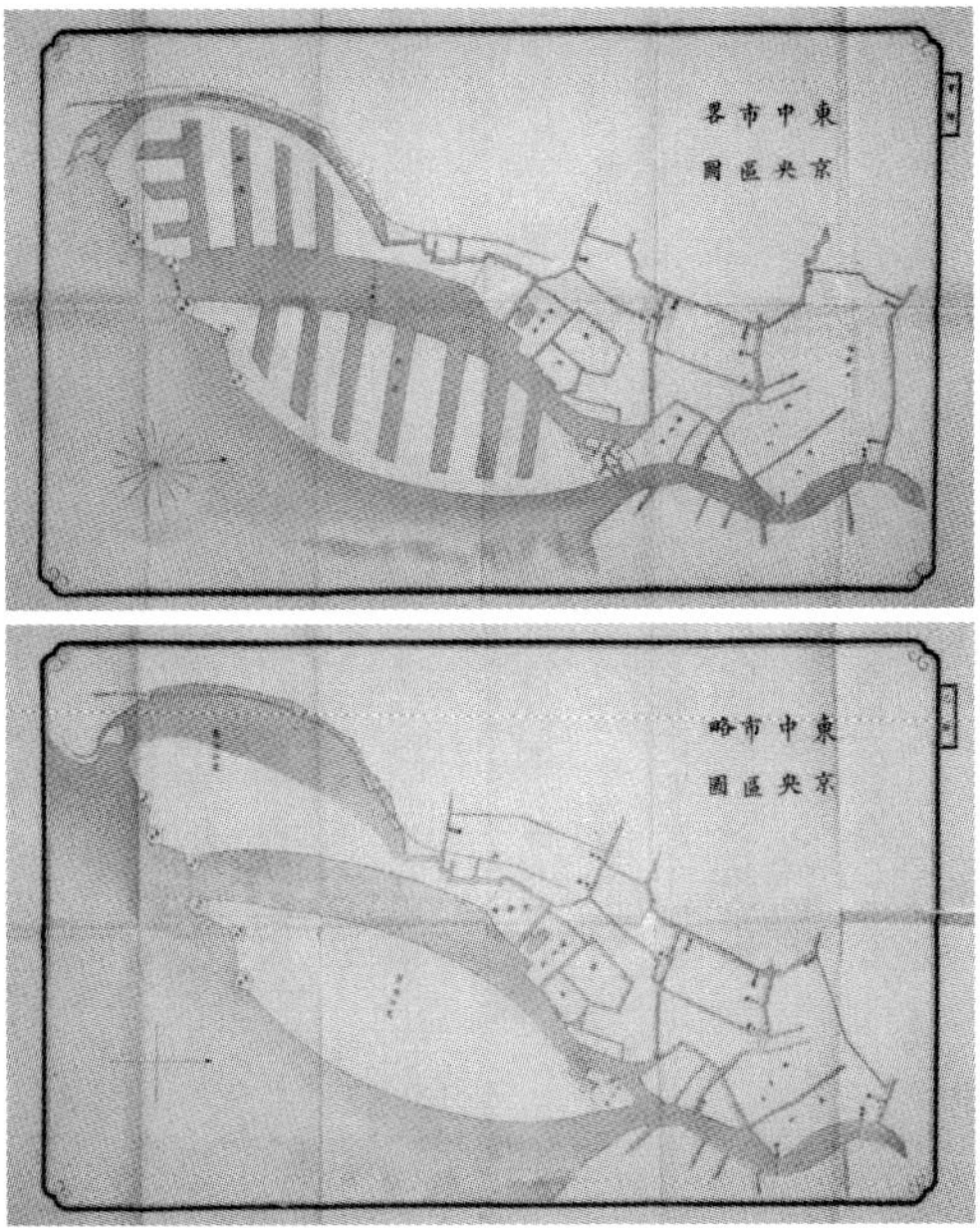

図12　東京の築港計画図
（「東京中央市区略図」甲号・乙号　『市区改正回議録・築港』、明治13年（1880）10月、東京都公文書館蔵。前掲『港をめぐる二都物語』、63頁より転載）

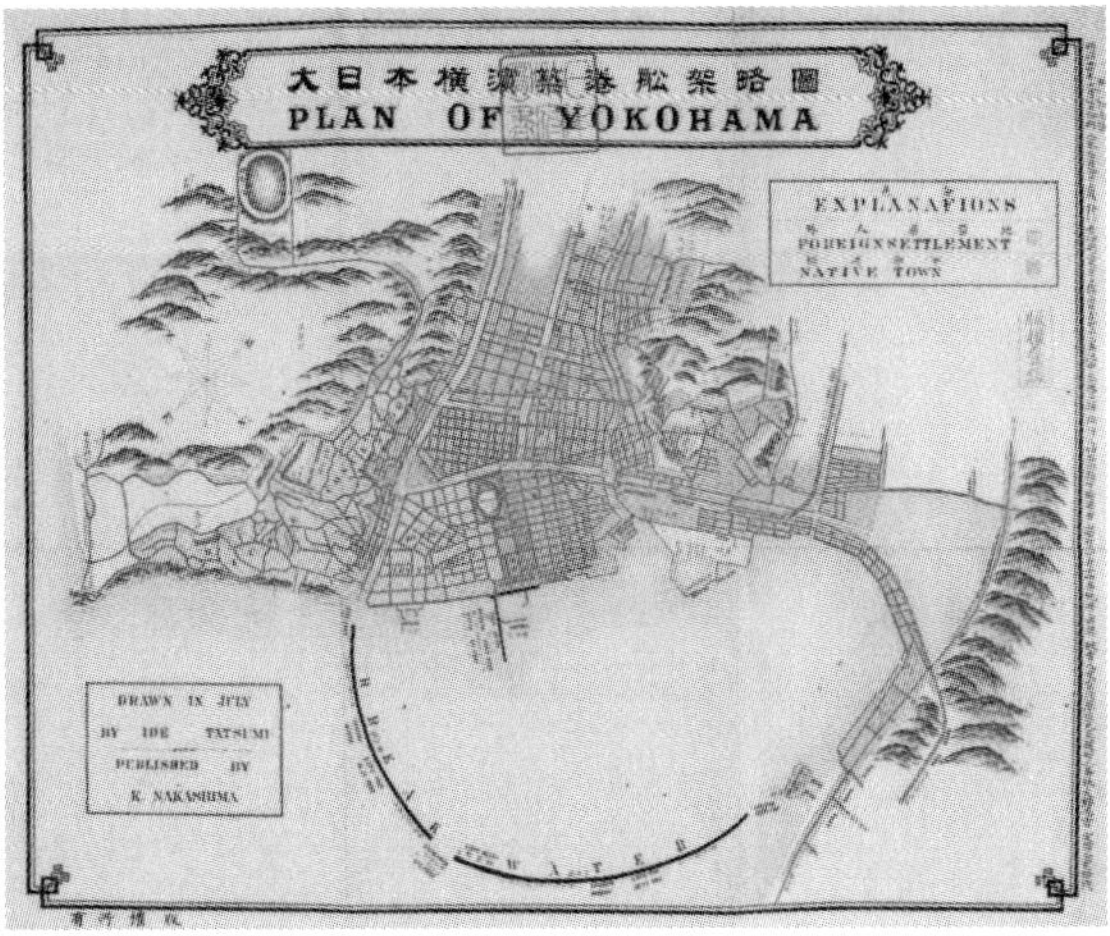

図13　パーマー案による工事完成予想図
（「大日本横浜築港船架略図」井出巽編、明治24年（1891）、国立公文書館蔵。前掲『港をめぐる二都物語』、69頁より転載）

案を基本に進められてきた第一期築港工事の完成後、明治35年から国と横浜市が費用分担するかたちで第二期築港工事を開始し、一五年の歳月をかけて当時東洋一といわれた新港埠頭を大正六（一九一七）年に完成させる。この同じ年、田尻東京市長の時代に東京築港計画の図面が描かれたが、横浜港の充実もあり、東京では関東大震災以前に本格的な築港がなされることはなかった（図15）。

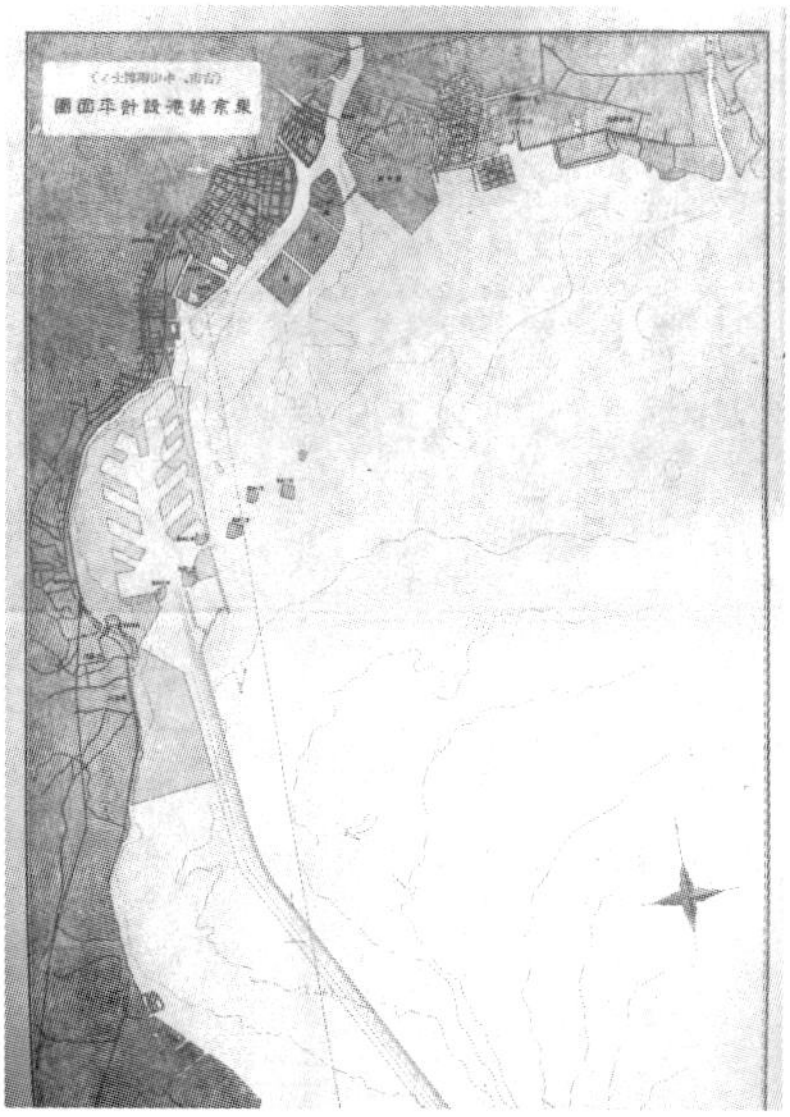

図14　「東京築港設計平面図」（古市・中山案）
（『開港記念　東京港誌』東京市役所、昭和17年3月より　筆者蔵）

図15　「東京築港計画平面図」（田尻市長案）
（『開港記念　東京港誌』東京市役所、昭和17年3月より　筆者蔵）

（5）近代港湾の成立（関東大震災後の東京と横浜の動き）

大正一二（一九二三）年九月一日正午少し前、関東大震災が起き、東京と横浜は大きな被害を受けた。横浜港は、新港埠頭の岸壁や大桟橋の大部分が損壊する。一方東京府も多数の死者を出す大惨事となり、市電をはじめ陸上交通が麻痺状態となる。東京での救援の船は護岸整備がすでになされていた芝浦に向かい、物資の陸揚げと避難民の収容作業が行われたが、大型船を接岸できる設備が少なく、救援作業が困難を極めた。

　東京港の港湾機能の不備を痛感した東京市は、緊急整備事業として二～三、〇〇〇トン級の貨物船が接岸できる日の出埠頭の建設に着手し、大正一五年に供用開始する。昭和七（一九三二）年になると、六、〇〇〇トン級の船を七隻接岸できる貨物用の芝浦岸壁が完成した。さらに昭和九年には、内航旅客船と小型貨物船の埠頭として竹芝桟橋も完成し、東京港の体裁が整っていく。東京港の内国貿易貨物取扱量は昭和二年から一〇年間でほぼ三倍近くの伸びとなり、横浜港を上回った。

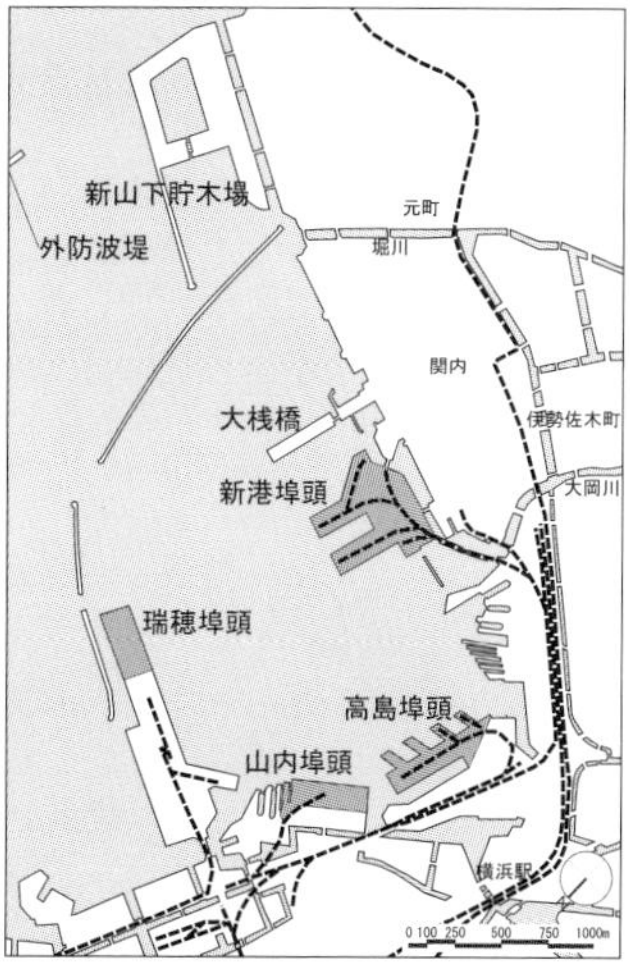

図16　昭和10年の横浜港
（筆者作成）

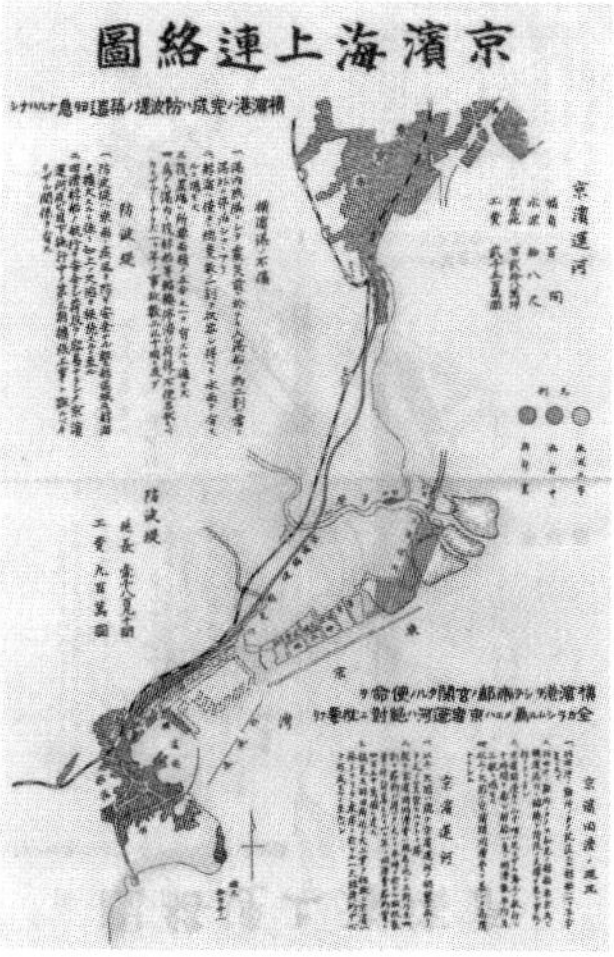

図17　「京浜海上連絡図」
（『横浜市復興会誌』、昭和2年（1927）、横浜都市発展記念館蔵。前掲『港をめぐる二都物語』、90頁より転載）

　港湾整備が進む東京港の脅威から、横浜港は大正一〇（一九二一）年からはじまった第三期横浜港修築工事、山内・高島埠頭の整備を急ぎ、昭和五年に完成させる（図16）。それでも、横浜港に入る大型船の貨物の七割が東京向けで、そのうち八割が輸送費の高い艀船に横浜で積み替え東京港に送られた。しかも、東京横浜間には難所があり、羽田沖では、年間を通じて艀船が沈没する海難事故が多発していた（図17）。この二つの港を結ぶ海上航路の不安定さは、東京と横浜双方の検討課題となり、東京横浜間を安全に航海できる京浜運河の開削計画へと進展する。

　京浜運河の整備は、船の安全な航行が大きな目的であった。だがそれだけではなく、浚渫工事で出た土砂の利用が

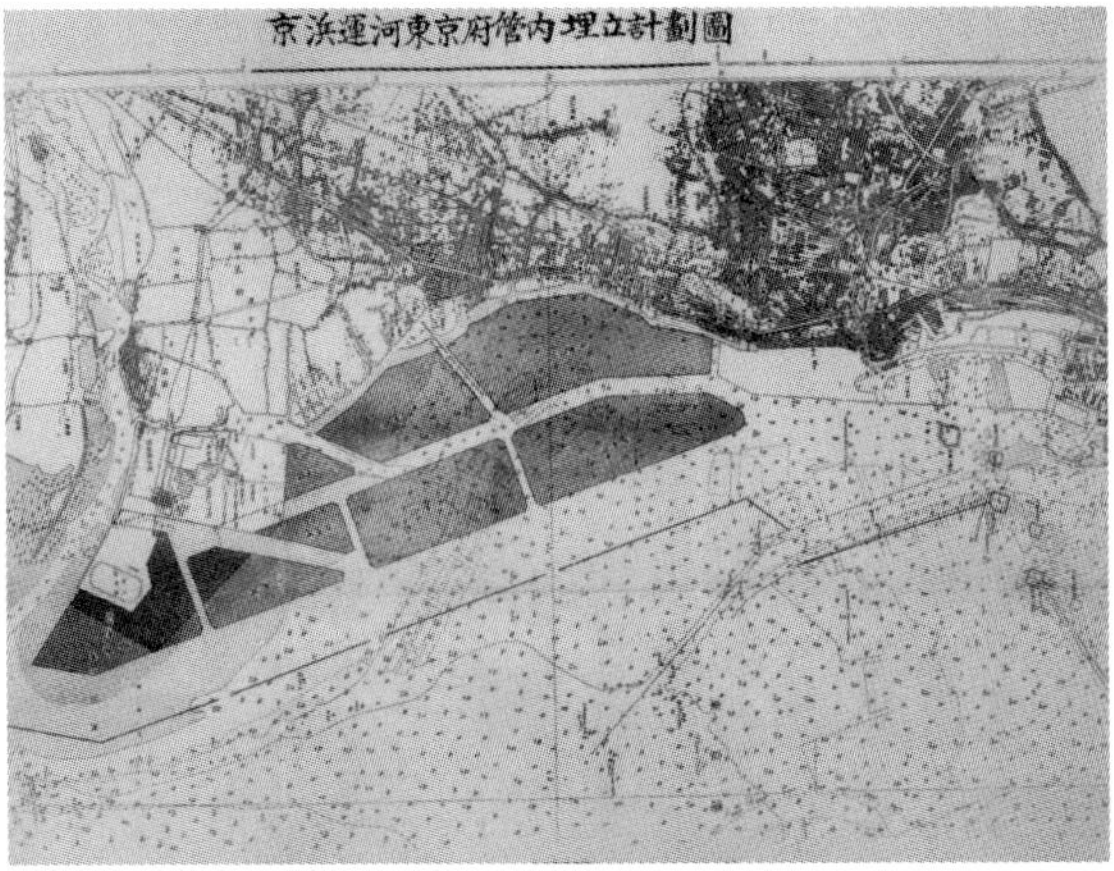

図18　「京浜運河東京府管内埋立計画図」
(『京浜運河埋立工事施行ノ件』東京府、昭和11年(1936)3月、横浜都市発展記念館蔵。前掲『港をめぐる二都物語』、93頁より転載)

あり、鶴見・羽田付近の埋め立て造成後に大工場を招致する試みは一石二鳥であった。埋め立ては大正期に入ったころからはじめられ、横浜・川崎の埋め立ては京浜運河計画に沿うかたちで進行した。ただこの計画案は、運河の開通が横浜の地盤沈下を招く恐れがあるとして、当初建設に消極的であった。

昭和四(一九二九)年ニューヨークではじまった世界恐慌の影響から、昭和初期の横浜港は生糸を中心に輸出が落ち込み、貿易港の地位にかげりが見えはじめる。昭和一一(一九三六)年に神奈川県知事となった半井清《なからい》(一八八八～一九八二年)は、京浜運河の整備が艀船の事故防止対策とともに、埋立地に工場を誘致する上でも有効と判断して工事再開を決断する。工事は昭和一三年に着工した。東京府側も昭和一四年から着工する。また、昭和一五年一二月には東京開港の許可が政府から得られた(図18)。昭和一六年五月二日には、東京港と横浜港が京浜港として一つの港に統合され、制限つきだが東京港区としての東京開港が閣議で決定された。同年五月二〇日が東京港開港の日となる。

3　百万都市・江戸を支えた東京湾と漁師町

(1) 魚貝類の宝庫

東京湾には、多摩川、隅田川、中川、江戸川といった多くの川が流れ込み、内陸部から栄養分が豊富に供給され、魚貝類の餌となるプランクトンが多く発生した。また東京湾の海底地形を見ると、東京都と千葉県の沿岸は、主に砂質で、水深五メートルくらいまで緩斜面の州と呼ばれる広大な浅場が発達する海底地形をなす。東京湾内には三枚州、羽田州、あるいは中ノ瀬と呼ばれる周囲より少し高い場所が点在しており、恰好の魚場となった。神奈川県沿岸は、それと反対に磯と呼ばれる岩礁地帯が発達する地形である。水深五メートルから一〇メートルまでの間が急斜面となり、地形的に沿岸と区別される中央部は泥質で、水深一〇～三〇メートルの間が比較的平坦な地形の平場《ひらば》となる（図19）。

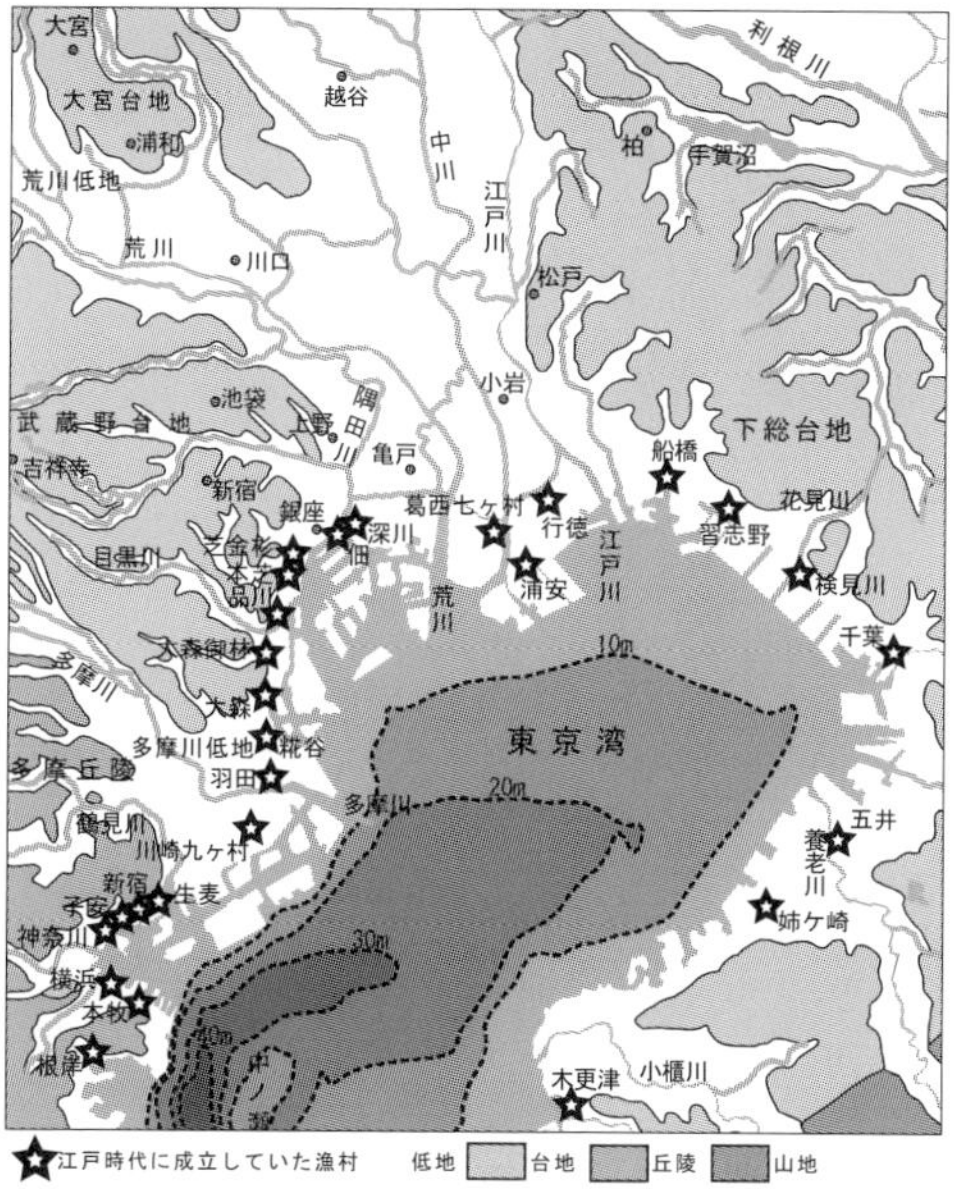

図19　地形と漁村　（筆者作成）

このような恵まれた自然条件から、東京湾には多種多様な生物が豊富に生息する。魚貝の宝庫である瀬戸内海のほとんどすべての種類が東京湾でも漁獲できた。漁業の対象とされる魚貝類は、魚類六〇種、貝類一四種、イカ・タコ類（頭足類）一〇種、エビ・カニ類（甲殻類）一一種、海藻類六種、その他ウニ、ナマコに及ぶ。これら漁業生物は、一生を東京湾で過ごすものもあれば、一生の一時期だけ東京湾に来るものもある。

一生を東京湾で過ごす生物の大半は、移動性が少なく、沿岸への依存度が高い（図20）。一方一生の一時期だけ東京湾にくる生物は、三つのパターンがある（図21）。一つは、産卵場が湾内で、成体になると湾外に移動する生物である。一生を東京湾で過ごす生物と比べ移動性が強い。ただし、産卵場は一生を東京湾で過ごす生物と同じく沿岸域であるため、沿岸域への依存度が高い。魚類

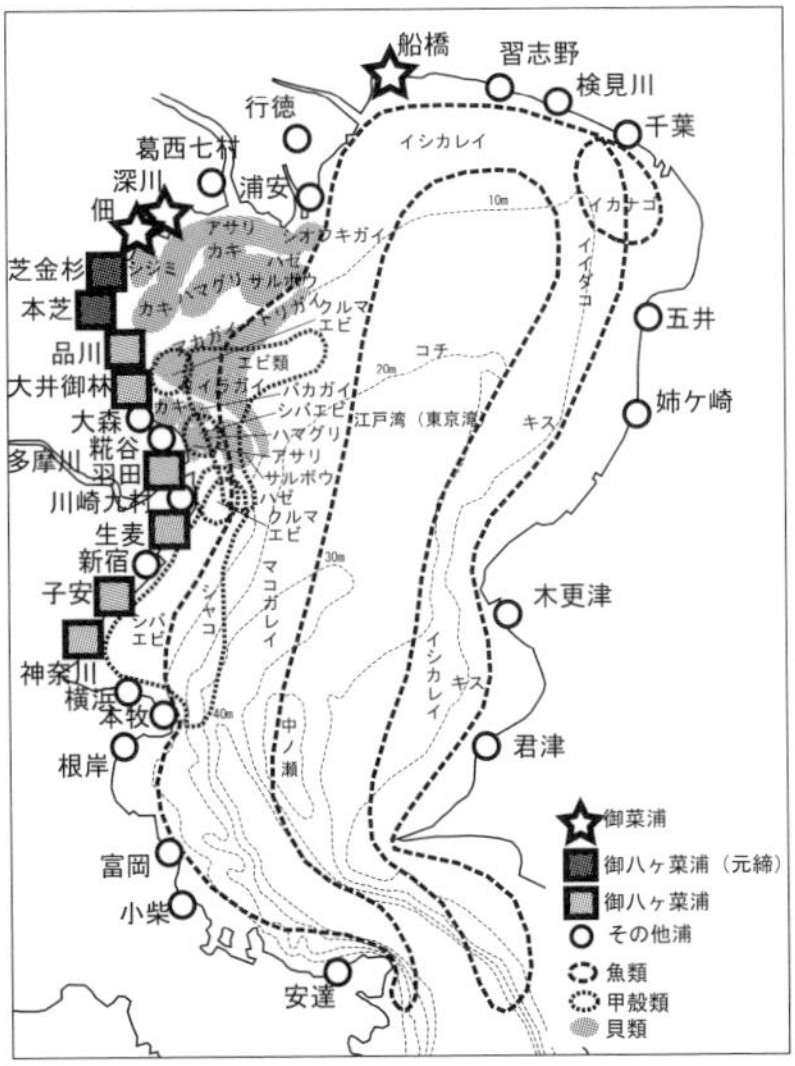

図20　江戸時代の漁師町と主な魚介類の分布（湾内で生涯をおくる）（魚貝類の分布は日本科学者会議編『東京湾』（大槻書店、1979年）を参考に筆者作成）

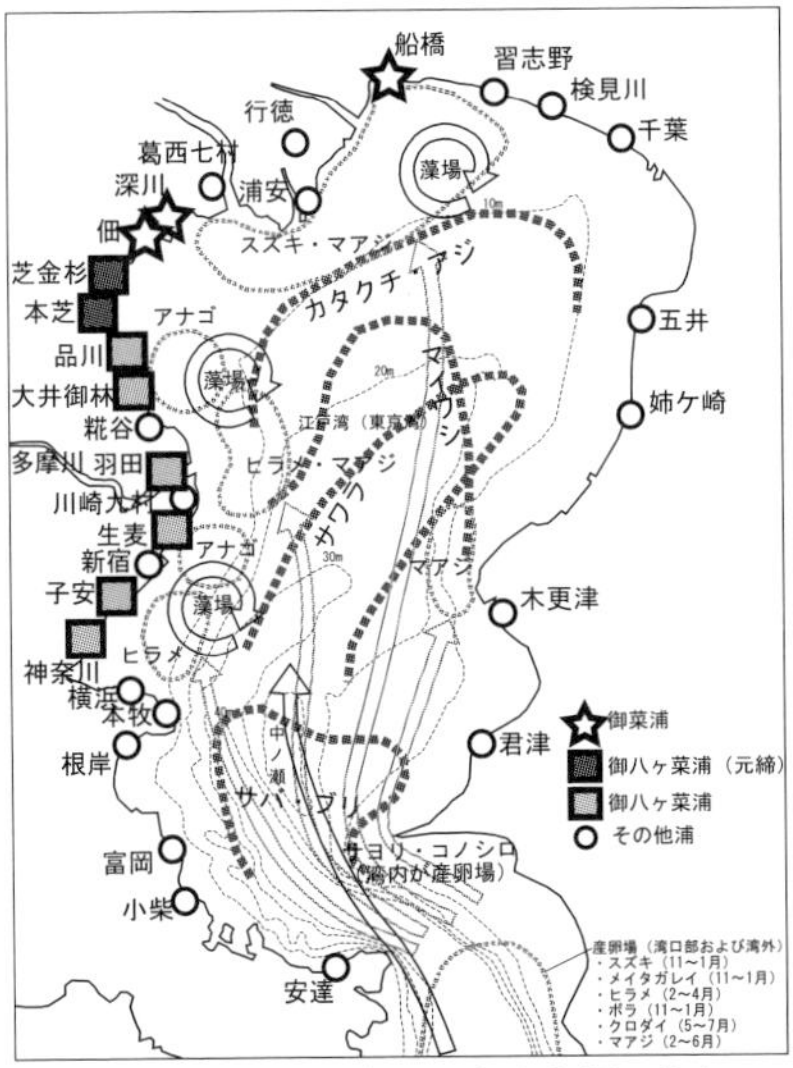

図21　江戸時代の漁師町と主な魚類の分布（湾内で生涯の一部をおくる）（魚貝類の分布は日本科学者会議編『東京湾』（大槻書店、1979年）を参考に筆者作成）

はサヨリ、コノシロ、メナダ、カタクチイワシ、ウルメイワシ、アカエイ、ツバクロエイ、頭足類はコウイカ、シリヤケイカがあげられる。二つは、産卵場が湾外で、成長期を湾内で過ごす生物である。これらの生物は、仔魚期から稚・幼魚期を湾内で過ごすことから、回遊しながらも沿岸への依存度は比較的高い。魚類はヒラメ、メイタガレイ、イシモチ、スズキ、クロダイ、ボラ、マアジ、アナゴ、ウナギがあげられ、甲殻類ではガザミ（ワタリガニ）がある。三つは、産卵場も生育場も湾外であるが、季節的に一時期湾内を回遊する主に魚類で、マダイ、ブリ、サワラ、カマス、マイワシ、シイラがあげられる。

　これら東京湾内の漁業生物の大半は、五メートルより浅い砂州、河口域の干潟、藻場などに依存する。こうした場所は、餌の確保と補食生物からの避難という両面において、生物の再生産にとっては好条件を備えていたからである。

（2）家康が連れて来た、特権を与えられた漁師町

徳川家康が江戸に入府した当初（一五九〇年）、江

戸周辺の漁業は瀬戸内海など西日本と比べ技術的な遅れがあった。それを見込んだ徳川幕府は、畿内の進んだ漁業技術をすでに会得していた漁師たちを江戸に呼び寄せ、特権的な権利を与えて住まわせた。特に、佃島、深川、船橋は、幕府直属の特権を得て専業的に漁業に従事した。これを御菜浦といった。

このなかで、佃島は江戸時代のプリミティブな空間的環境を今日まで維持し続けてきた興味深い漁師町といえる。徳川家康が大坂から呼び寄せた漁師たちは、まず小網町辺りに住まう。後の正保元（一六四四）年に鉄砲洲東の干潟を埋め立て、造成してできた土地に佃島の歴史がはじまる。この漁師町の鎮守は大坂の住吉から勧請した住吉神社である。

延宝七（一六七九）年に作成された「江戸方角安見図鑑　乾」には、佃の町の原型が見て取れる。大小二つの島からなり、これらを結ぶ橋が早い時期に架けられた。佃の空間構成は、この時期からほとんど変化せず明治期に至る。佃島の規模は、北から南まで約一五〇メートル、江戸町人地の街区をひと回り大きくした程度である。その中央を南北に、住吉神社の参道も兼ねたメインの道がつくられ、その両側に短冊状の敷地が割られた。敷地の幅はおおむね七〜八メートルであった（図22）。佃は江戸町人地における町屋敷の構造と、似ているようで大きく異なる。江戸時代、佃の敷地規模は、二〇〇平方メートル前後、奥行は三〇メートル強で、町人地の町屋敷規模の約半分である。路地の通し方も違いがある。町人地の路地は敷地内の中央に一本通されるだけだが、佃は敷地の境界にも路地が通る。住民は、仕事と生活の二つの路地を使い分けることで、路地を多様化し、漁師町独特の構造をつくり出す。

図22　現在も生き続ける佃の建物と路地の関係
（筆者作成）

（3）後北条以前からの漁師町、御菜八ヶ浦

いま一つ、漁業を専業とする漁師町として、八漁村（芝金杉、本芝、品川、大井御林、羽田、生麦、子安、神奈川）で構成される御菜八ヶ浦があった。その元締めとして、全体をまとめる役目を芝金杉と本芝が受け持った。これらの漁師町は、江戸に幕府が成立する以前から漁業を営む漁師の町である。江戸時代は、江戸に鮮魚を運び込める距離に位置しており、大都市・江戸を支える一大産業としての漁業を担った。御菜八ヶ浦のなかで、これから羽田と品川の集落空間構成を少し詳しく見ていきたい。この二つの集落をつくり出す空間の仕組みは大いに異なる。中世を発祥としながら、品川は近世初期に新しく開発された土地に移住した漁師町が骨格となるからだ。

まず、中世起源の集落構造を現在の場所に内在させる羽田から見ていこう。羽田漁師町は、鎌倉時代に武士たちが住み着き漁をはじめたといういい伝えがある。だが、羽田に鎌倉時代の残像を見つけることは容易ではない。江戸時代には、漁村集落に商いの場を付加した近世の空間的な仕組みが中世を消し去る勢いで拡大した。

羽田では、鴎《かもめ》稲荷神社を境に東側と西側とで町を構成する空間の仕組みが異なる点を注視したい（図23）。西側の町（現大田区羽田三丁目）には、多摩川と平行に通る羽田道と呼ばれるメインの道があり、この多摩川沿いの道と直角に路地が川に抜ける。羽田道は江戸時代が起源である。江戸が巨大都市となり、江戸庶民の胃袋を満たすために、魚介類を江戸に運ぶ道として、新しく整備されたものだ。次に鴎稲荷神社より東側はどうか。漁師町付近（現大田区羽田六丁目）を注意深く見ていくと、多摩川沿いの道から入る細い道や路地がどこも同じように斜めに通る。それらの道をさらに先に進むと、くの字に曲がる。これは、多摩川に近い方が後でつけられた道で、多摩川沿いは最初に湊が置かれた場所ではないことを意味する。中世という時代を考えると、木造船は船体に船虫が着かないように、海水から引き離しておきたい。潮の満ち引きを利用して船を海水から上げやすいために、中世の湊は砂浜が最適だったからだ。砂に上げられた船は引き潮の時進水させた。そのような砂浜は羽田漁師町の北側にしかできず、北側の水際が中世からの湊であったとわかる。湊に向かう道がかつての水際線から直角に何本も通され、海岸から内側に少し離れ

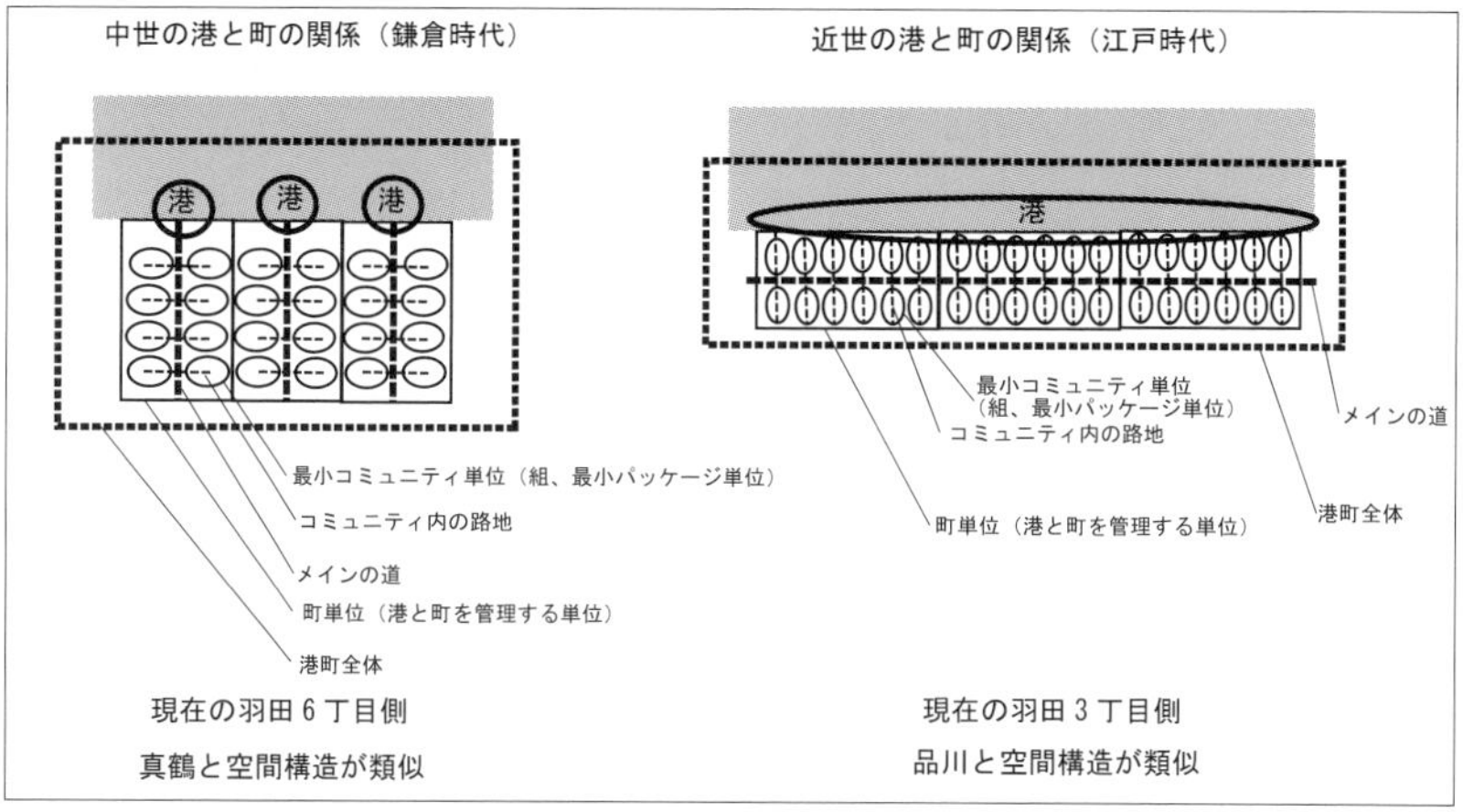

図23　羽田猟師町の現在と鎌倉時代の推定海面　（筆者作成）

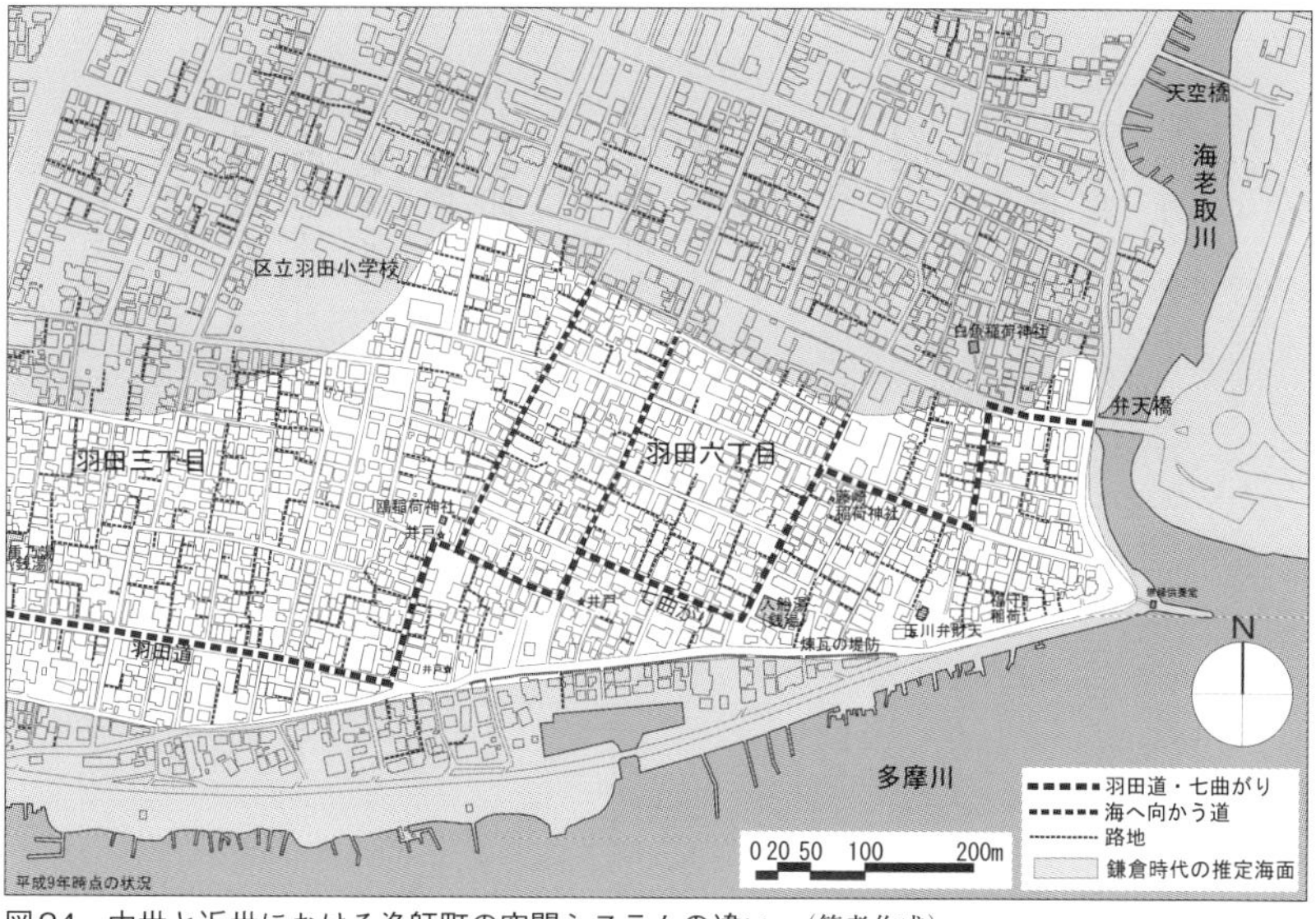

図24　中世と近世における漁師町の空間システムの違い　（筆者作成）

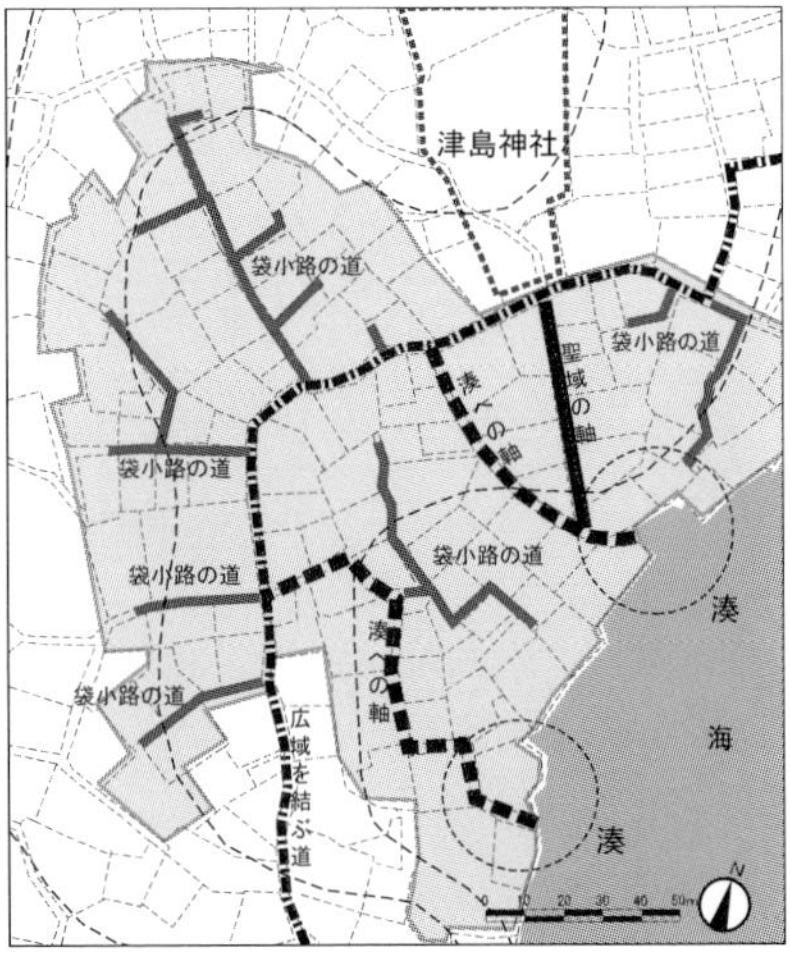

図25　真鶴の道の特徴を示す軸と袋小路
（筆者作成）

た道の両側に魚の骨のように路地がつくられた（図24）。この空間の仕組みは、現在も変わらない。路地を囲んで、建物、あるいは敷地がぶどうの房に実がなるようにコミュニティの単位を形成した。この仕組みは町会の下部組織の組として今でも存続しており、路地がその単位をまとめる要となる。魚の骨、あるいはぶどうの房に実がなるような集落空間の仕組みは、羽田だけに特異さがあらわれたわけではない。独特の空間構造に見えるが、中世起源の神奈川県にある真鶴も路地を中心に各敷地が周りに連なり、閉ざされたコミュニティをつくる（図25）。

一方、品川の漁師町は、先に少し述べたように、目黒川の河口付近に象の鼻のように延びた砂州の上に近世初期に開発されたものだ。江戸時代の品川は、南品川宿が東海道沿いにでき、それを北上して目黒川に架かる品川橋で終わる。その先は北品川宿となる（図26）。現在、北品川宿側に荏原神社が位置するが、和銅二（七〇九）年創建の荏原神社の氏子は南品川の人たちであり、北品川の住民ではない。荏原神社の背後にあった目黒川の河道が現在のように神社の前面を通るように戦後河川改修されたことによる。

荏原神社は、貴船社とも呼ばれ、東京湾の海とのかかわりが深い、漁業を中心とする漁村集落が氏子であった。中世には荏原神社から延びる参道の先の海岸線に集落が散在し、漁村集落を形成していたと考えられる。その後、目黒川と平行して北へ大きく蛇行する砂州上に漁師町ができた。南品川の漁師町成立は、漁船を海岸の砂浜に引き上げる方法から、岸に係留する方法に空間形態を変化させた近世初期にあたる。漁師町を貫く道は、現在も車がひっきりなしに行き来する八ツ山通りとは異なる別世界をつくり出す。漁師の町の特色は路地からも読み取れる（図27）。町人地の裏長屋に通された路地とは違い、敷地の中央だけではなく境界にも通された。そのために路地が非常に多い。生活の路地と、漁業のための仕事の路地とが交互にある路地のつくり方は先に見た佃と同じである。

（4）半農半漁の立浦と船を出せなかった磯付き村

ここまでが、幕府に漁業の特権が専業として与えられた漁師町である。さらにその他の浜にも幕府は漁業権利のヒ

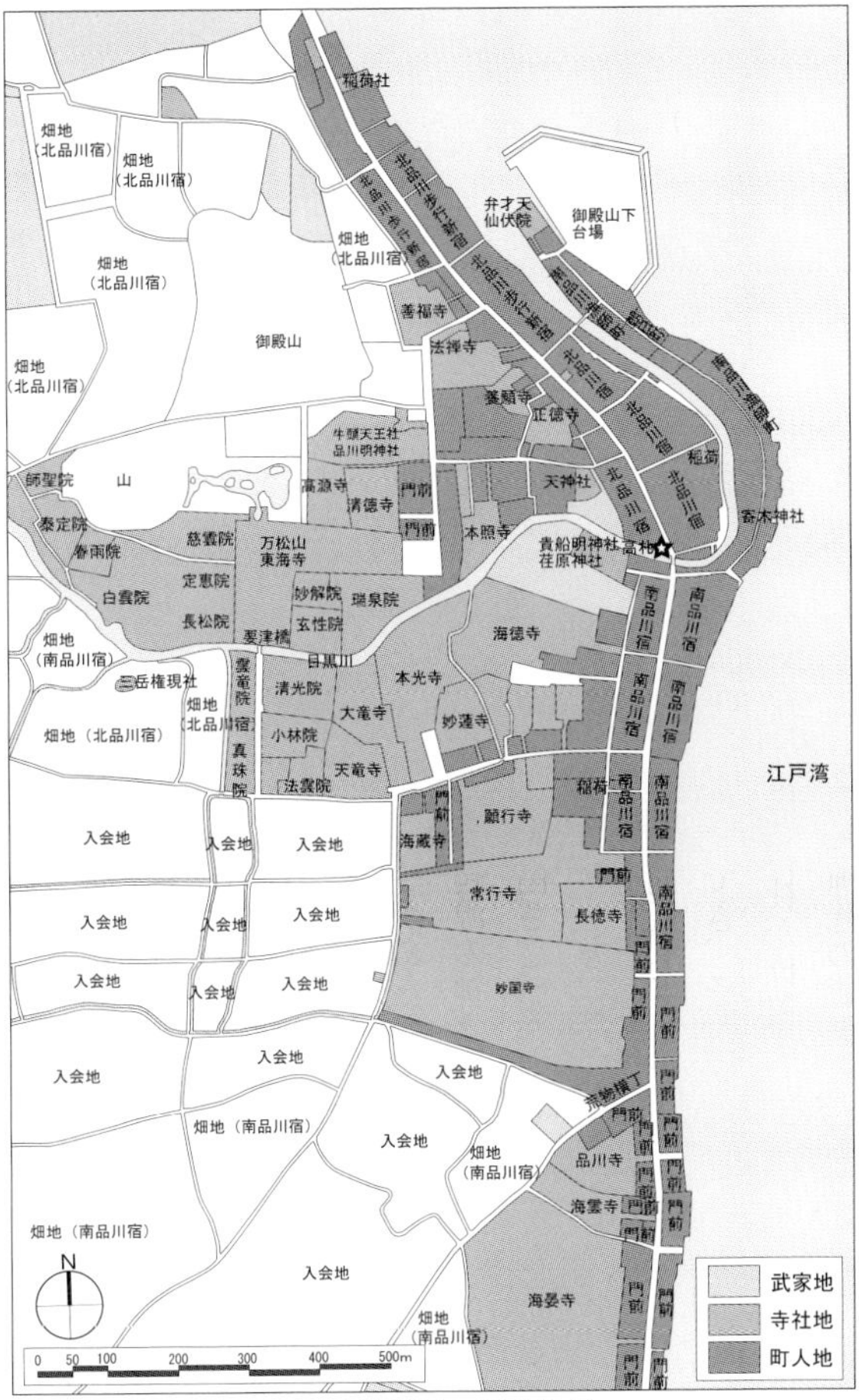

図26 江戸時代の品川の土地利用 （筆者作成）

エラルキーを付けた（図28）。慶長八（一六〇三）年、江戸幕府開府の年に、特権を与えられた御菜浦の下部組織として、「立浦《たてうら》」と「磯付き村」の別を定めた。立浦は漁業の許可が得られた半農半漁の村で、漁業が許可された。主に、江戸から離れた浦安、千葉、木更津、君津、横浜、根岸などであり、これらの漁師町は御菜浦と魚場の競合が少ない地理的な環境にあった。

「磯付き村」は漁業を原則禁止された海辺の集落で、主に磯の海藻や貝類などを採取することしか許されなかった。このような磯付き村は、一八ヶ村あったとされ、比較的江戸に近く、御菜浦の漁村集落に近接した場所に位置する。

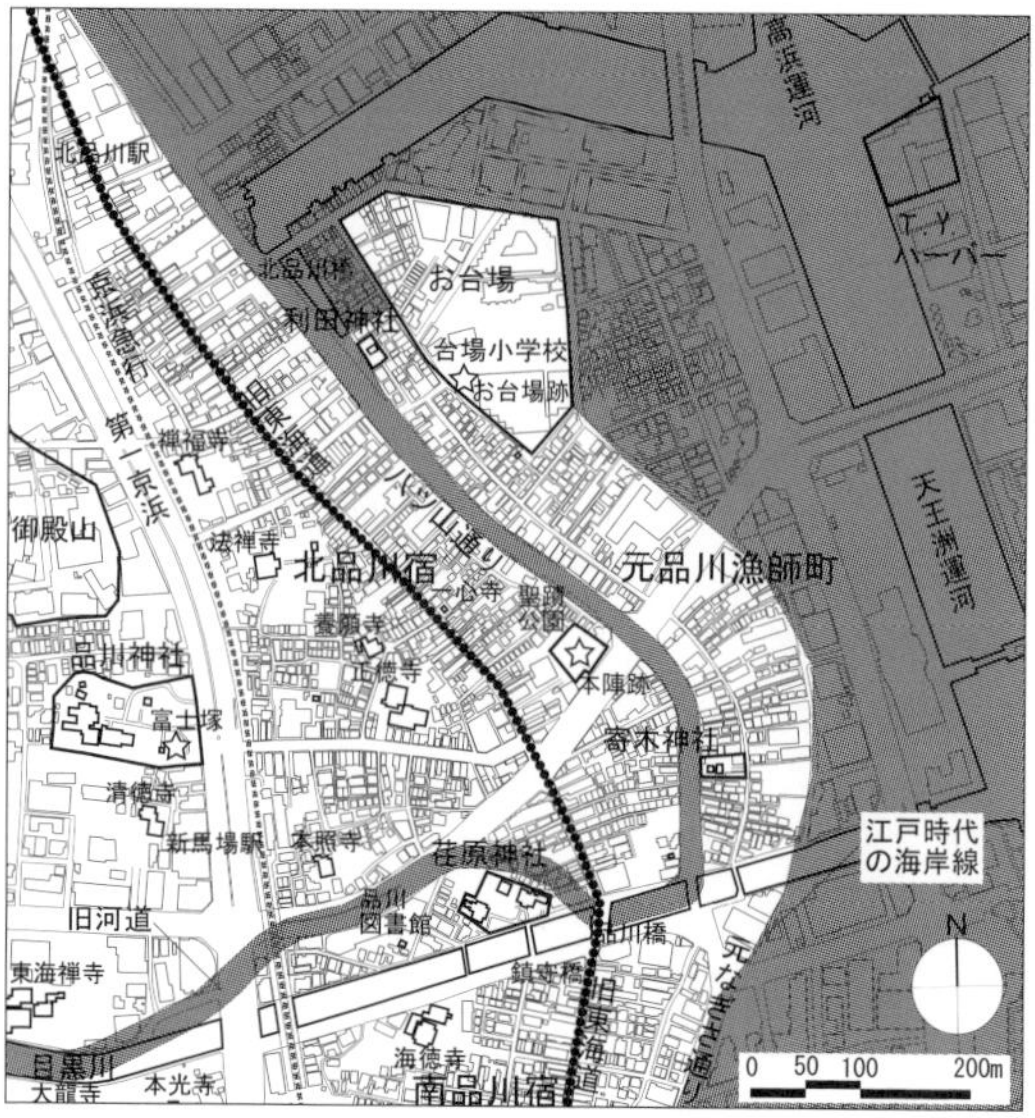

図27　現代に生きる品川漁師町の空間構成（筆者作成）

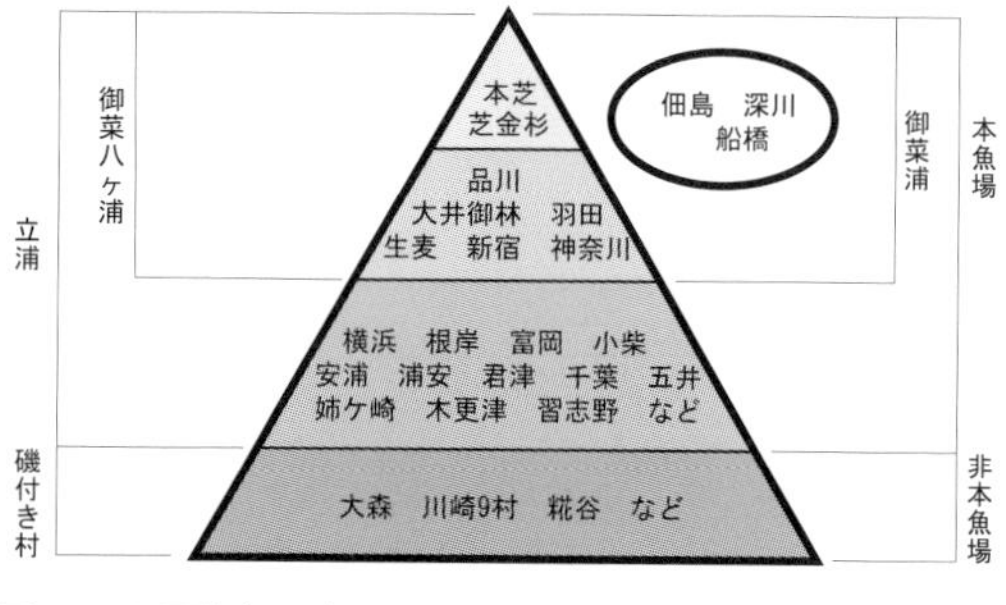

図28　江戸猟師町（漁師町）のヒエラルキー（筆者作成）

これは魚場の競合を避けさせる意図があったと考えられる。ただこのことは、後年浜間の対立を激化させていく。

ここでは、御菜八ヶ浦である羽田と激しい対立を繰り広げてきた磯付き村の大森に着目したい。大森は、船を出して漁ができないハンディを逆手に取り、新たな産業として海藻養殖にいち早く取り組むようになった。海苔は江戸前寿司の巻物が人気を呼ぶようになってからは欠かせないものとなる。朝の食卓にも保存食としての海苔は重宝された。海苔が一大産業となり、大森は海苔で繁栄する。一方羽田は、海苔の養殖では出遅れ、江戸幕府に海苔業の許可を得ようとするが叶わず、羽田の海苔養殖は明治に入ってからやっと本格化する。

おわりに

本書に底通する「テリトーリオ」という考えを「東京湾を中心とした〈海域〉」に当てはめながら、ここまで論考を進めてきた。最初にテーマとしてかかげてきた三つの柱、「地形」、「交易」、「生業」からは、それぞれにわずかではあるが「テリトーリオ」の考えに重ねた新たな方向性を示せたのではないか。

「地形」を柱とする第一章の「東京湾の埋め立てと江戸・東京の繁栄」では、東京湾の埋め立てを通して、いくつものドラマが潜んでいたことをあぶり出した。百万都市・江戸の繁栄には東京湾との気の長い埋め立ての歴史があった。近代以降も、東京湾は娯楽や産業、あるいは夢を描く舞台として巨大化する東京を支えた。陸と海の接点部分に、忘れてはならない豊かさと可能性が潜んでいるとわかる。

「交易」を柱とする第二章の「東京湾内の海上ネットワーク」では、新たな史料分析の成果を踏まえ、中世と江戸後期の東京湾内にある湊と結びつく廻船の様子をある程度示せた。遠浅の海である東京湾の特色から、そこに立地する港町がさまざまな関係性で成り立つ姿を書き込んだ。その一つに、神奈川湊、品川湊、佃沖から内港都市・江戸へと、少しずつ積み荷を下ろして連携する仕組みを読み解いた。近代以降に関しては、駆け引きと関係性も含め、東京と横浜の港湾づくりの流れを追った。時代時代における相互の別な思惑が、実は東京湾というテリトーリオの観点からは、相互の深い関係性を生みだしていることも見えてきた。

「生業」を柱とする第三章の「百万都市・江戸を支えた東京湾と漁師町」では、東京湾がいかに魚貝類の宝庫であり、それが百万都市・江戸を支えた一つの要因であることを示した。これらの魚貝類を漁する漁師町が江戸湾沿岸に数多く点在し、独自の歴史を歩みながら、独特の集落空間をつくり込んでいた。そのいくつかの例を示し、立地する自然条件、江戸幕府が与えた漁業の権利のヒエラルキー、成立する時代背景などがそれぞれ関係づけられるなかで集落空間の仕組みを描いてみると、それは漁村集落間の関係や、海と後背の市街とを結ぶ接点としての漁師町が見え、東京湾というテリトーリオをつくり出す一因であるとわかった。

これで一応のまとめも踏まえて、本論を終えることになる。ただ、この膨大なテーマをこの論文の枠内で書ききれたとは考えていない。あえていえば、このテーマを組み立てる方向性と枠組みがわずかながら示せたのではないかと思っているに過ぎない。

参考文献

・『中央区史　上・中・下巻』東京都中央区役所、一九五八年
・『千代田区史　上・中・下巻』東京都中央区役所、一九六〇年
・鈴木理生『江戸の都市計画』三省堂、一九八八年
・岡本哲志『銀座四百年　都市空間の歴史』講談社選書メチエ、二〇〇六年
・『深川区史　上・中・下巻』江東区、一九九七年
・東京都港湾局編『図表でみる　東京臨海部』社団法人東京都港湾振興協会、一九八七年
・陣内秀信＋法政大学・東京のまち研究会『水辺都市　江戸東京のウォーターフロント探検』朝日新聞社、一九八九年

・東京人緊急増刊「東京湾ウォーターフロント特集号」教育出版株式会社、一九八七年
・陣内秀信＋法政大学陣内研究室編『水の都市　江戸・東京』講談社、二〇一三年
・日本経営史研究所『社史で見る日本経済史（第23巻）　東京瓦斯五十年史』ゆまに書房、一九九九年
・岡本哲志『銀座　土地と建物が語る街の歴史』法政大学出版局、二〇〇三年
・『東京都都市計画概要』東京都都市計画協議会、一九六二年
・『東京都都市計画概要』東京都首都整備局、一九六五年
・石田頼房編『未完の東京計画　実現しなかった計画の計画史』筑摩書房、一九九二年
・吉川隆久『皇紀・万博・オリンピック――皇室ブランドと経済発展』中央公論社（中公新書）、一九九八年
・橋本一夫『幻の東京オリンピック一九四〇年大会 招致から返上まで』講談社（講談社学術文庫）、二〇一四年
・丹下健三「東京計画一九六〇――その構造改革の提案」『新建築』第36巻、新建築社、一九六一年
・永原慶二編『常滑焼と中世社会』小学館、一九九五年
・綿貫友子『中世東国の太平洋海運』東京大学出版会、一九九八年
・佐藤博信『江戸湾をめぐる中世』思文閣出版、二〇〇〇年
・品川区立品川歴史館、特別展図録『海にひらかれたまち　中世都市・品川』品川区教育委員会、二〇〇三年
・知多半島総合研究所編『知多半島の歴史と現在』No. 5、校倉書房、一九九三年
・陣内秀信・岡本哲志編著『水辺から都市を読む　舟運で栄えた港町』法政大学出版局、二〇〇二年
・斉藤善之・高橋美貴編『近世三陸の海村社会と海商』清文堂、二〇一〇年
・柚木学『近世海運史の研究』法政大学出版局、一九七九年
・村瀬正章『近世伊勢湾海運史の研究』法政大学出版局、一九八〇年
・斉藤善之『内海船と幕藩制市場の解体』柏書房、一九九四年
・季刊誌『水の文化　舟運気分』No. 25、ミツカン水の文化センター、二〇〇七年
・鈴木理生『江戸の川、東京の川』日本放送出版会、一九七八年
・岡本哲志『港町のかたち　その形成と変容』法政大学出版局、二〇一〇年
・西河武臣『江戸内湾の湊と流通』岩田書院、一九九三年

・伊藤毅・吉田伸之編『別冊都市史　水辺と都市』山川出版社、二〇〇五年
・R・H・ブラントン『お雇い外国人の見た近代日本』講談社（講談社学術文庫）、一九八六年
・藤森照信『明治の東京計画』岩波書店、一九八二年
・横浜都市発展記念館・横浜開港資料館編『港をめぐる二都物語　江戸東京と横浜』（公財）横浜市ふるさと歴史財団、二〇一四年
・石田頼房『日本近代都市計画の百年』自治体研究社（現代自治選書）、一九八七年
・日本科学者会議編『東京湾』大月書店、一九七九年
・『品川区史　通史編上下巻』品川区、一九七一年

討論

水の視点から首都東京を見直す

日　時：二〇一四年三月二六日（水）一四：〇〇〜一八：〇〇
場　所：法政大学市ヶ谷田町校舎
参加者：陣内秀信（法政大学・イタリア都市史・建築史）、吉田伸之（東京大学・近世史）、伊藤毅（東京大学・中近世都市史）、神谷博（法政大学・環境生態学）、難波匡甫（法政大学・地域形成史）、岡本哲志（法政大学・都市形成史）、石神隆（法政大学・都市政策）、高村雅彦（法政大学・アジア都市史・建築史）、長野浩子（法政大学・市民参加・まちづくり）
オブザーバー：宮下清栄（法政大学・都市環境）、稲益祐太（法政大学・イタリア都市史）、田村広子（法政大学・中国都市史・建築史）、石渡雄士（法政大学・日本都市史）
記録・編集：長野浩子

水都としての江戸・東京の再考

陣内　我々が長年やってきた法政大学エコ地域デザイン研究所としても、それから今回の科研基盤（Ｓ）の水都に関する比較研究も、タイムスパンを長くとり地域の構造を深層から現代まで読もうと心がけています。

きょうは、「東京首都圏　水のテリトーリオ」という特集テーマに対する私の問題提起を受け、神谷、難波、岡本の三人の方々に、江戸・東京を成り立たせてきた仕組み、構造、ネットワークについて、大きな視野に立って論じていただきました。地形・地質に加え海面上昇なども含む自然条件、それに対し人間の行為が生んだ河川の付け替え、水循環の仕組み、浚渫・河川整備による舟運のネットワーク、さらには河川沿いの河岸、海沿いの漁師町、港の営み、船、物流、港湾施設など、実にさまざまな視点が提示されたと思います。まずは日本の都市史が専門で江戸・東京の歴史に詳しいお二人の先生方、吉田さん、伊藤さんにそれぞれコメントをお願いいたします。三人の幅広いお話からコメントもあちこちに拡散するかもしれませんが、ご自身の専門やあるいは普段から研究していらっしゃることに引きつけて、こういう視点が欠けているのではないか、あるいはこういうふうにしていったらより水都学的に発展するのではないかというご示唆をいただければと思います。では、まず文献史学の立場から江戸を研究されている吉田さんからお願いします。

テリトーリオの捉え方・範囲

吉田　陣内さんの問題提起を含めお話をいろいろうかがい、ちょっと刺激を受けたことなどがありますが、とりあえず何を言おうか考えてきたことをベースに二、三お話しできればと思います。

きょうのお三方の話はそれぞれ非常に視野が広く、要するに人類史全般にかかわるというか、私はとてもそういう議論には対応できなくて、江戸の社会や空間の構造について研究している立場から、最近考えていることとの関係で、二、三述べるということに限定せざるを得ません。

最初に陣内さんの言われている水都研究とか水都学のことについてですが、〈水都〉という言葉は強いインパクトがあります。私はかつて水辺の都市とか流域都市という言葉を使ったことがあるのですが、それに比べると『水都学Ⅰ』（法政大学出版局、二〇一三年）で陣内さんが述べられているように、普遍性のあるいい言葉かなと思っています。ただきょうのお話にあったような、水都概念を広げるということから、たとえば江戸・東京について、下町の水辺っぽいところだけではなく、山の手をも含めて包括的に水都の問題として広げていくべきではないかというご提言が含まれていたと思いますが、そうすると、ほとんどすべての都市が水都になるのではないかという気もしてしまいます。大きな枠で都市の類型を考えると、たとえば山都とか、砂漠の中のオアシス都市とか、あと草原の中の都市という類型もあるような気がしますが、そういうものとの区別でいうと、やはり水路、海、あと湖沼と関係が深い、最近伊藤さんが言われる沼地との関わりなどに、ある程度限定して用いるほうがいいのではないかと思っているところです。

江戸時代の社会を考えると、都市と水辺との関係はやはり基本的には軍事防衛とそれからきょうの話にも出てきましたが、平和の段階でより重要になる流通ターミナル、この二つの意味が非常に大きいと思うわけです。

そこで「湊」や「港湾」という用語をどう使うか、少し考えてみなければいけないと思います。古文書や古記録などに出てくる、当時の人々が使っていた用語に寄り添って考えてみると、前近代には「港湾」という用語はないわけです。「湾」という言葉もあまり見たことがない。その「港湾」や「湾」というのは、日本には近代以降持ち込まれてきた用語ではないでしょうか。したがって、前近代については、「港」ではなくて、「湊」という字や用語が適当かなと思っています。そう考えると、次に「湊町」とは何なのかということです。きょうのお話で、内川廻しにおける利根川水系の河岸、小見川の例などに触れられていました。また、江戸の内部にも河岸がいっぱいあるわけです。それらの河岸について、湊の部分だけでなく、その背後に形成される小都市としての社会や空間まで含めて、用語や概念を考えるべきかと思っています。これを「湊」と言うのか、あるいは「湊町」とするか、僕はむしろ「河岸町」とか呼んで、当時の言葉に寄り添う用語を考えた方がいいのではないかと思っています。

難波さんのお話をうかがって、内容が、つい最近考えていることとかなりかぶることもあって、ちょっと気になったことがあります。それは、研究史をどのようにフォローしながら議論を進めるべきかということです。最近必要があって、川名登さんの『河岸に生きる人びと――利根川水運の社会史』（平凡社、一九八二年）を久しぶりに再読しました。この本で川名さんは、一般向けのスタイルで利根川水系の歴史を書かれているのですが、レベルの高いすばらしい本だと改めて思いました。川名さんの研究を踏まえると、〈水都〉という用語の意味は、やはり海に面する湊と、川に面する河岸に限定すべきかと思います。川名さんも注目される「内川」という言葉は、本来、隅田川河口の永代橋と佃島、それから大川端町、本湊町、船松町などに囲まれた閉じたような海域を、史料では「内川」というのですね。そこは「湊」とも呼ばれるので、僕はここを「江戸湊」と限定して呼ぶべきかと考えています。ただ、川名さんや難波さんの用いておられる「内川」というのは奥川筋の舟運ルートのことをいわれているようです。これとの関連でいえば、「江戸湊」の意味である「内川」とをむすぶ内陸部舟運ルートという言葉の使い方ではないか、とも思います。後でお考えをうかがえればと思います。

一応それらを参照して考えると、江戸の〈水都〉としての性格は、流通ターミナルの点では、諸国廻船における海の局面と、奥川の内陸舟運、この二つの局面を分けるべきだと考えています。

そこで重要になってくるのは、空間の問題もありますが、どういう船が江戸のどこに来るのか、そして船や船荷の世話をする船宿がすごく大事ですが、その性格はどのような特徴をもつのか。先ほど岡本さんが、諸国廻船が品川沖にとまり、船荷物を下ろすと軽くなり、品川沖からさらに江戸内湾の奥へ進めるとおっしゃいました。築地や大川端の沿海部には瀬取宿という、小舟を扱う船宿がいっぱいあり、廻船問屋の指示で諸国から来た大型船が品川沖にとまるとそこに小舟が荷役のために殺到するわけです。そうすると多分おっしゃるように船が軽くなり、どうも佃島の西側、江戸湊まで入ってくる。中小型の廻船は江戸湊まで入るけど、大型のものは品川沖に停泊したままかと漠然と思っていましたが、どうも先ほどの話にああそうかと思い、ある程度荷を下ろして軽くなったら、江戸湊へ入ってくるという可能性も大きいと思いました。だからそういう船がどこに停泊するかというと、諸国廻船は品川沖と江戸湊で、それを世話する船宿は廻船問屋であり、瀬取宿が小舟、茶舟ともいいますが、これを差配し、あるいは船頭に舟を貸し与えて荷役を行わせるという構造を持つのが海のターミナルの局面です。これを江戸湊のターミナル機能の中心にあるものと考えています。

ちなみにちょっとややこしいのが、江戸内海の湊町です。たとえば、今の千葉市あたりの沿海部には、千葉町とか寒川、あるいはその近くの曽我野、浜野、検見川など小さな湊町がいっぱいあり、そこを拠点にして五大力《ごだいりき》船という中型船が江戸にたくさん荷物を運んできます。五大力船は海船ですが、諸国廻船とは別で、幕府の川船奉行に統轄され、川船と同じ扱いなのです。ですから、先ほどあげた小湊町は海に面した湊だけど、どうも内陸部の河岸、河岸町と同じ性格を持つのではないか。要するに浦賀番所から内側の、今の東京湾内の交通を担う船や湊はどうも後で見る奥川に見られる無数の河岸、河岸町と同じ扱いをされていました。つまり、同じ海上交通といっても、諸国廻船と五大力船とでは異なる局面にあり、この点を注意すべきと思っています。

それからもう一つ、難波さんのお話に出てくる内川、奥川ルートですが、そこでも同じように、江戸をターミナルとして、どういう船がどこを拠点として停泊し、誰が船員たちの宿泊や荷役の世話を行うのかが非常に重要です。奥川にはわりと大型の川船も通航します。高瀬舟、あるいは平田舟と呼ばれる中型舟です。これらの高瀬舟は、内陸部の先ほどのお話にもあったように、川に面して多数形成される諸河岸を拠点とする河岸問屋が、近隣や遠隔地から荷物を集め、高瀬舟などの船持らを差配して江戸宛てに荷物を送り出す。江戸に高瀬舟がやってくると、江戸では艀下宿に泊まります。附船宿ともいいます。江戸には二つの艀下宿の組織があります。一つは、小網町組附船宿仲間です。メンバーは一七〇軒ぐらいです。これは、主として小網町を中心に日本橋川の両岸沿いに密集しています。もう一つは、両国橋艀下宿仲間で、これは七、八〇軒の規模です。主に小名木川や竪川周辺に密集しています。これら二つの艀下宿の集団は、しょっちゅう競合して荷物を奪い合い、内陸部からやってくる高瀬舟などの船宿機能を果たします。その艀下宿が、自分で持っている船を船頭に貸したり、あるいは自立した船頭を差配して、艀下作業を行う。そういう内陸水面の重要な舟運ルート、奥川を経て来た江戸のターミナル機能というのは重要です。そして、この側面を「江戸河岸」と総称しようと考えています。

問題は、こうして運ばれてきた船荷がどこで荷揚げされるのか、これが前近代と近現代を分ける大きな違いです。すなわち、近代以降の埠頭のような施設は江戸時代にはなく荷揚げの場は多元的です。たとえば、芝浦の埠頭には、荷揚げするためのクレーンや桟橋の施設、また倉庫やその他の港湾施設が集約されるわけですよね。そして、そこには荷役労働者の世界とか、あるいは鉄道や道路など陸上交通へと引き継ぐ施設、またそこで働く集団等が集中する。しかし近世の場合、こうした点はかなり多元的です。一つは荷物を直に付けることもある。たとえば幕府の浅草御蔵のようなところへは、海路の五大力船や奥川からの高瀬舟などが直接接岸します。それから、深川や芝などにある大名の蔵屋敷には、入り堀や蔵などの「港湾」施設とでも呼べるものをもち、船を蔵屋敷の中に直接導いて、そこで荷役を行う。それから重要なのは問屋です。諸国の荷物を直接受託する問屋が江戸にはたくさん存在する。なかでも「川辺問屋」とも総称される地廻りの、つまり関東周辺から江戸へ大量に入ってくる荷物を扱う問屋が、江戸市中の堀や川沿いなどに分厚く展開している。そういう問屋も、荷物が直接荷揚げされる港湾的な機能を担うといえると思います。

もう一つは、河岸です。江戸のなかには多くの河岸があり、そこで各地からの船荷が中継される。たとえば、神田川に面して重要な河岸がいくつかあります。筋違橋の河岸やここ法政大学のすぐそばにあった牛込揚場町などです。この牛込揚場町の場合、河岸の半分ぐらいを尾張藩が持っており、その相当部分を町人に貸しているのです。尾張藩邸には直接船が接岸できないので、この牛込揚場町の藩がもつ河岸に荷揚げし、ここで中継して大八車に積んで藩邸に陸送する。そういう機能を、江戸各所にある河岸はもっていた。

この河岸はたいへんおもしろい場所です。そこには必ず車力《しゃりき》の親分たちがいます。これを車屋ともいいますが、たとえば筋違橋河岸の場合は一八軒の車屋がいて親方の仲間をつくっている。車屋では、仕手方と呼ばれる労働者を雇い、大八車を引かせる。この仕手方は日雇いの労働者ですが、かれらも独自の仲間を持っている。そこには荷役を行う小揚げ人足の集団もいる。そういう独特の社会が河岸には存在します。そういう特質をもつ河岸で中継された荷物が、川や堀に面していないところにある大名や旗本屋敷、また問屋や市場などに大量に送られる。ここでは、荷物を直接荷揚げするのとは異なる物流の仕組みがあって、江戸市中の内部に構造的に存在すると考えています。

陣内　品川において湊と湊町のところと漁師町のところが分かれていたのではないかという説についてはどうですか。

吉田　考えたことないのですが、ああ、なるほどと思いました。ただ品川のお寺のかなりが中世に成立していると考えると、既に寺社群がたくさんあって、それにセットする形の門前町が複合した品川湊の町場がある、そういうイメージなのですが。

陣内　きょうはまず、三名の建築を専門とする方々に空間として、場所としての江戸・東京の形成を、時には中世以前にも遡りながら、いろいろな視点から報告いただいたうえで、吉田さんからどういう人たちがどのようにその場所を機能させていたか、そこでどうやって生きていたのか、空間がどう使われていたのか、しかも、その在り方が近代になると変わったという興味深い内容をご説明いだきました。まさに一番知りたいことを教えていただいてありがとうございました。

これも議論になるのですが、ほかの外国の都市も同じです。ヴェネツィア、ハンブルク、アムステルダムもそうですが、古い時代には、都市の内部の川や運河に船が入り、それを扱う人たちがいて舟運・流通のネットワークがあったわけですね。船着き場、河岸もいっぱいあったのですが、船が大型化すると流通の規模も大きくなり、埠頭や倉庫などの物流の場が外へ出ていくのです。それが一九世紀に顕著になり、そうした動きがヨーロッパ、アメリカと大々的に展開していく。その中で日本に目を向け東京や横浜を見ると、艀に移し代えられるという方式がずっと残っていきます。これもおもしろいことだなと思います。本当にありがとうございました。引き続き、建築の側から都市史を研究されている伊藤さんお願いします。

伊藤　まず最初にうかがった話について簡単に感想を述べた上で、最近考えていることとリンクさせながらコメントしたいと思います。

陣内さんからの問題提起で水都学の展開というお話があり、今までずっと陣内研を中心に江戸・東京の研究が積み重ねられて来ましたが、きょうは改めて水のテリトーリオとして東京、江戸を捉え直そうという機会となり、大変興味深く聞かせていただきました。実は私は陣内さんの大学の後輩で、我々建築から都市の分野へと広げるときに、ある意味で建築の拡大版が都市ということでは決してなく、単にスケールを上げるということではなく、そこでは明らかに建築で考えていたことと違うことを考えないと都市はよくわからないということを陣内さんからいろいろ教わったわけです。建築から都市へは比較的スムーズにいったのですが、次に都市をテリトーリオへと視野を広げていきますと、その包摂される領域はかなり大きく、難しい問題が存在することを思い知らされました。その一方で、方法論的にいろんな展開ができることと他領域の専門家たちと共同できる可能性が広がってきました。そこから多様な知識や方法論を学ぶことができるという期待もあったわけです。けれども、やはり都市論からテリトーリオ論に展開するときの臨界点のあまりの大きさを最近つくづく感じていて、研究室の仲間や研究メンバーと格闘しているところです。そういう点で陣内さんの問題提起を私自身も目指しながらもちょっと今立ちはだかる壁に躊躇して戦略を練り直しているところです。

最初にお話しされた神谷さんには環境生態学の視点に立って、時間的には三万五〇〇〇年前から現在まで、そして規模としては地球全体を扱う大変広い視野と方法を提示していただきました。私自身は大変勉強になり刺激を受けました。ただ、あらゆる専門分野をうまく編集する形で、ある論は組み立てることはできるかもしれないけども、一方でそれぞれの学問がもつその正統性はどうチェックされているのかということが、やはりテリトーリオ研究では重要な問題になってくる。何でも寄せ集めればテリトーリオ論ができるかというとそうではなくて、それぞれ気象学とか地質学とかあるいは考古学とか、そういう分野ではきちんと手続を踏んだ研究があるわけですよね。それを我々はどういうふうに一つの塊にまとめていくかという方法論と方向の難しさ、そして可能性の両方を思い知らされたというところがあります。

それから難波さんの舟運については、先ほどご紹介があったように土木工学の分野から舟運をご覧になったということで、それも一種の学際的な環境のなかで舟運を捉えられた、これも大変おもしろい視点だなと思いました。けれども、今、申し上げた同じような問題があり、先ほど吉田さんもちょっと触れられましたが、それまでのそれぞれの分野で行われてきた既往研究をどう検証し統合されているのかという問題について、やはり同じような問題と可能性があると思いました。

岡本さんの発表は実はきょう初めておうかがいするのですが、大変興味深く聞かせていただきました。特に岡本さんのプレゼンテーションはオリジナルの図が大変多く、かなり広範な資料を集められていて、きょうの話の前提となる史料群がきちんと集積されているという印象を受けました。ストーリーの展開も江戸湾をどういうふうに捉えるかという問題提起、それから海域という言葉とか、あるいはその埋め立ての変遷も大変おもしろく聞かせていただきました。それから東京湾が浅瀬であるという特徴も初めて知らされ、大変勉強になりました。岡本さんの場合には、最初、銀座の研究からされていたのでしたか。

陣内　あれはむしろ途中からですね。

岡本　実は深川の研究が一番最初で、深川、日本橋に入り、日本橋の研究を随分前にやりました。

伊藤　それでは、むしろスタート地点に戻ったという感じですね。

岡本　だんだん戻ってきている感じです。

伊藤　なるほど。岡本さんの研究履歴はあまりよく存じ上げませんでしたが、ずっと江戸・東京のことを研究なさっていたというので、きょうのストーリーはすごく広がりのあるおもしろい、可能性を秘めたプレゼンテーションだと感心しました。

最近、私が考えていることときょうの話で、今後の展開をどう展望すればいいかを少し提案してみたいと思います。それはテリトーリオの捉え方ですが、学会の名前までつけてしまったので（二〇一三年一二月に創立した都市史学会の英語名称をSociety of Urban and Territorial Historyとした）、ちょっと引き下がれない状態なのですが、やはりすごく可能性をもっていると同時に難しいということを、きょう改めて考え直しているところです。それは多分いろんなところを集めて広くやれば、それはテリトーリオをやっているということになってしまう、テリトーリオというと広い範囲をやっているのだということでは実はなくて、テリトリーを見るということは都市だけでは成り立っていない、それから集落だけでも成り立っていない、あらゆるものが何らかの関係をもっているはずだという前提条件のなかでテリトリーというのを考える、そういう認識のスタート地点が試行的に前提されていると思います。そのテリトリーのなかでまったく無関係であったり、分断されたり切断されたりするものも含まれている、そういうものの存在も取り込まないと総合的なテリトーリオ論にはたどり着けないと考えています。本日は江戸・東京のテリトーリオということで、必ずしも方法論的な検討は必要ないかもしれませんが、水都で全部くくるのではなくて、山のテリトーリオと陸のテリトーリオと海のテリトーリオと三つに仮に分けてそれぞれのテリトーリオの特質を検討するなかで水都としての属性が浮かび上がると、より精緻な分析が可能かと思います。

山のテリトーリオというのは江戸にはあまり高い山がありませんけれども、武蔵野台地が北西に向かって広がっている。山の頂上から山林とかあるいは江戸ではないけれども石材がとれたり、木材がとれたり、それから別の領域に行く峠があったり、集落があったりという山特有のテリトリーの構成のされ方がやはりあると思います。それから陸のテリトーリオは平野であったり、低地であったり、そこには川があって流域が形成されたり、そういう領域を細かく想定します。江戸でいうと下町や平野の部分になります。そしてきょう問題になっている水のテリトーリオというのは基本的には海のテリトーリオというふうに考える。湾岸の沿岸とか島とか、きょう島は出てきませんでしたけれども、島も一つの海のテリトーリオとして考えたいと思います。それから湾とかあるいは半島などが生業・流通が多様に展開する場としてある種の全体性を帯びた領域を形づくっている。

かつてペニンスラとして江戸湾に突き出ていた江戸前島とその東西の根元にある二つの湊（江戸湊と日比谷入り江）という構成は江戸の海のテリトーリオを考えるうえで実に示唆的です。通常の意味での領域の支配という観点からすると北條氏の支配があり、江戸前島が円覚寺領であったという事実はかなり重要な意味をもっていると思います。ここではこれ以上議論できませんが、江戸を含む相模あるいは下総あたりまでを射程に入れた海域こそが江戸の海のテリトーリオの原点であったということです。

山・陸・海、この三つのテリトーリオが仮に概念的に想定されるとすると、やはりきょう話題になっているのは海と陸の二つのテリトーリオ間の関係が問題になっていると思います。私はここ数年陸と海の間にまたがるのが沼だと思っています。沼をここのところずっとキーワードに設定してきたのは、陸と海のいわば中間地点、媒介領域でそこをどういうふうに使ってきたか、あるいは変えてきたかということがおそらく歴史法則的に多分意味がある。だから岡本さんのお話にあった埋め立てと、それから潮干狩りとか海水浴とかそれが工業地帯になると、それはきわめて歴史法則的な変化があるというふうに思っています。

そのようなかたちで考えていきますと、きょうの議論というのは、江戸のことをすべて水で解き明かすというよりはむしろ一つの、あるいは複数のテリトーリオの諸関係として捉えていくのが多分いいのだろうと思います。そうした場合、きょう十分議論できなかった島嶼の問題が必要になる。伊豆諸島など島嶼の問題は東京・江戸の海のテリトーリオにとって不可欠ではないかと最近考えています。

もう一点最後に付け加えたいことは、先ほどテリトーリオは有機的な一つの全体像で、ネットワークで繋がれているという前提条件を述べつつ、それを隔て分かつ領域が存在することの重要性に少し触れました。端的にいうと荒れ地や荒蕪《こうぶ》地の問題です。つまり宅地や耕地として利用不可能な岩盤が露出した不毛地、崖線などもひとつの無視できない領域を形づくっています。そういうものもテリトーリオ論には入れなければいけないということで、私は最近荒れ地と島の問題を少しずつ考えはじめているところです。

江戸と東京の研究も、今まではいわゆる江戸低地とそれから武蔵野台地という二項対立論とか、あるいはその水辺や流域ということでいろいろ研究は進んできましたけれども、もう少し大きな範囲からテリトーリオを考え、そのなかで先ほど吉田さんがおっしゃったように、いろんな人々や社会集団、それからインフラストラクチャー、流通、こういったものの具体的な事例が積み重なって、それが総合されてようやく一つの都市のある理解に達すると思います。きょうはその第一歩ということで、大変勉強になりました。

陣内　ありがとうございます。テリトーリオの重要性を新たに誕生した都市史学会でも強調されている伊藤さんに、いろいろ越えなければいけない問題、あるいは本質的に深めないといけないポイントを指摘いただきました。個別学問の領域は越えていかないといけない。けれども、そのおもしろさと危うさと両方あるわけで、従来のそれぞれの学問分野の研究のあり方、成果をちゃんと検証していかないといけない。そしてそれをどう結びつけるかというその方法論ですね。

伊藤　そうですね。可能性は多いと思います。

陣内　きょうの発表者も工夫しながら自分流の方法を見出していると思いますが、それをさらに自覚し、本格化していかないといけないということですね。

まず神谷さん、本質的なことも含め、質問もあったかと思うので、それをできるところからお願いします。

神谷　実はテリトーリオという言葉には、私も最初からちょっとひっかかっていて、テリトーリオとは何なのかというのをまだ理解できていません。生態学ではは っきりとしたテリトリーという概念があり、縄張りそのものです。縄張りというのはある場所を含めた領域で、それを誰が支配しているかという支配している人たちのヒエラルキーを含んでいるわけですよね。これは人間社会だけでなく、植物も動物もみなそうです。しかもそのテリトリーの範囲のとり方というのは非常に狭いものから広いものまでいろんな形態があり、いろんなぶつかり合いがあるわけです。生態学的にはそういうふうに捉えているので、テリトーリオはテリトリーと一緒なのか、何が違うのかを教えてもらえますか。

陣内　英語のテリトリーは、特に都市計画や建築で使う場合、非常に多様でしょう。

神谷　それはわかっているのですが、生態学的に使っている意味とはどうでしょうか。

陣内　それは似ているかもしれない。

神谷　あえてテリトーリオという言葉を使うわけですから、今使っているテリトリーとどこがどう違うのかを把握しておきたいということ。私はテリトリーと言わずに生態学的には縄張りという言葉を使ったほうがいいと思うから、そういう言葉を使ってきました。

陣内　建築や都市の分野でテリトリーというと、あらゆることを示しているわけです。それに対し、テリトーリオを用いる立場には、明確な考えが背景にある。近代にとっては都市化の推進が最大の命題で、都市の周辺に広がり、有機的に結び付いて相互に支え合ってきた農村、田園を軽視し、都市の論理を意図的に社会的・政治的・文化的な視点から押し広げて開発してきたわけです。それへの反省がある。

神谷　テリトーリオという言葉を使わないといけない理由は新しい概念としてなのですね。

陣内　伊藤さんが近年、イデアとかインフラという言葉を使うのと同じで、やはりそこに込めている意図がある。

伊藤　新しい意味としては、テリトリーというと、生物学的にはいわゆる縄張りを指し、ある植物や生物が生息・活動する特定の条件を満たした範囲を示しますよね。それはテリトーリオにも同じようなことがベースになっているると思いますが、そこに人間、あるいは人間集団がかぶってくることによって、権力が発生し、ある領域が権力によって支配されたり軍事的に守られている。それも一つのテリトリーですよね。それは必ずしも生物的なテリトリーとは重ならないかもしれない。また教会における教区、神社の氏子域などのように宗教のテリトリーというものが広い領域を分節していることもすぐに想起されます。あるいは地形を見ると実に複雑な地質を背景として人間の居住が形成されてきた。だから生物学的なテリトリーはもちろん頭の中にありますけれども、その切り方によっていろんな形がある。そこで我々が考えているのは建築や都市というものを前提として考えているテリトーリオなので、生物学的なテリトーリオというよりもむしろ人間がつくり上げてきたいろんなもの、ビルト・エンバイロメントですね、そういうものを含んだ領域論を新しく考え直していきたい。それは都市だけでは語れないし、周りの集落だけでも語れないし、農地だけでも語れない。いわば世界の分節の仕方、あるいは切り方そのものが一つの提案になるわけです。

神谷　生態学のほうも別に生物学ではないですから、モノも精神の世界も含めて全部扱っている。言っていることはたぶん同じだけれども、テリトーリオという言葉で扱おうとしているものは大体理解できたし多分そうだろうとは思っていたのだけれど、私は生態学のほうからのアプローチということの違いかと思います。

伊藤　かなり近いと思う。きょうのプレゼンテーションをうかがっているとそう思います。

神谷　だから宗教的なことも入ってこないとリーダーとしてボスがどう動いたのか、それによって生存できるかできないか決まるわけですね。

伊藤　それからやっぱり食べ物も重要だと思います。

神谷　食を得るために縄張りを守るわけですね。

伊藤　だから多分いろんなファクターがかかってきて、そこには社会集団や人々が展開している。

神谷　だから、おっしゃられたように分野が広がってくるわけですよ。建築から都市へテリトーリオと言った途端に。そのときにいろんな分野のものが入ってくるわけですよね。そういうものを総合化するのがテリトーリオなのだろうと思います。

伊藤　そのとおりだと思います。

陣内　伊藤さんが今、定義をしてくださって、引き締まってきました。ありがとうございます。

地域と空間とテリトーリオ

吉田　テリトーリオということに関連して、歴史学では地域社会論がいろいろ議論されてきており、私もその議論に参加しています。そこでは地域とか地域社会とは何かを問題としています。村のような共同体の範囲を地域と言ったり、江戸のような巨大都市を地域と言ったり、あるいは関東地方、瀬戸内海地域、さらには日本海を挟む広域的な日本海海域、あるいは東アジア地域とか、そういう融通無碍な使われ方をする。こうした点についての理論的な検討もある。

私は、そういう融通無碍な地域概念に対して批判的な立場にいます。普通の市民が生活する空間というのを基本に、地域社会を限定して考え、それを基礎に、その他の広域的な枠組みや範囲について用語を考えたり、あるいは議論すべきだと思います。普通の市民が生活する範囲を地域社会と考える場合、先ほど言われた縄張り論にむしろ近くて、要するにその地域を構造化させているリーダーシップ、あるいはヘゲモニーといいますか、それがどういう影響力や権力をもっているかにより、地域の意味や範囲というのが定義されてくるというのが一つのポイントです。歴史の流れでいえば、古代以来、近代以降へといいたる地域という枠組みの変化に相即して、リーダーシップなりヘゲモニーを担う主体の変容と、地域社会の意味合いの変化とが大体パラレルになるのではないかと思っています。そういう議論を前提にすると、テリトーリオという言葉の使い方はあり得るかなと思って、特に反対はしていないのですが、ただ歴史研究のなかにテリトーリオという言葉を持ちこまなくても地域社会論でいけると思っているのですが。それではまずいですか。

陣内　だから日本語の地域は広い。いろんな次元、いろんな大きさをそれぞれの人がケース・バイ・ケース、文脈ごとに使い分けていると思います。吉田さんがおっしゃったような地域社会というのは共同体。都市の中にたとえば東京というのは本当にいっぱい地域があるわけです。谷中は谷中で地域、深川は深川で地域、そういうのが日本語の一番素直にイメージできる、あるいは学問上も重要なポイント、次元だと思うのです。だけど、僕がイタリアから学んだテリトーリオというのはそうではありません。イタリアの場合は、英語でいえば都市の背後に広がるヒンターランドに当たるのをコンタードといいますが、都市と周辺の農村・田園が一つのある種の地域をつくっていて、それが時代によって変わります。たとえばイタリアでは、経済的にも文化的にも力をもった中核都市は、そのまわりに県にあたるプロヴィンチアを構成し、その領域、テリトーリオには、小さな都市がいくつか分散する。その一つ一つが基礎自治体としてのコムーネを形づくり、農村・田園を背後にもち一定の自治を有する一つのコンパクトなテリトーリオになる。そこには小さな農村集落も点在する。だけど一五世紀頃からヴェネツィア共和国の中に入るわけですね。そうすると支配と自立・自治の力学が多様に展開し、より複雑なテリトーリオの構造にもなってくる。だから気をつけながら次元を分ける。だけど一番問題なのは、近代にそういうテリトーリオにおける都市と周辺の集落、農村との有機的な繋がりがだんだん薄れてきてしまうという点です。地域の自然と歴史の条件の上にでき上がってきた空間の骨格が見えなくなってくる。

近代文明というのは、まさに都市化を推進してきた。戦後どこの国でもやってきたわけですが、経済成長をとげ、国力を強めるにも、都市の発展が求められ、都市化はいいことだという発想が続いた。農地を潰して市街地を広げてきた。そこには都市計画しかない。ところが今、拡大から縮小へと状況が大きく転換しています。自然の回復、都市周辺での農地の再評価が始まった。しかし、従来の都市計画ではそれをなかなか扱えない。地域計画という言葉も非常に曖昧で、日本の地域計画は我々がいうテリトーリオの計画とは違う。都市と田園・農村を一緒に見直す必要がある。都市と田園は本来、お互いに密接に関係し合い、相互に支え合う存在であるはずです。お互いにその良さを発揮できるよう、そのあり方を見直そうということだと思うのです。
特に歴史的なものを評価し直し、再生して未来に繋げていこうということです。その評価の対象となるものが、時代によってだんだん拡大してきたわけで、まずは個々の建物から始まって歴史的なゾーン、さらに城壁の中のエリア全部をチェントロ・ストリコ、すなわちヒストリック・センターとして評価しようということになって、さらに外側の田園に広げていこうという段階が訪れます。その広げていくなかに、山や丘、川や海がつくり出した地形があり、自然の要素のネットワークがある。そのなかに人間がつくったたくさんの要素、田園の工作物や畑などの耕作地、集落、舟運の港や河岸などがある。それらの関係性が風景になってあらわれてくる。どれも重層化している。そして時代とともに変わっていく。それを全部もう一回見直して、都市を解読したのと同じようにテリトーリオを解読しようという方向で今のイタリアは動いています。それがヨーロッパ全体にかなり広がり、カルチュラル・ランドスケープ（文化的景観）という新しい概念も出てきた。
我々はそのテリトーリオを尊重する考え方を普通に使っていたのですが、伊藤さんと話をしていて、それをもうちょっと意識化しようということが出てきた。日本の場合は、テリトーリオと言っても、またちょっと違う歴史的な経緯もあるし、都市と田園の関係も違う。都市を構成しているなかにまた農村性もあったりして、けっこう違うと思うのですね。都市の中に川や森や沼が入っている状況もありますよね。だからその辺も日本的性格を踏まえながら議論をつくっていかなければと思います。

吉田　そうすると常にカルチュラル・ランドスケープというのは時代によって動くじゃないですか。

陣内　そうです。

吉田　たとえば、江戸と奥川を結ぶ舟運ルートで意味のあるスケープがあったとして、現代社会とは完全に断絶している。そういうものに意味があるとみて、これを歴史遺産として評価し復元したり、一定の理念のもとにいろんなものを改修したり、高速道路を撤去したり、何かそういうようなことでしょうか。

陣内　いや、必ずしもすぐ復元をするという問題ではなくて、まずは意味を見出し、どう評価するかということを考え、どういう開発、保全を選ぶべきかという基準をつくる。復元ではありません。イタリアとかヨーロッパは簡単には復元はしません。

吉田　でも、それを進めようとする研究者や自治体が、ある価値意識を共有し、現代の視点から意味あるものとするのをイデア化するわけですよね。

陣内　まあ、そうなんですけど。

吉田　それは歴史の実態そのものとは限らないわけですよね。

陣内　そう、理解としてはそうですね。

吉田　歴史は動いているから、実態と現状とは常にずれがあって、歴史的経緯から何をすくい取るかということには、現代的な価値意識がすごく反映するわけですね。

陣内　ですから先ほど言ったニューヨークのマンハッタンの港湾ゾーンのところは今、本当に姿を変えていますね。だけどそれは何かを継承しようとしているわけです。港湾の記憶とかピアは壊さないとか、壊されたものもあるのですけども、そこを読み換えていく。都市の形成というのはそういうものだろうと思うし、だけどそれをまったく知らないで違うものに置き換えてきたのが近代なのです。

吉田　かつての意味があった枠や広がりとしての、つまり過去の実態としてのテリトーリオと、現代における一定の問題意識なり価値意識によって再評価し、ある部分に価値を与えるような、そういうスタンスですよね。そうした場合、テリトーリオ論には一つのイデア的な側面があるわけで、そうしたイデア的なテリトーリオと、かつての実態とはずれがある。これを同じテリトーリオという言葉でくくってもいいのだろうかと思います。

伊藤　イタリアの場合にはかなり具体的に計画の目標があり、たとえば田園地帯が中世の植生を残していればそれを残そうとか、具体的な保全計画に結びついた形でそこのルーラル・ランドスケープをつくっています。けれども、それを学んでこられた陣内さんの方法を聞きながら、僕はそれを現実に実行するというよりは、むしろどう過去にテリトリーが形成されてきたかということを知りたいというのが優先的にあり、それを学問的にいかに方法論化していくかという立場です。先ほどの吉田さんの精緻な話はまったくテリトーリオ論と矛盾しない、むしろ密接な関係をもつ話だと僕は思っているのです。

ところで、地域という言葉を使ってもいいのですけれども、地域は確かにテリトーリオの日本語訳としてもっとも近い意味をもつものですが、もう一つリージョン（region）という意味での地域という言葉があります。日本ではどちらかというとそちらの言葉が強いので、意味合い的に地域という言葉のなかに本来は含んでいるはずの空間が、言葉の語感からすると薄れていて、そこがやはりテリトーリオと言い換えて、あるいはテリトリーという言葉でもう一度空間的な問題を再評価することが意図としてはあります。

陣内　実はエコ研の名前をつけるときに、日本語はついたのですが、英語にするときに困ったんですね。今だったらテリトーリオと付けますが、当時、しようがないから結局 region（リージョン）にしたのですが、それはずっと気持ち悪いなと思って。知恵がなかった。英語でテリトリアル（territorial）ってどれくらい使うのか、実感がなかった。

伊藤　今、ヨーロッパは大体似たような意味で使っていますよね、テリトリアルという言葉は。

陣内　多分、ヨーロッパの人は共通感覚があるんじゃないかな。

水都学に向けて

高村　今回の『水都学Ⅲ』は、まず東京を対象に水の視点からのテリトーリオという発想を一つの研究方法論として提示してみようという、試みだと思うのです。そのなかで僕も伊藤さんと同じ意見なのですが、まさに他分野を視野に入れた学際的な話になる。それを一人で抱えるといろいろな既往の成果を集めることになるので、誤りも多くなる。まず一つ自分のスタンスとしてどういうテリトーリオを考えるかというのを、今回いろんな方々の研究成果、それから我々が今回ここで見出せるような話になるといいなと思っています。

たとえば、僕はやはりテリトーリオといえども空間と建築から離れられない。それは僕のスタンスとしてそうなのです。陣内さんの『東京の空間人類学』（筑摩書房、一九八五年）という名著がありますが、つまり都市と建築の類型、ティポロジアというところから同一性を探っていく。それをもう一回再検討するようなグループを今つくろうと思っていて、来年から動きはじめます。アジアの場合はやはりティポロジア、同一性とは違うなかで建築と切り離されてその場所で更新されるケースが結構ある。フランスのルフェーブル論などもそういうところがあると思うのです。そういうのも含めながらもう一回再検討したい。つまりテリトーリオのなかでティポロジアという概念、それは建築ですけれども都市モルフォロジーも含めて、あるいは地域類型というのも含めながらテリポロジーみたいな（笑）。そんな都市から地域への「地域の空間人類学」の類型を系譜とか系統という形で示していきたい。

具体的にどうするかというと、まさに吉田さんのお話が僕にとっても非常に刺激的だったのですが、水は舟運だけではなくて、地域にとってはいろんな水機能、配水、供水そしてもう一つ重要なのが象徴性というのがあると思うのです。その象徴性には権力、それからまさにヘゲモニー、権利、風水的なもの、信仰的なもの、そういったものが水にはすべて課せられている。そこでたとえばきょうの品川の話ですとか埋め立ての話を聞くと、物流と象徴みたいなものとを非常にリンクさせながら成立しているところもあるなと思いました。さらに物・人しかも物をとどめる、流す、それから何を運ぶかというのが重要で、それがいつ止まった、止まった後どうなったという、この時間軸も僕の考える建築空間のテリトーリオ類型としては重要で、立地・形体・空間構造ももちろん重要な分析対象となる。

そこで吉田さんが言われていた船宿であるとか、たとえば筋違橋のところには東大の物揚げ場もあるんですね。大正期の地図に描かれています。陸上交通もそこに繋がっている。つまり生産流通です。それから実は自然災害というのも関係が深い。それはまさに神谷さんのいう気候。一方気候変動に対して人工改造というのも地域においてはある。それはまさに難波さんの話にあった運河をあえて開削したという話。そういうエリア全体のなかでの空間とか建築に僕は興味があるのですが、今みたいな話を建築に持っていこうとすると、まさに吉田さんが指摘されたものを具体的に当たっていくことになります。建築はどんなものがあったか、どこの場所につくられたか、何を運んでいたか、誰が運んでいたかというその社会構造を建築空間化させるという作業に、僕はすごく興味があり、それはテリトーリオのある一つの方法論として成立し得るのではないかと考えています。

伊藤　吉田さんのテリトーリオという語に対してもっていらっしゃる違和感は、おそらくそれがきわめて演繹的な視点からしか社会・空間を捉えていないのではないかという問題だろうと思います。広大な領域をテリトーリオに分割し、そこでだんだん分節していく。確かにそういう側面はありますが、実際はそうではなくて、帰納的にそれぞれの小さな地域社会みたいなものが積み上がって、ある領域ができあがっているというイメージが基盤にあります。ただしそこにはいくつかの構造が何段階かできていて、それは今、高村さんが言われた事例と共通します。特に僕たちは建築や都市空間というのが頭の中のベースにありますので、捉え方としてはどうしてもそちらに傾きます。けれども、視線としては同じようなことで、たとえばフィールド調査ではまず何で建物の実測から入るかというと、そこから考察をスタートさせないと地域に入ることができない。地図だけ見ていればわかるような世界ではないのですね。だからそれは吉田さんが一つ一つたとえば地域社会の文書を読んで、地域を復元していくのと割合似たような感覚です。だから僕は地域研究とテリトーリオは全然矛盾しているとは思っていません。

高村　そうですね。僕もまったく同じだと思います。

陣内　難波さんが調査していて、先ほど質問もあったけれども、佐原にしても、木下にしても、そういう内部河川沿いの河岸、それを湊町というかどうか問題提起もあったけれど、そこに地域社会があるわけですよね。

難波　はい。

陣内　それを担っている問屋や船宿がいっぱいありますよね。文献史料を用いてそれを研究するのはなかなか大変かもしれないけど、今までそういう分野の専門家が積み上げてきた蓄積を利用させてもらいながら、ストーリーをつくるようなことを随分やってきたと思うのですが、そういう河岸で働く人の顔というか、存在というのは、常に気になりながらやっていたわけでしょう。

難波　本をまとめるときにはそうですね。ただ河岸に関して言えば、河川改修は大がかりにやられているので、佐原、小見川以外は河岸の姿が残っていない状況です。文献史料についてですが、なかなか必要とするものが見つけ出せなかった状況でしたので、分かる範囲で本をまとめました。

吉田　小堀《おおほり》というかつての河岸をご覧になりましたか。取手市にあって、そこはかつて利根川がくねくねと湾曲していた部分を、近代になって流路を真っすぐにしたため、その一部でかつて利根川の流路だったところが、細長く曲がった池みたいに残って、今は古利根沼と呼ばれています。かつて利根川の右岸にあった小堀河岸が、今は利根川の左岸側に位置して、ほぼそのまま残っているのです。この古利根沼に高瀬舟のような帆船でも浮かべれば、もうそこは江戸時代みたいな景観です。古文書もたくさん残っています。

陣内　そういうところがあるのですね。ありがとうございます。それでは、石神さん、今まで我々の科研基盤（S）の現地調査として、三年続けて欧米の水都を巡る調査旅行にご一緒し、三月上旬のあまり条件のよくない時期なものですから、ドイツのリューベックでは雪のなかの港町を見て歩いたりしましたが、何かコメントをしていただけますか。

技術変化とテリトーリオ

石神　きょうは観客で来たのですが、それでは産業か経済の側面からお話しします。

やはりテリトーリオについてまだ僕もよくわからないのですけれども、ネットワークとどう違うのかなというのが一つあります。つまり時代によってテリトーリオは変わる可能性があって、たとえばこの前行ってきた米国東海岸のボストンよりずっと奥地に綿工業の発達した都市がいくつかあります。そのひとつ、ローウェルという都市があってその都市のテリトーリオとは何かと考えると、一つは綿なのですね、やっぱり綿花。この綿はどこにあるかという話と、それから石炭、それはどこからどうやって運ばれてきたかという問題。ですから、その場合、原料それからもちろん製品の消費地、あるいは輸出地ですね。その間に都市や地域が存在しているわけで、それが一種のネットワークになります。それをテリトーリオというのか。あるいは、逆にボストン側にしてみれば、ローウェルとそのまたネットワークがテリトーリオでもあるわけです。綿工業によりボストンの資本の一部が蓄積されたということもあるわけですから。つまり、一種の空間が固定しているのではなくて、一つは技術によって変わるし、もちろん時代によって経済によってもどんどん変わっていく。そんなことでテリトーリオというのは必ずしも空間的に固定した概念ではないのではないのかなということです。

高村　土地や場所は災害によっても変わりますしね。

石神　そこで今回、重要だなと思ったのは、いつも思っていることですけど、経済もさることながら、そのひとつのベースにある技術というものです。先ほどの川舟も蒸気船ができるかできないかによって随分違ったわけですし、運河もそうですよね。その技術でいえば、今回たまたまボストンのネービーヤードという旧海軍基地のホテルに泊まったのですが、ふと寝ながら考えて、当たり前の話なのですけども、これ、軍事技術がまったく変わったわけですよね。それでボストンという軍港が要らなくなってしまった。東側はノーフォークあたりに集約されている。さらに、今や軍艦は常に海に浮いているということで、大きな軍港も要らなくなってきているのかも知れません。その先には、軍艦自体も要らなくなって、戦闘がミサイルとかの空中戦になっているということを考えると、この場合、軍事技術の変化というのがものすごく軍港そして都市を変えてきたのかなとつくづく思いました。その技術という視点で、地域という空間を考えると、たとえば先ほどのアメリカの綿工業の都市の話でいえば、要するに初期には、滝線という、川と地形上の高低差のある線上、滝があるラインのところに産業都市ができてきたわけですね。これはその頃の動力エネルギー源がほとんど水だったわけで、水車動力だった関係から水力が直接使える工場ということで、その滝線のところにどうしても立地するという、要するにフットルースではなかったわけです。それが蒸気機関、蒸気エンジンができることによって動くことができるようになったわけです、工場自体が。それがまた電気になったら、さらにフットルースになって、立地の自由度が増していくわけです。技術というものが、どんどんいろんなものを変えてきているのかなと思うのです。ニューヨーク自体もそうですね。マンハッタンにピアがいっぱいあって、そこからブルックリンに移って、それからニュージャージーに移った。技術という意味では、近年の海運上の大きなコアの技術はコンテナですよね。どこもコンテナによってがらっと変わってしまった。ドイツでもそうでしたし、イギリスもそうですね。ロンドンなんかもコンテナ化によってドックランドの港湾機能がまったく廃止され、再開発されてきているわけですけれども。そのコンテナ化は、ボストンもそうだし、ニューヨークもまさにそうですよね。ニューヨークでは、コンテナ化によって、大半の物流はニューアークのほうへ移っているわけです。

今度、また次の問題が出てきていて、コンテナを誰がやるかというと、国がやるのではなくてどうも商人がやるのです。つまりビジネスです。そうすると損益分岐点というのがあり、どうしても効率化をはかるとなると船を大きくしなければいけなくなってくる。今現在は、巨大な船が出てきていますよね。ポストパナマックスという、パナマ運河も通れない巨大な船が出てきているわけです。それが入れるところでないと負けてしまう、というわけで、港の水深の問題がどうしても問題になってきている。技術がどんどん変えているなかで、そういう意味では、テリトーリオと技術、それから経済、みんないろいろ複雑に関係し合ってさらにわからなくなるのですけど。

陣内　ありがとうございます。本当にそうなのです。ここでは、あまりテリトーリオの定義にこだわるよりは、実態を明らかにしたいということに主眼があり、今おっしゃった空間システム、ネットワークのほうが素直にすっと入ってくる次元もいっぱいあると思います。技術の変化との関係で見るというのは本当に重要な部分です。

石神　ただそういうなかで、もう一回テリトーリオに戻ってきているという部分が環境で、やっぱり根付いた場所とかいろいろその地域性が大事になってくる。そこにもう一回戻る。そのことをもう一回考えようという意味ではテリトーリオというのは非常に意味があると思うのです。たとえば、ニューヨークでも、マンハッタンでもブルックリンでも、いわゆる俗にいう創造型産業っていうやつ。

高村　クリエイティブ・インダストリーですね。

石神　これは完全にフットルースなのです。情報産業ですからね。ところが必ずしもフットルースかというとそうではなくて、あるところにやはり集まるわけです。

それはやはり集まる理屈があるわけですけれど、人の関係あるいは雰囲気とか場だとか。そういう意味で世の中のある部分はまた少しテリトーリオに戻ってきているかなということはあるかと思います。

伊藤　まさにそのとおりだと思います。一時期、フランスでもエスパス論という空間論とネットワーク論の二つの組合せで地域を読むということがかなり一般化されて、一世を風靡したことがあります。空間と関係はダイアグラムで書けるわけですね。たとえばこの都市と都市が繋がって、空間的にも相互に連携している、などと結論づけられる。それはそれですごく理解しやすいネットワーク論であり、空間の一種のダイアグラム論として理解されます。それはある時期すごく理解しやすいがゆえに飛びついた議論だったのではないか。世の中まだまだ右肩上がりの時期でもあり、都市の経済成長や発展とネットワークの形成はある意味でパラレルであるという無意識的な前提があったのではないかといまになってそう思うところがあります。

僕がテリトーリオを切実なかたちで重要だと思ったきっかけは実は3・11の地震津波災害でした。つまり安定的に作動しているかに見えたシステムや領域に突然ノイズが入り、たとえばネットワークが切られるとか、それからまったく利用できないものに変わってしまうとか、そういう緊急事態をいわば黙示録的に見ることになった。ついこの間までは陸として存在していたところも大津波は想像を絶する圧倒性をもって飲み込んでしまった。かつて沼だったところは、もとへ戻ってしまう。私はそのだいぶ前から沼に注目してきましたが、この間の東日本大震災はまさに私が悪夢として描いた世界でした。気仙沼とか岩沼というのは沼という地名がついていますが、津波のあと沼に戻った。ああいう状況を見ていると、ある時期からつくり上げた地域社会はある歴史のなかでの進化過程みたいなものが破断されるというところがあり、そこからテリトーリオ論を組み立て直さないと都市や地域の原点に戻れないのではないかというのが私の問題意識でした。だから、二〇一一年三月一一日というのは結構私にとっては大きな転換点で、今までインフラや沼についてはいろいろと考えてきましたが、領域全体を考えるというところまではなかなかいっていませんでした。近代インフラが全部破断されましたこともショックでした。おっしゃることは非常によくわかるし、私もそう思うのですが、技術がどこまで進化していくかという問題は依然として重要な課題です。

稲垣栄三先生という私の指導教員がかつて、七〇年代のシューマッハのことを熱く語っていらっしゃったことを思い出します。『スモール・イズ・ビューティフル』という本のなかで中間技術というのがあり、技術はいくらでも発展するけれども、人間にとって必要な技術というのは中間技術でいいではないかとか、都市の最適規模とか、そういうことが議論されていたわけです。

陣内 そうですね。だから素朴に考えると、一番わかりやすいテリトーリオの最近の動きはスローフードですね。つまり地場でとれたものをみんなで消費するというか、それが一番新鮮だし、文化的だし愛着も生まれる。コミュニティの再結集というか、それで自然も守れるでしょう。都市と田園のバランスを取り戻し、田園をまた新しく価値づけし、付加価値をブランド化するとかそういうこともあり、それが一番わかりやすい原点ですね。

三陸の問題も結局グローバリゼーションのなかで工場とかみんな下請けで、東京からつくらされて地域の自立的な力を失った。それで一時期、日本中がだめになった。法政には河村哲二さんという経済学のおもしろい人がいて、地域をもう一回見直そう、字《あざ》、小字が重要だと言って、三陸で岡本さんと一緒に研究活動しているのですけれど。

石神 そういう意味ではどうも、もともとの地域がグローバリゼーションによる経済とかあるいは近代的な技術によって随分破壊されてしまった、というとおかしいのですけれども、歪められてしまった形のなかでもう一回、人とか生活をベースに見直して、それで地域をもう一回構築しようということかもしれません。これは結構ニューヨークのなかでも出ていましたよね。たとえば、BID（ビー・アイ・ディー）というものですね。

陣内 そうですね。ニューヨークの動きは注目されますね。

石神 ビジネス・インプルーブメント・ディストリクト、要するに地域の人たちがお金を出し合って地域の治安をよくするとか、きれいにするという、そういう事例がいっぱい出てきている。それは歩ける距離のなかの話ですよね。そういう揺り戻しがある。

陣内 都市内地域ももう一度評価しなくてはいけない

のですね。ところで先ほど、石神さんからアメリカにおける水車動力を用いた綿工業の話がありましたが、多摩の日野市での調査研究に深く関わってきた長野さんに、この地域での水車の話をしていただければと思います。

長野　エコ研が長年取り組んでいる日野市の事例を少しお話しします。日野に郷土史家の上野さだ子さんという方がおり、エコ研の研究会で水車の話をしていただいたことがあるのですが、日野市には江戸の終わりから昭和のはじめにかけてわかっているだけでも五四基の水車があったそうです。水車のピークは明治の終わりから大正時代にかけてです。日野はもっぱら米つき用水車でした。多摩川、浅川にはさまれ、沖積低地では江戸の米蔵と言われるほど米づくりが盛んな地でした。大正時代に電化が進むと次第に水車はなくなり、個人水車の多くは米屋になります。現在も高幡不動駅北口に滝瀬商店という小さな米店があり、水車跡には電化された精米工場があります。そばには高幡用水が今も流れています。西平山には用水沿いに水車が立ち並んでいる風景があり、水車街道と呼ばれていたそうです。現在は昔ながらの水車は残っていませんが、市内二か所の公園に新造の水車がつくられ、長い間使われていなかったのですが、その一か所で現在市民の方々が子どもたちと精米実験をしたり水車があった頃の暮らしを勉強したり、そして水車の力を利用して小水力実験も始まっています。

陣内　水車が地域や都市の中で果たしていた役割は、今後、大いに再評価すべきですね。長野さん、やはり日野で聞いたという川を巡る貴重な話をもう一つ、お話し下さい。

長野　山と海との関係でそれを繋ぐのが川ですが、面白い話があります。これも先ほどの上野さんが紹介してくれた平野順治著『多摩川叢書②　多摩川の筏流し』（大田区郷土の会、二〇〇八年）からですが、江戸では頻繁に火災が起きており、その度に江戸の河川の上流域は木材を供給していたわけですが、西川材の産地、荒川上流の名栗村や東吾野村では山頂にやぐらを建て絶えず江戸の方を見張り、火の手があがるのを発見するとそれいけとばかりに筏流しで木材を送っていたそうです。著者の平野さんは多摩川上流の青梅の御岳山神社を初詣した折、都心が意外と近いことから江戸の経済圏に組み込まれた山の民の対応になるほどとうなずくものがあったと書いています。青梅の御岳山神社は家康が江戸鎮護のため、もともと南向きだった社殿を東向きに改築しています。青梅も江戸の木材の供給地だったことから筏師の元締めも多くおり、同じように江戸の火災のたびにそれいけとばかりに多摩川を筏流しで下り、木材を送っていたのではないかということです。

研究方法論としてのテリトーリオ

岡本　3・11の話でいうと、多分小さな漁村集落は地震によって背後の農地とか前面の海との関係を深める方向に戻ったのです。今、言われている技術で徹底的にやられずに無視されてきたところが三陸の小さな漁村ですが、それが将来の可能性として残されていた。そのような発見が私たちにもあった。むしろ今、三陸で一番危険なのは東京の末端で技術の恩恵を受けた中間的な都市、かつて繁栄した石巻、陸前高田とかです。そういう意味で、現在ある漁村集落が小さなテリトーリオみたいなものをどのように維持してきたのか。また将来どういう意味や価値を見出せるのかという話をこれからしていく必要があります。それと、もうちょっと大きな視野では石巻のような質の違う都市と漁村の新たな関係はどうあるべきなのかという視点も重要であるだろうと思います。

高村　計画のためのテリトーリオではなくて、ビジョンのためのテリトーリオですけれども、その本質を見極めるような、見直すような、見出すことができるような研究方法の提示という方向で今回はトライしないといけないかなと思います。

岡本　それでもう一つ言わせてもらうと、あんまり拡散するとわかりにくくなるので、たとえば東京湾みたいなところで話したいのですが、品川を取り上げるというのは吉田さんが言われた、重ね合わせで見えてくることの重要な視点がある。ただこの品川の歴史というのは周辺との関係でどう変化したのかということも重要で、それは府中と関係が深かったときの品川と、それから近世の廻船のなかで見えてきた品川というのとは違うわけです。重ね合わせをやはりしっかりと固定しながら品川の変化を見た上で、周辺との関係性を見ていかないと、何か重心がぶれて見えてくる。だからその時代のこれはこうですねということだけで重なりと関係性を描いてしまうと、研究している私自身わけがわからなくなる。むしろ東京湾というある固定のエリアのそれぞれがどういう変化をして、どういう意味を持つのかをぶれずに押さえた上で、そのときの関係性や意味を時々に拡大あるいは小さなエリアで描く。全部をバラバラに描くと多分どうしようもないパニックになってしまう。ただ、その方向性をうまく描けるかどうかという点は今回の私の使命かなと思っています。

難波　そのとおりでして、いろいろとご指摘をいただいた、江戸のいろんな船や諸国廻船、また奥川、内川、それをどう受けとめるかはこれからの課題ですね。ただ、方向性というか、どういうふうに考えると高村さんが言われていたテリトーリオの本質に迫れるのかという点については、何とか自分なりに明らかにしたいと思います。

陣内　ありがとうございます。

神谷　ちょっと一ついいですか。分野によって物の見方は当然全部違うと思うのだけれども、いつもエコ研で話をしていると、ほかで普通に議論している話と少し何か次元が違うという感じがします。エコロジーの世界の場合には、もっと広い範囲でたくさん連携するというのが当たり前だし、たとえば水と言ったらば当然地球全体の水循環から始まり地域水循環、それからディテールの湧水の水みちであるとか、そういうのが全部繋がっているのが当たり前であって、そういう話のなかでどこかに限定するというのは方法論としてはあるかもしれないのだけれども、やっぱりいろんな方法を突き合わせるというところに意味があると思います。

岡本　神谷さんの立ち位置は貫いたほうがいいと思います。

神谷　もちろん、いつも私はそのつもりです。

岡本　それを貫いたうえで、多分、私の論も意味を持ってくる部分というのが多いと思います。だから三人がそれぞれの位置関係でしゃべったことで、私の言っていることが多少光ってくるというような話があるので、神谷さんの立ち位置でしゃべらなかったら、私はもっと自分の領域以外の説明をしないと見えてこない部分が出てきてしまいます。やはりそれぞれ異なっている人たちがしっかりと踏まえたうえで論を展開する方がよい。

神谷　その世界では普通にそういう話をしているわけですが、その話とギャップがあるから私もすごく心配になりますし、テリトーリオはもっといろんな分野の人が入ってやらないというふうに私は少し理解しましたけども。だからやはりあまり歴史だけの話にしてはいけないと思うのです。

難波　先ほど高村さんが言われたと思うのですが、テリトーリオの本質をつかむような内容にすると、それはそれぞれ三者三様でいいと思いますが、私が今、イメージしているのは、初めに陣内さんが指摘されたテリトーリオにはいろんな捉え方があり、神谷さんが言われたように同じ視点でも時代によってテリトーリオの範囲が異なってくるようなことがある。それでたとえば、その三人が三人の立場でまとめるということで、そのテリトーリオをどういうふうに捉えていくのか示せると思うのです。

陣内　神谷さんがやられている自然の生態系、地形、水、植生というような、それはその地域の骨格で、これはもちろん気候変動があり、海進があり、海退があり、変化するのですけれど、比較的ロングスパンなわけだし、それこそブローデルの地中海ではないけど変化する時間的なスパンがあるわけですよね。一番大きなゆっくりとした変化、あるいは基本です。要するに人間がどんどん変化させた二〇〇〇年とか一〇〇〇年とか五〇〇年とは全然違うスケールでゆっくり動いているわけです。そういうところをしっかり、そしてもちろん地下水が近代化でなくなるとか、川が埋められるとか、循環系が損なわれたとか批判的にというか事実を検証し、どうしたらいいのかを考えて、そういうベースをつくってくれているのですね。当然、神谷さんはそのうえに人間がどういうふうに生活空間をつくり、土地を耕し、都市をつくったかというのも関心あるのですが、どちらかというと、生態系の自然の系譜というか、そちらに力点を置いてやっていただいていている。我々に一番ないものですよね。

伊藤　そうですね。一番苦手な分野です。

陣内　岡本さん、難波さんはそれをかなり勉強しつつ、人間がつくり出した都市空間、あるいは舟運のネットワーク、河岸、人間の営みについてさらに掘り下げて、吉田さんがおっしゃるような、人と輸送手段と流通ルートなどを精緻に見極めていくというのはこれこそがまさに交流の一番の醍醐味ですよね。そういうような人間がつくり出していく都市、集落、だけどそれを都市とか町だけに限定しないで、それの周りに広げて見ていく。先ほど利用されない土地とか荒れ地とかそういうふうにおっしゃったのはまさにそうで、だから単にA点とB点を結ぶネットワークとは違うという意味ですよね、テリトーリオは。これは時代とともにまたそちらが意味をもってくるかもしれないですよね。だって甲武鉄道を東西に真っすぐ通したところというのはあまり使っていなかったところを通したわけで、これが逆転して今では中心軸になったわけですから。

伊藤　中世日本の宗教都市で有名な寺内町っていうのはほとんど荒蕪地につくるのですよね。大和川の氾濫原や石川の河岸段丘とか、いわゆるそれまで利用されなかったところを切り開いてつくった。

陣内　そうですね。結局筑波学園都市だって、みんなが一番有効に利用して集落をつくって生産性も高かったところにはなかなかつくらないわけでしょう。

吉田　東大もそうですね、駒場の教養学部も。

陣内　なるほどね。だからテリトリーがいろんなものによって改変されたり、質を転換しているというその様を見て、現代はどういうふうに評価できるのか。山のテリトーリオ、陸のテリトーリオ、そして海のテリトーリオというのはわかるのですけど。ただそれを全部やるとまた特徴が出ないので、我々としてはいちばん二〇世紀に犠牲になった水に視点をおくというのが基本戦略なのです。

伊藤　なるほど。

陣内　それはエコ研の創立時点から徹底していて、あえて〈水都学〉といい、それは海だけじゃない、陸のなかに川があり、地下水があり、湧水がある。崖線は利用されないとおっしゃったけど、実は一番重要なところなのです。水が湧く場所なのだから。

神谷　そうですよ。だから僕もそれも気になったのです。今の湿地帯とか利用されていないところを狙って道路を通してきたのですよ。だから湧水が潰されているのです。それは生態系から言ったら一番大事な場所なのです。

陣内　だから生態系で見るというのはそこが重要で、近代に判断して価値が高いと言っているところは前の時代からすれば価値のないところなので。

神谷　そこを反省しないで何が水の東京だという話で

す。そこをちゃんと見ていかないと。

陣内　やはり東京を深く理解するのに、水のテリトーリオという視点が重要、かつ有効だということが確認できたと思います。本日は、長時間にわたり興味深い討論をしていただき、本当にありがとうございました。

水のテリトーリオを読む

論文

アマルフィ海岸における交易の海と水車産業の川

稲益 祐太

はじめに

複雑に入り組んだ海岸線を持つアマルフィ海岸には、ローマ時代から別荘地として人が住みついてきた歴史があるが、都市が形成されたのは中世になってからである。海岸沿いの都市は共和国を建国し、ヴェネツィアやピサ、ジェノヴァに先駆けて、海洋都市国家として歴史の表舞台に華々しく登場した。一〇世紀には東方との交易で栄華を極め、ラッターリ山地（Monti Lattari）の谷あいのわずかな土地に建物を建てて、都市を大きく発展させた。しかし、一二世紀中期にはピサ公国の艦隊による侵攻を受け、被った甚大な損害によって経済活動も衰退し、後発の海洋都市国家の陰で次第に存在感は薄れていった。さらに、一三四三年の暴風雨による自然災害は町に壊滅的な打撃を与え、こうしてアマルフィを中心とするアマルフィ海岸の都市は、地中海を舞台とする交易都市としては衰退していった(1)。

しかしその後は、アラブ世界から伝わってきた水車を用いた製紙技術を用いて紙の生産を行い、一大製紙産業地帯へと発展していった。アマルフィの紙は評判を呼び、一八世紀には最盛期を迎えた。

そこで本稿では、アマルフィ海岸の、海洋都市国家として、そして製紙産業の町としての都市の形成と発展に大きな影響を与えた水の存在について論じる。

図1　アマルフィ

1　アマルフィ海岸の地形と都市

都市の立地類型

アマルフィ海岸はティレニア海のサレルノ湾に面する約三〇キロメートルにも及ぶ海岸線の一帯を指す。複雑に入り組んだ断崖絶壁から成る特異な地形とそこに築かれた中世の町並み、そしてわずかな土地を開墾してレモンやブドウなどを栽培している段々畑が作り出す農業景観とが融合した文化的景観は、一九九七年にユネスコの世界遺産に登録された。アマルフィ海岸の東端であるヴィエトリ・スル・マーレから西端のポジターノまでの一帯では、急角度で海に落ち込むラッターリ山地のところどころに谷が切り込み、その谷筋に家屋の密集した町がいくつも形成されている（図1、2）。

アマルフィ海岸はリアス海岸であるが、河谷は海水が浸入する溺れ谷にはならなかったため、平地が露出した下流部に都市を形成することができた。谷底の部分が狭いV字型の谷地形に町が形成されたアマルフィはムリーニ渓谷（Valle del Mulini）の、アトラーニはドラゴーネ渓谷（Valle

図2　アマルフィ海岸の主要な都市（I.G.M, Carta Topografica d'Italia 1:25000 Serie 25, Foglio n.466 sezione II (Amalfi) / III(Sorrento) / Foglio n.467 sezione III (Salerno), 1996を加工）

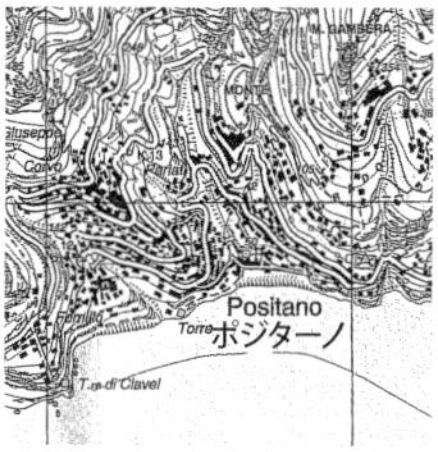

図5　ポジターノの市街地

図4　ミノーリとマイオーリの市街地

図3　アマルフィとアトラーニの市街地

del Dragone）を流れる川の河口に位置しており、小さな入り江の奥にある（図3）。入り江は良好な港であり、海岸には砂浜が広がっている。

　ミノーリとマイオーリも同じく谷底に川が流れているV字谷の河口部に形成された町であるが、谷底の低地部が平坦であり、さらにマイオーリは河口部も広いため、主に平地部に建物が密集している（図4）。アマルフィやアトラーニと比べると斜面地に建つ建物は比較的少ないが、それでも斜面地にはいくつかの建物群を見ることができる。

　ポジターノも河谷に形成された町ではあるが、傾斜の急な西側斜面の下を流れる川は小さく、水量も少ない。しかし、谷は深くて狭く、谷底の平地部はわずかである。そのため、市街地は急な傾斜で切り立っている西側の斜面地に広がっており、家々は崖に張り付くようにして建っている（図5）。西側斜面地の海に突き出している丘の部分では、等高線に沿って幾重にも道が巡っており、所々でその間を急な階段が繋いでいる。

　また、山頂や山腹にも町が形成されているが、ほとんどが家屋の点在する集落としての様相を帯びている。ラヴェッロとスカーラは、ドラゴーネ渓谷を挟んだ二つの

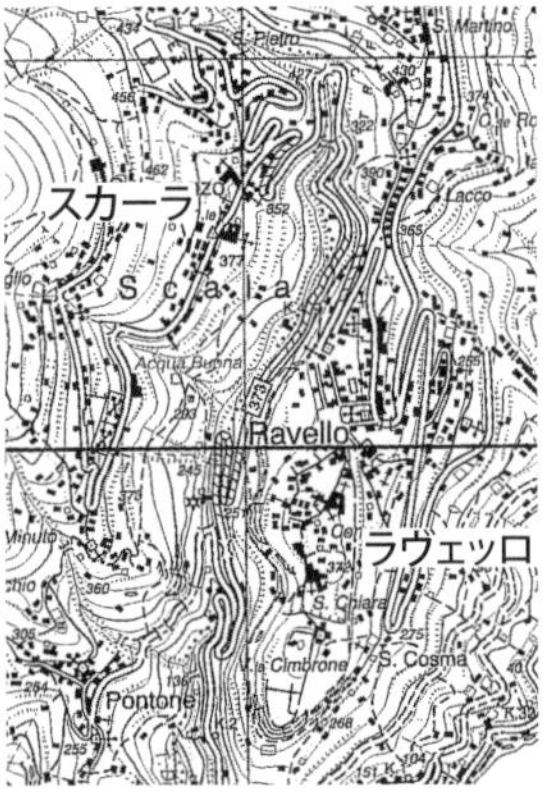

図6　ラヴェッロとスカーラの市街地

図7　ミノーリの町を流れる川と側道を写した1910年頃の絵葉書
（出典：Maurizio Apicella, *IMMAGINI E MEMORIA. Costa d'Amalfi 1852-1962*, Costa d'Amalfi edizioni, 2012）

小高い台地の上にそれぞれ形成された町である（図6）。斜面地にはあまり建物は建っておらず、台地の上の平地部が市街地となっている。家屋は谷地の町ほどには密集しておらず、さらに市街地だけでなく市域も海に接していないという点で、海岸沿いにありながら、前述の町とは異なる立地環境にある。

暗渠化される谷川

海岸沿いの河谷に立地する町では、町なかを流れる川は幅が狭く、水量も多くないが、大雨が降った際には急峻な山の斜面を雨水が流れ、一気に谷へと集まり、洪水となることがある。実際、一九一〇年と一九五四年に起きた大雨ではミノーリやマイオーリ、ヴィエトリ・スル・マーレは川の氾濫による被害が特に大きく、中心部の建物の一部が倒壊するほどであった。現在ほとんどの町の市街地では、河岸整備の一環として谷底を流れる川が暗渠となっている。マイオーリのレジンナ・マイオーリ（Regimna Maiori）川は一部開渠となっているが、町なかを流れる流路の大部分は道路の下にあり、河口部には砂浜が広がっている。ミノーリの町を流れる川はかつて片側に側道が通っていたが、現在は暗渠となっており、自動車道路が覆っている（図7）。

ミノーリでは一九世紀末に暗渠化の計画が立てられたが[2]、アマルフィでは洪水対策に加えて衛生上の理由から一四世紀前半には暗渠化が進められていた[3]。すでにその頃には川の両側に建物が立ち並んでいたと考えられている。暗渠化される以前、川は谷底を走る現在の道路幅の全体を占めていたのではなく、中央、もしくは片側を流れており、その川に平行して道路が走っていたと思われる。川沿いの建物は、かつては道路との間に橋を架けて出入口を確保しなければならなかったが、現在では暗渠化により道路幅は拡大し、メインストリートに直接面することとなった。もともと低地部には大聖堂や司教館、市庁舎が建ち、商業地区が広がっていた。そこに、広幅員の道路が通ることにより、町のメインストリートとしての姿を整えていった。

市街地では谷底の平地から斜面地まで建物が密集しており、その中を巡る道として、等高線に沿った道とそれに直交する階段がある。等高線に沿った道は階段や傾斜が少なく、かつては比較的標高の高い位置を通る道が海路以外での隣町との連絡路となっていた。建物の入口もこの道に面することが多いことから、主要な道であったといえる。一方、階段は上下の道を繋ぐための副次的な道と見ることができ、町の中に段階的な街路構成が見られる。一八五三年に海岸線沿いの国道一六三号線が整備され、現在ではヴィエトリ・スル・マーレからソレント半島のメタまで自動車による通行を可能にしている。

台地上の町では尾根を通る街道に沿って建物が分散して立地しており、街道に直交するような道は少ない。市街地は線的に広がっているが、大聖堂や司教館、市庁舎などの主要な都市施設は集中して配置されており、都市内の中心拠点を形成している。

2 海港都市としての形成と発展

アマルフィ海岸は山がちな地域で、平地が少ないだけでなく可住地も狭い。しかし、そのような土地条件のなかで海とさまざまな関係を築きながら、海洋都市国家として繁栄するに至った。そこで、アマルフィ海岸の都市が海と結びつきながら、どのように形成されたかについて見ていく。

図8　ローマ時代のヴィッラ跡（ミノーリ）

居住のはじまり

アマルフィ海岸沿岸における居住の始まりについては、正確には分かっていないが、少なくとも古代ローマ時代に遡ることができる。ミノーリ、アマルフィ、ポジターノの三つの町からは、アウグストゥス帝時代のものと思われる貴族のヴィッラ（別荘）が発掘されている。この時代はラッターリ山脈の険しい道を通行するよりも、サレルノ湾を航行する方が容易であったため、いずれも海沿いに立地していると推察される。なかでも南側に砂浜が広がっている谷地の河口付近を選んで別荘を構えているのは、水の確保のためであろう。ミノーリには一九三二年に町の中心で発見され発掘調査が行われ、現在は野外博物館となっている遺構がある。谷を流れる川の水を生活用水として利用するだけでなく、水道管を巡らせて列柱廊で囲まれた中庭内の噴水や池にも引き込んでいたことが分かっている。アマルフィでは町の中心を通るピエトロ・カプアーノ通り沿いの商店の地下から、ヴィッラにあった浴場の一部が発見されている。ポジターノでも町の中心にある大聖堂の地下から見つかっており、現在も発掘作業が続いている。しかし、これら古代ローマ時代の別荘は、七九年に起きたヴェスヴィオ火山の噴火後に発生した豪雨による土石流で破壊され、地中に埋もれてしまった[4]（図8）。

その後、コンスタンティノープルからの帰航途中で嵐に遭ったローマ貴族たちが、この地にたどり着き、住み始めたのが四世紀のことである[5]。その際、海を渡ってやって来るビザンツ帝国の襲撃に備えるために、海岸沿いの高台を選んで居を構えた。険しい山が自然の防衛施設となり高台に点在していた住居は、次第に居住核を形作るようになり、現在の旧市街の原形をなした。中世初期は高台に集落が形成され、次第に海岸に近いところへ居住地を移すようになっても、町の中で比較的高い場所から集落を作り始めた。さらに高台を目指した者たちによって、この時期に山地

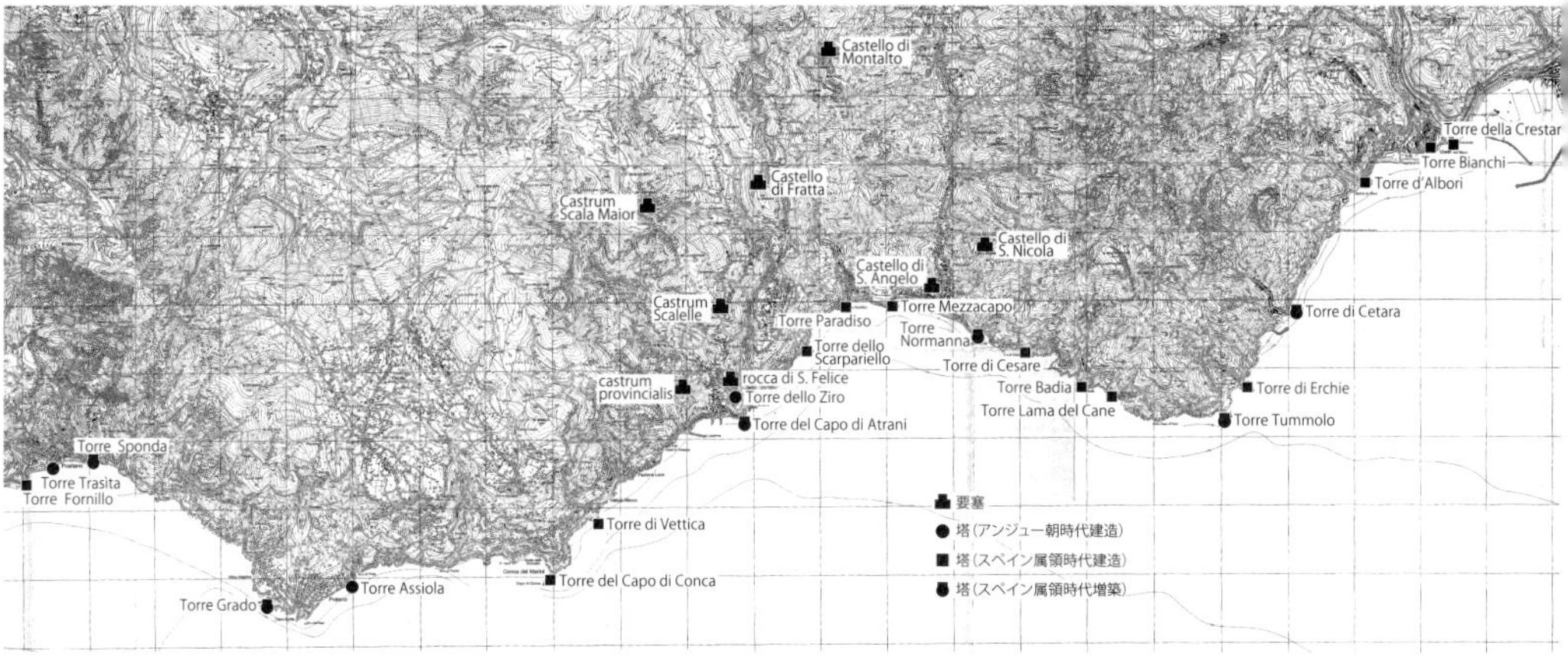

図9　アマルフィ海岸に分布する要塞と塔

にも居住地が形成され、ラヴェッロやスカーラといった町の原形となった。

そのなかでアマルフィは、五九六年に司教座が置かれ、キウィタス（civitas）の称号を冠することになったが、その頃にはすでに交易を目的として、地中海での航海を始めていた。[6]「ベネヴェントの町を占領していたロンゴバルド人が近隣の地域にいたが、彼らは航海を不得手としていた」[7]ため、背後を天然の要塞であるラッターリ山脈によって守られているアマルフィ海岸の町は、安心して海へと歩みをすすめることができた。こうして、エオリエ諸島やシチリアをはじめ、北アフリカやパレスティナへと航路を拡げていき、町も谷側へ拡大していった。八三九年にはアマルフィとその周囲の都市は共和国としての国家の形を整え始め、九五八年には元首を選出してアマルフィ公国となり、海洋都市国家として繁栄を迎えた。

要塞と塔による防御ネットワーク

都市の発展に伴い、カストルム（castrum）と呼ばれる防衛機能を備えた要塞も建設されるようになった。正確な建設年代は判明していないが、九世紀にはアマルフィの西側の高台にプロウィンキアリス要塞（castrum provincialis）が築かれていたと考えられている。海からの襲撃に備えて高台から見張るだけでなく、壁で囲繞された要塞は有事の際の避難施設としてアマルフィ市民を守る役割を果たしていた。そのほかにも、アマルフィの東側の高台にサン・フェリーチェ要塞（rocca di S. Felice）、マイオーリにはサンタンジェロ要塞（castello di S. Angelo）があっ

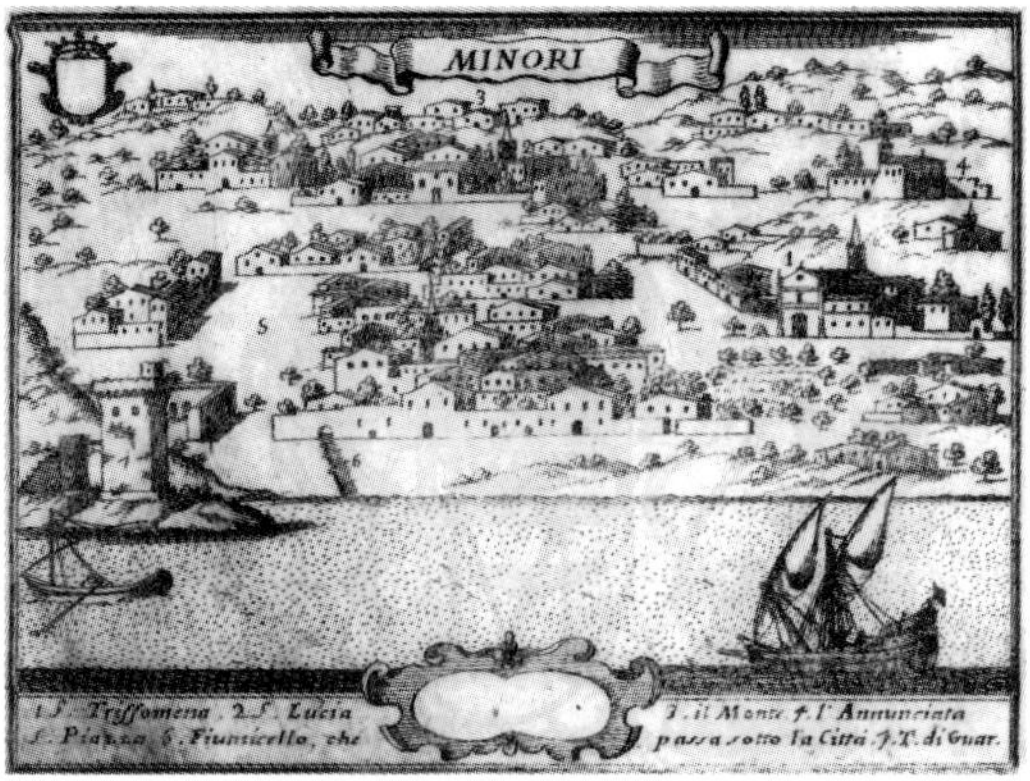

図10　海岸沿いの市壁が描かれている18世紀のミノーリの都市図（Giovanni Battista Picichelli, *Il regno di Napoli in prospettiva diviso in dodeci provincie*, Napoli, 1703）

た。さらに内陸の町ラヴェッロにはフラッタ要塞（castello di Fratta）、トラモンティにはモンタルト要塞（castrum Montalto）、スカーラにはスカラエ・マイオリス要塞（castrum Scalae maioris）とスカレラエ要塞（castrum Scalellae）が、一一三一年のノルマン人ルッジェーロ二世による征圧時には存在していた[8]（図9）。

また、一一世紀中葉から一二世紀末にかけてのノルマン人支配期には、防御のための市壁の整備が始められた。それは都市を囲繞するというよりも、天然の防御壁である険しい断崖絶壁の間を埋めるようにして建設された断続的な市壁であった。マイオーリは円筒状の堡塁を数箇所に据えた狭間胸壁のある市壁を町の海側に巡らせ、その外側には濠が囲んでいた。しかし、その市壁も強力な艦隊を持つピサ共和国による一一三五年、そして一一三七年の二度にわたる攻撃により破壊され、ラヴェッロやスカーラとともに町は壊滅的な被害を受けた。海洋都市国家の中心的存在であったアマルフィも、海上からの襲撃に備えて海岸沿いに壁を建設した。しかし、G・ガルガールによると、市壁は一三四三年一一月二五日の暴風雨で破壊され、その後も一三九五年、一四五一年、一四五四年と幾度も大時化《おおしけ》による被害を受けた。一四八〇年にはいったんすべて取り壊して再建され、一五二〇年には再び補修が施された[9]。それほどまでに、海側の防備を重要視していたと考えられる。実際、ミノーリは一八世紀初頭の都市図（図10）の中で、町の海側を市壁が覆っている様子が描かれており、近代直前まで市壁で囲繞されていたことが分かる。高台の町スカーラも、海側の斜面に塔を備えた市壁を建設していたほどである。

さらに、一三世紀のアンジュー朝による支配期には市壁だけでなく、海岸沿いに円筒状の監視塔が建てられ、海岸部の防備が、より一層固められた[10](図11)。敵の襲来を見つけると、狼煙を上げて隣の塔へと次々に知らせ、海岸部全域に伝達されていった。一六世紀のスペイン属領時代になると、厚い外壁によって構築され、屋上には大砲を構えるための狭間が設けられた多角形平面の塔が建設された(図12)。

図11　アンジュー朝支配期の塔

図12　スペイン属領時代の塔

なかには、アンジュー朝時代に建設された円筒状の塔に、矩形の増築部分で補強されたものも見られる。これらの塔は一般には「サラセン人の塔」と呼ばれており、イスラーム教徒や海賊による襲撃に対する監視を目的としていた。特に、一三世紀末に小アジアで誕生し、一五世紀には地中海に版図を広げつつあったオスマン帝国はヨーロッパの国々にとって脅威であった。そのため、スペイン属領時代のほうが建設数は多く、海岸沿いに建つ塔の間隔を狭めるようにして配置されている。

その後、役目を終えた塔は放棄され、崩壊するままにまかされていたが、一部は修復され、現在では私有の住宅[11]やホテルなどに転用されている。

港での交易と造船

アマルフィ海岸の諸都市は共和国となって以来、交易を中心とした海洋都市国家として発展していった。一一世紀には最古の海事法典「アマルフィ海法」を編纂し、海上交易を規律していたことは、それを裏付けるものといえる。その後、ノルマン朝支配期には交易範囲を縮小させられ、さらにピサ共和国の侵攻により大打撃を受け、かつての繁栄に陰りが見えたが、一三世紀後半にアマルフィの航海士フラヴィア・ジョイア（Flavio Gioia）がヨーロッパではいち早く羅針盤を使用した航海術を確立したことで、交易都市として港はいくらか賑わいを取り戻すことができた。

中世の早い段階から海洋都市として繁栄していたアマルフィには、外国の商館が置かれていた。造船所近くの砂浜には小規模な商館だけでなく、倉庫や税関も並んでいた。しかし、これらの建物も一三四三年の暴風雨によって破壊されてしまったが、税関は海岸沿いに再建された。また、砂浜には市場も開設されており、海辺は大変賑わっていたものと思われる。[12] さらに、海岸沿いのマイオーリとミノーリにも商館が置かれており、小規模ながらも交易港として利用されていた。[13]

図13　造船所跡（現在は博物館、アマルフィ）

こうした海運による都市の繁栄の背後には、造船業の発達があったものと考えられる。史料によると、アマルフィでの造船は八一〇年には始まっていたことが分かっている。[14] 中世の大型高速帆船を建造していた造船所は屋外の砂浜に置かれ、緩やかな傾斜の砂浜を意味する言葉が由来となって、スカリウム（Scarium）と呼ばれていた。[15] 砂浜の造船所はアトラーニとミノーリにもあり、主に商船を建造していた。一方、ポジターノの砂浜では、軍事用のガレー船を建造していた。[16] 中世のポジターノは都市というよりも漁村に近い存在であり、港も市街地もまだ開発段階にあったこと、また商港を持つアマルフィやアトラーニから離れていることから、軍港としての役割を担っていたと考えられる。

一一世紀末の公証文書の中にはアマルフィの造船所が建物として、西側斜面地の海岸沿いにあったことが記載され

図14　「天国の回廊」(アマルフィ)

図15　サン・エウスタキオ教会跡(スカーラ)

ており、常設の建造物として存在していたことが明らかになっている。[17] そして、一三世紀のアンジュー朝時代に尖頭交差ヴォールトの架かった天井に改築され、現在までその姿を伝えている(図13)。内部は、ガレー船が置ける幅の空間が二列並んでおり、その横に道具置き場があった。現在は一〇本の角柱が並び、約四〇メートルの奥行があるが、もともとは二〇本、もしくは二二本の角柱が並んでおり、二倍ほどの奥行きがあった。[18] かつては市壁から外へ大きく突き出していたが、一三四三年の暴風雨でその半分が破壊されてしまい、約半分の大きさとなってしまったからである。アマルフィに比べると小規模ではあるが、常設の造船所がアトラーニにもあった。しかし、同じように一三四三年の暴風雨で破壊された。[19] このような常設の造船所ができた後も海辺の砂浜は屋外の造船所として使われ続けており、アマルフィの商船の地中海航行が衰退してから二〇世紀初頭までは、主に漁船の建造や修理が行われていた。

建築文化の伝播

こうした地中海交易による交流は、商業的なものだけでなく、美術や科学、技術の面においても見られる。東方への航路拡大により、一〇世紀にはコンスタンティノープルにアマルフィ共和国の居住区が設けられ、その中には教会や修道院も建設されていたことが分かっている。そして、アマルフィの大聖堂やアトラーニのサン・サルバトーレ・デ・ビレクト教会の正面には、一一世紀後半にコンスタンティノープルで鋳造されたブロンズの扉が据え付けられている。

また、建築様式においても、他文化の影響を見ることができる。一二七六年に完成したアマルフィ大聖堂の鐘楼の頂部は、マヨルカ焼きタイルの交差アーチが並ぶ小塔で飾られている。また、同時期に上層市民の墓地として建てられた「天国の回廊（Chiostro del Paradiso）」の、対になる二本の柱によって支えられた尖頭アーチが交差する回廊なども、シチリア島のシチリア・ノルマン様式や北アフリカなどのアラブの建築様式の影響と見ることができる（図14）。この交差アーチは港町のアマルフィだけでなく、台地の上の町でも見られる。スカーラにあるサン・エウスタキオ教会（一二世紀建造）の遺構（図15）やラヴェッロのサン・ジョヴァンニ・デル・トーロ教会（九七五年創設、一二世紀に再建）の後陣の外壁も、同じような交差アーチで飾られている。また、アトラーニのサン・サルバトーレ・デ・ビレクト教会の内壁からは、ポルティコの一部であったと考えられる連続交差する三葉形アーチが見つかっている。

同様の装飾様式は、宗教建築以外にも見られる。ラヴェッロのヴィッラ・ルーフォロ（一三世紀創建）では、邸宅の中庭に面して複曲線の多弁アーチが交錯した列柱廊が巡っている（図16）。また、入口となる塔状の門には、傘状リブのペンデンティブ・ドームが架かっている。この傘状リブのドームは、ヴィッラ・ルーフォロの他に、アマルフィ

図16　ヴィッラ・ルーフォロの中庭にある交差アーチ（ラヴェッロ）

図17　アラブ風の浴場跡（アマルフィ）

とスカーラにある貴族の邸宅内に設けられていたアラブ風の浴場跡にも見られる(図17)。これら一二、一三世紀の教会や邸宅を建てたのが、地中海を舞台にして交易を行っていた商人貴族であることから、彼らによってシチリアやスペイン、北アフリカのイスラーム建築の装飾様式が持ち込まれたと考えられる。

また、こうした海洋都市としての国際性を物語る建築が、港のある中心都市のアマルフィだけでなく、台地の上の町にも分布しているのは、それらの土地にも外国との取引を行う商人がいたことを示している。ラヴェッロやスカーラは羊毛の染色業で栄え、シチリアやプーリア地方へ販路を伸ばしており、主要都市には居住区が置かれていた。実際、プーリア地方の港町バーリには、ラヴェッロ人の教会としてヴァッリサ教会(Chiesa della Vallisa)[20]が今でも旧市街の入口付近に建っており、海洋都市としてのアマルフィ海岸がもつ国際性は海辺の町だけに限られたものではないことを示唆している。

このようにアマルフィ海岸の都市は、海によって結びつけられた他者との接触によって形成されてきたといえるだろう。そしてそこには、異教徒や自然災害などに対する怖れによる閉鎖性と、他文化やフロンティアに対する開放性という二つの面を見ることができる。

3　水車による工業化

地中海交易によって東方から伝わってきたものの中に、紙とその製造技術もある。製造過程で水車の稼動は欠かせないものであったが、その動力にアマルフィ海岸の険しい河谷を流れる川の水が用いることで、川と密接な関係を築いていくこととなった。

製紙業の興隆と衰退

紀元前二世紀に中国で発明された紙は、シルクロードを介して七、八世紀にサマルカンド、バグダッドへと伝わり、一〇世紀にはカイロ、一一〇〇年にはフェズなどイスラーム教徒が居住する北アフリカ地域へと広がっていった。そして、一一五一年にはヨーロッパで初めて、イスラーム教徒支配下にあったスペインのシャティヴァに製紙工場が作られた。アマルフィもこうした地域との交易が盛んであったこともあり、一二二一年頃には紙の輸入が始まっていたと考えられている。[21] 綿のぼろ布から製造された紙は、羊皮紙に比べて安価であったため、公証人文書だけでなく、商用での利用でも急速に普及していった。次第に製品としての紙だけでなく、その製造技術も伝わり、一二七六年にキリスト教世界のヨーロッパで初めての水車による製紙工場が中部イタリアのマルケ州ファブリアーノに誕生、そしてすぐ後にアマルフィにも製紙工場ができたことが分かっている。また、一二八九年の史料では木綿のぼろ布から製造した「綿の紙」について言及した箇所があり、さらに海岸近くにあったと思われる布の売買をする「木綿の広場」で、商人たちが紙の製造のために木綿を購入したことが記されている。[22]

カトリック教会が住民の出生や死亡、宗教行事などを記録するよう各教区へ義務付けるなかで、従来使用されていた羊皮紙に代わる繊細な装飾が施されたアマルフィの紙は高い評価を得るようになり、需要は次第に高まっていった。一五世紀には、アマルフィの優れた紙を用いるためにわざわざナポリで著書を出版する外国人もいるほどの評判であった。製紙業は一八世紀に最盛期を迎え、アマルフィだけに留まらず、海岸沿いのミノーリやマイオーリ、さらにラヴェッロやトラモンティにも製紙工場が立地していた。一八六一年にはアマルフィ海岸全体で三八件の工場があり、二七〇人がそこで働いていた。[23] 原料の輸入や製品の輸出には海路が用いられ、かつて東方との交易で繁栄した海洋都市としての優位性が発揮されていた。

しかし、その時期をピークに衰退へと向かい、品質は高度であっても近代の機械化による大量生産に対応できず、伝統的な材料の使用と製造方法による生産コストや、自動車輸送の困難さに伴う流通コストの高さがネックとなり、市場でのシェアは大幅に減少し、取扱数量も減っていった。さらに、一九五四年の洪水は致命的な打撃となり、ほとんどの工場が廃業、もしくは移転を余儀なくされた。二〇世紀初頭には一五件あったアマルフィの製紙工場も、一九七〇年には三件にまで減少していった。

上流の製紙工場

アマルフィでは一四世紀から一六世紀の間に紙の需要が増すにつれて、多くの製紙工場が整備された。製造の過程で紙の原料である布を叩解《こうかい》するために木の落とし槌を駆動させる動力が必要であったが、多くの渓谷があるアマルフィ海岸では、川の水を使った水車で動力を得ていた。実際、一三八〇年の史料から既存の水車小屋が製紙工場に転用されていったことが確かめられるように[24]、谷の低地を流れる川に近いところに工場が立地していた。この水車小屋は、もともと毛織物工場として羊毛を縮絨《しゅくじゅう》してフェルト化する際、木槌で打ちつけるために用いられていたもので、それを製紙工場に転用したものと思われる[25]。

　アマルフィには現在も遺構が残っており、さらに記録の上でも製紙工場であったことが判明しているものは一三件あって、そのすべてがかつての市門、オスピタリス門（Porta Hospitalis）から先の市街地外に立地している（図18）。これらは川沿いに建っているが、一九世紀初頭に描かれた絵画や二〇世紀初頭の写真を見ると、川面に水車の姿は見られない（図19）。現在は博物館「紙のミュージアム（Museo

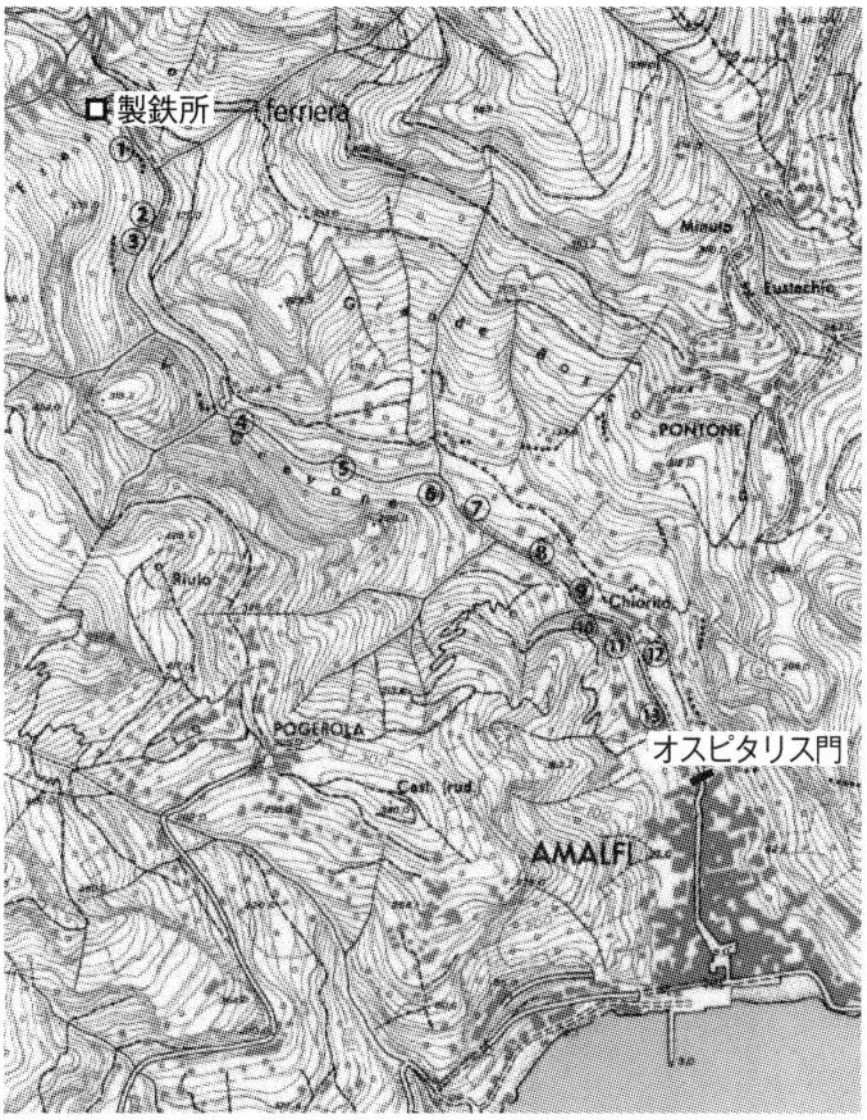

図18　アマルフィの製紙工場の分布

della Carta)」となっているミラノ家の製紙工場やその他の工場の遺構、および一九世紀の図面史料を見ると、水車を動かす水力は川の水流によるものではなく、用水路を使って建物の中にまで引き入れた水によるものであることが分かる(図20)。その水で水車を回し、オルゴールのように延長した軸部のシリンダーの表面に取り付けられた突起が木の落とし槌を跳ねあげ、その落下で下の水盤に入れたぼろ布を叩き解きほぐした。叩解された布の繊維が混じった水は大きな石の漉き船に溜められ、そこで木枠の簀桁《すけた》を使って漉く。そして、漉き上げた紙をフェルトで挟んで重ねていき、上から圧力をかけて水分を絞り、それを一枚ずつ剥がして乾燥させるという方法で製造されていた。

水車を動かし、紙漉きの水盤に水を溜めるために引かれた用水路は、建物の脇の川からではなく、緩やかな勾配を保ちながら上流から引いてきている。それをいったん建物の外に設けた貯水槽に溜めて、堰板を開くことで水車を稼働させる水力を得ていたのである。そのなかでも、アマルフィ海岸で見られる特徴的な形式が、円塔状の取水口を屋上に持つ水車小屋である。建物よりも高い位置を通る水路は、屋上から延びる円塔に繋がり、そこから垂直に水を落

図19　アマルフィの製紙工場を描いた19世紀の絵画（出典：Gregorio E. Rubino, *Le Cartiere di Amalfi : Paesaggi protoindustriali del Mediterraneo*, Giannini Editore, Napoli, 2006）

図20　製紙工場の水路と取水口（アマルフィの製紙博物館）

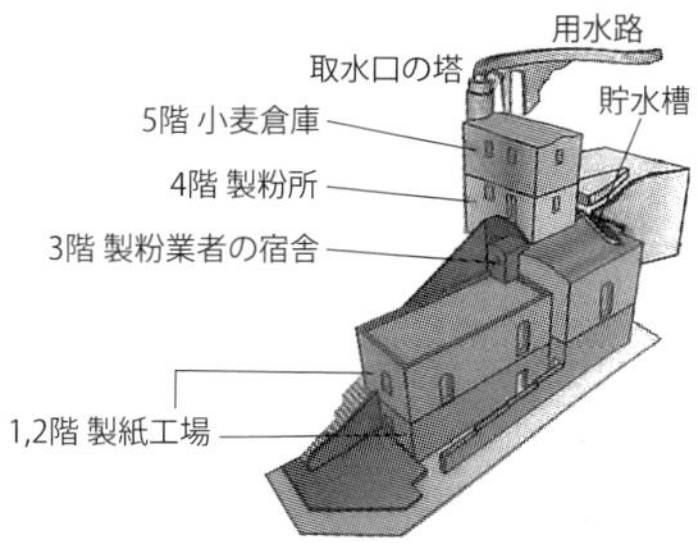

図21　フローレのヴィヴィアーニ製紙工場
（出典：Gregorio E. Rubino, *Le Cartiere di Amalfi : Paesaggi protoindustriali del Mediterraneo*, Giannini Editore, Napoli, 2006）

図22　製紙工場の屋上にある取水の円塔と水路（フローレ）

下させることにより、動力を得る仕組みになっていた。

アマルフィとポジターノの中間にある小さな町フローレには、河口から湾の奥まで非常に狭く、細長いフィヨルド状の谷がある。その谷にある二つの製紙工場のうち、河口付近にあるヴィヴィアーニ製紙工場[26]（Cartiera mulino Viviani）は、この円塔状の取水口を持つ五階建ての製紙工場である（図21）。L字型平面で、長辺側は二階建て、短辺側は五階建てで、短辺側の建物の方が上流側にある。そして、岩壁に沿って用水路を作り、上流から用水を引いている（図22）。この製紙工場は、L字短辺側の四層目に製粉所、五層目に小麦の倉庫を併設しており、水はまず四層目の製粉所に落とされて、挽臼を回すために使われた。谷底には川が流れ、わずかな川岸に建つ建物の背後には険しい崖が切り立っており、貯水槽を設けるスペースがない。そこで、用水はいったん建物の外に排出されて、L字の交差部の建物の屋上に設けられた貯水槽に溜められ、そこから叩解機のある一階の製紙工場に送られていたのである。

さらに上流の斜面には、円塔を持つ水車小屋が二つ近接して立地している。高い位置にある水車小屋は、崖に沿って延びる水路を流れてきた用水を円塔から取り込み、一階から外へ排出する。その水は再び用水路を通り、低い位置にあるもう一つの水車小屋の円塔へ流れていく（図23）。そして、この水車小屋で利用された後、さらに用水路を流れて水道橋で川を横断し、前述のヴィヴィアーニ製紙工場の円塔へと進んでいく。このように、上流から引い

図23　別の水車小屋と取水の円塔を繋ぐ水路（フローレ）

図24　パスタが干されている1915年頃のアマルフィのドージィ広場（出典：Maurizio Apicella, *IMMAGINI E MEMORIA. Costa d'Amalfi 1852-1962*, Costa d'Amalfi edizioni, 2012）

てきた用水は一箇所の工場が占有するのではなく、いくつもの水車小屋、製紙工場で共用されるのが一般的であった。

市街地の製粉工場

水車は製紙業だけでなく、日常食であるパンの製造のために用いる小麦の製粉にも使われていた。一五世紀には、水車小屋のなかったナポリでは人口の増加によって小麦粉の需要が増し、それに伴いアマルフィ海岸の町は製粉業が盛んになった[27]。さらに一六世紀には、自ら製粉した小麦粉を使ったパスタの製造が主要な産業の一つとなっていった。しかし、製造の過程で天日に当てて干す必要があることから、木々の多い川の上流は不向きであった。そのため、製粉業は川の水量が比較的多く、川が旧市街の中を流れている町のなかで発展した。もともと、河口部で発展した町は川の氾濫を考慮して、低地には住居ではなく、工房や商店が取り囲む広場が置かれていたため、こうした広場や河口の砂浜はパスタを乾燥させる格好の場所として利用された（図24）。しかしその一方で、急な斜面が多いアマルフィ海岸では耕作が可能な面積は非常に小さく、原料である小麦の調達は他の地域からの輸入に頼らざるを得なかった。実際、一七九〇年の文書には、プーリア地方から長く、困難な海路を進み、ミノーリに小麦を運んできたことが記されている[28]。

一九世紀初頭には生産量が増大し、石臼の数に関しては一八一一年の史料によると、アマルフィには大きいものが一七個で小さいもので九個、アトラーニで大が八個で小が二個、ミノーリで大が八個で小が一七個、マイオーリでは合計で一五個あったことが分かっている。[29] しかし一九世紀後半になると、産業革命の影響を受け、動力となる用水が確保できる河谷という地形のメリットを、輸送面でのデメリットが上回り、製紙業と同様に次第に衰退していった。

製鉄所と発電所

アマルフィのカンネート川を製紙工場が点在する一帯からさらに上流へ進むと、一五世紀の製鉄工場の遺構を見ることができる。この製鉄工場は、一四六一年にアラゴン家のフェルディナンド王（Re Ferdinando d'Aragona）が、アマルフィ公のアントニオ・ピッコローミニ（Duca Antonio Piccolomini）のもとへ嫁いだ娘のマリアに贈ったものである。[30] 水路を使って取り込んだ川の水を落下させることによって風を生じさせ、空気を炉内に送り込んで温度を上げて鉄鉱石を真っ赤な塊鉄にした。さらにその水を使い、製紙工場と同じ要領で水車を回して木槌を動かし、熱い塊鉄を叩く鍛造の作業を行っていた。[31] そのほかにも、一九世紀前半に作られた水力発電所がカンネート川の川岸に建てられている。

このように、アマルフィ海岸は海洋都市としては衰退した後も、製紙業をはじめとする水車を用いた産業によって地域経済が支えられ、水と密接に結びつきながら発展していったのである。

まとめ

崖が海まで迫っているアマルフィ海岸は、アマルフィを中心とする中世海洋都市として知られているが、中世初期においてはむしろ海を見下ろす台地上から集落形成が始まった。そして、海岸一帯に防衛拠点の要塞を作り、海岸沿いに見張り塔を配置して広域の防衛システムを構築していくことで、防御設備の市壁を局所的に備えていながら、河谷の河口部に近いところで経済活動を展開し、都市化を進めていった。こうして、地中海へと大きく船を進め、海洋都市国家として繁栄を迎えることとなった。

その地中海交易のなかでアマルフィに持ち込まれた紙と製紙技術は、衰退していく海洋都市を産業都市へと変えていった。製紙工場や製粉工場の水車を駆動させたのは、アマルフィ海岸の町を陸の孤島にしているラッターリ山脈の渓谷を流れる川の水であった。そして、市街地は河口部に形成されており、水量があり、勢いよく流れている上流は工場の立地に適していたこともあり、海沿いの町では製紙業をはじめとして、水車を用いた製粉やパスタ製造が盛んになったのである。

このように、可住地面積の決して広くない山がちなアマルフィ海岸の地形が、地域や都市の形成だけでなく、産業構造にも大きな影響を与えていることが明らかになった。そして、台地の上の要塞集落が地中海交易に乗り出して、海辺に海洋都市を形成し、その後、渓谷の水車による製紙業や製粉業でも栄えたことから、海と川という二つの水と強く結びつくアマルフィ海岸の姿が見えてきた。

注　記

（1）共和国時代の都市施設や交易に関する史的研究は、アマルフィ文化歴史センター（Centro di Cultura e Storia Amalfitana）の活動が推進力となり、多くの研究蓄積がある。一九八一年から研究誌を刊行しており、現在は四七号まで発刊している。

（2）Comune di Minori, *MINORI: antica rheginna minor storia arte culture*, *IMMAGINI*, De Luca Editore, Salerno, 2006, pp.41-66.

（3）Giuseppe Gargano, *La Città Davanti al Mare: aree urbane e storia sommerse di Amalfi nel medioevo*, Centro di Cultura e Storia Amalfitana, 1992, p.64.

（4）a cura di Nicola Franciosa, *La Villa Romana di Minori: antica rheginna minor*, Pro Loco Minori, 2004, p.17.

（5）Giuseppe Gargano, *op. cit.*, 1992, pp.21-22.

（６） Giuseppe Gargano, *op. cit.*, 1992, p.22.

（７） Giuseppe Gargano, *L'arsenale di Amalfi: Il cantiere navale della Repubblica Marinara*, Centro di Cultura e Storia Amalfitana, 2010, p.7.

（８） Lucio Santoro, "Torri e fortificazioni della costa di Amalfi", *La costa di Amalfi nel secolo XVIII: Incontro prosso dal Centro di Cultura e Storia Amalfitana (Amalfi 6-8 dicembre 1985)*, II, Centro di Cultura e Storia Amalfitana, 1988, pp.925-937.

（９） Giuseppe Gargano, *op. cit.*, 1992, p.43.

（10） Lucio Santoro, *op. cit.*, 1988, pp.925-937.

（11） ポジターノのフォルニッロ塔はイタリア未来派の作家ジルベール・クラヴェルが修復、改築を施した住居である（田中純『冥府の建築家　ジルベール・クラヴェル伝』みすず書房、二〇一二年）。

（12） Giuseppe Gargano, *op. cit.*, 1992, pp.51-58.

（13） Giuseppe Gargano, *op. cit.*, 1992, pp.55-56.

（14） Giuseppe Gargano, *op. cit.*, 2010, p.13.

（15） Giuseppe Gargano, *op. cit.*, 1992, pp.52-54.

（16） Giuseppe Gargano, *op. cit.*, 2010, p.13.

（17） Giuseppe Gargano, *op. cit.*, 2010, p.17.

（18） Giuseppe Gargano, *op. cit.*, 2010, p.18.

（19） Giuseppe Gargano, "La Topografia di Atrani Medievale", *Rassegna del Centro di Cultura e storia Amalfitana*, n.s., a.V, dicembre 1995, Centro di Cultura e Storia Amalfitana, pp.118-119.

（20） Vito A. Melchiorre, *Bari Antica*, Adda Editore, 1980, p.86.

（21） a cura dell'Arch. Anna De Iuliis e Rag. Gaetano Civale, *Un Molino della Carta a Pucara*, L'Antica Catiera Amalfitana s.r.l., Tramonti, 1987, pp.9-16.

（22） a cura di Aniello Gentile, *Cartiere di Amalfi*, Societá Editrice Napoletana, 1978, p.7.

（23） Giusepe Imperato, *Amalfi: Il Primato della Carta*, Edizioni De Luca, Salerno, 1984, pp.47-48.

（24） Giuseppe Gargano, "La Topografia di Amalfi nel secolo XVIII", *La costa di Amalfi nel secolo XVIII: Incontro prosso dal Centro di Cultura e Storia Amalfitana (Amalfi 6-8 dicembre 1985)*, II, Centro di Cultura e Storia Amalfitana, 1988, p.1076.

（25） Gregorio E. Rubino, *Le Cartiere di Amalfi : Paesaggi protoindustriali del Mediterraneo*, Giannini Editore, Napoli, 2006, p.27.

（26） 一八五六年にフローレのジュゼッペ・ヴィヴィアーニ Giuseppe Viviani の手に渡ったが、それ以前はアトラーニの製紙業者、ボナヴェントゥーラ・フェッリーニョ Bonaventura Ferrigno が所有しており、ブルボン朝時代の不動産台帳と水槽に一八三六年と刻印されていることから、その時期に建設されたものと思われる。なお、現在はフローレ市役所によって修復され、このフィヨルドにおけるエコミュージアムの活動拠点となっている。*Ibid.*, p.72.

（27） Roberto Fusco, "La produzione delle paste alimentari", *Le arte dell'acqua e del fuoco: Le attività produttive protoindustiali della Costa di Amalfi*, Centro di Cultura e Storia Amalfitana, 2004, pp.68-71.

（28） a cura di Gerardo Sangermano, *MINORI Rheginna Minor: Storia arte culture*, De Luca Editore, Salerno, 2000, p.164.

（29） *Ibid.*, p.163.

（30） Vincenzo Mercurio e Giuseppe Cavallarin, "L'antica Ferriera di Amalfi", *Rassegna del Centro di Cultura e Storia Amalfitana*, N.18, Centro di Cultura e Storia Amalfitana, 1989, p.89.

（31） *Ibid.*, pp.93-95.

研究動向

イタリアにおける都市・地域研究の変遷史

――チェントロ・ストリコからテリトーリオへ

植田　曉

はじめに

我が国に到来した幾度かのイタリアブームのなかでも、一九八〇年代の中頃以降、私たちは手仕事、デザイン、地産地消、食の安全、そしてスローフードなど、多くの価値観を共有していることを知り、ある時は学んだ。今や日本の大都市の方が、こうした産品が一度に多く集まる機会、目に届く機会は多い。しかし根本的なところでイタリアになかなか追いつけない。これらの産品を生み、育て、消費する循環を肌で感じる暮らしである。イタリアには人の営みとその環境をあらわす、パエーゼ（paese）という魅力的な言葉がある。故郷の、ときにはまち、ときには田園、そしてその双方をもさす。この言葉から派生した景観を意味するパエサッジョ(1)（paesaggio）には、そこで暮らす人の息づかいを感じられる。歴史的な市街地＝チェントロ・ストリコ(2)（centro storico）でおくる現代的な都市生活でも、見事なパエサッジョを愛でる田園の生活でも、この循環を感じることができる。そして小規模なチェントロ・ストリコと田園の関係は今でも、地域＝テリトーリオ(3)（territorio）の豊かな全体像そのものである。

イタリアは我が国と同様、近代的な価値観や技術の浸透とともに、歴史的環境を失った。第二次世界大戦では、我が国以上に国土が荒廃した。まちの荒廃と田園の衰退にたいする危機意識から、今日につながる歴史的環境の再生を意識したのは一九四〇年代以降、具体的な施策が伴ったのは一九五〇年代後半以降のことである。一九七〇年代にはチェントロ・ストリコで暮らす哲学が実践に移され、一九八〇年代中期には田園回帰が始まった。

本稿では、一九七六年に陣内秀信により初めて紹介された歴史的なまちなみの保存活用から、[4] 一般市街地や田園環境の再評価、[5] 二一世紀に展開をみせた歴史的テリトーリオの魅力を生かした地域再生までを俯瞰するものである。

1　都市の思想の転換・その胎動期

歴史的環境喪失の一〇〇年

チェントロ・ストリコや田園のパエサッジョ、両者の密接な関係を結んでいたテリトーリオにたいするイタリア人の関心は、生活環境の近代化とともに遠のいたと考えて良いだろう。なかでもウォーターフロント、特に河川環境に背を向けた時期は早かった。近代の幕開けとともに陸上交通が急激に発達し、イタリア統一直後から水害をはじめとした災害対策、衛生という観点による都市基盤整備、為政者による都市改造＝ズヴェントラメント（sventramento）、そして第二次世界大戦時の空襲による破壊を通して、チェントロ・ストリコは著しい変容を遂げた。

大戦終結後は、欧州復興計画＝通称マーシャル・プランを背景に、イタリア経済が急速に復興したものの、社会と生活環境には大きなひずみが生じた。新しい国土計画、州域調整計画は[6]一向に進まず、十数年を経た後にも戦前に整備されたインフラストラクチュアが利用されていた。チェントロ・ストリコから住民が、田園から働き盛りの世代が流出し、スラム化や過疎が起こった。彼らの受け皿となった都市の郊外で、田園や白地が開発され、新市街地が造成された。大都市圏では人口の急増による住宅不足が顕著となり、違法な住宅建設は社会現象ともなった。[7]

戦前から戦後にかけた歴史的市街地や田園の変容、自然破壊を危惧する声は少なくなかった。一九二〇年代には伝統的な建造物や美景の保存を巡る議論が生まれた。哲学者ベネデット・クローチェの強力な推進により、景観を守る国の法律が、イタリアで一九二二年に初めて施行され、一九三九年には自然美保護法（第一四九七号）として再編された。同年には文化財保護法（第一八〇九号）も制定された。中央修復研究所が美術評論家ジュリオ・カルロ・アルガンとチェーザレ・ブランディにより設立されたのもこの年である。都市計画の分野でもグスタヴォ・ジョヴァンノーニが、記念物に相当する建築を囲む背景として、歴史的なまちなみを部分的に保存する「刈り込み＝ディラダメント（diradamento）」という方法を提唱した。[8] ジョヴァンノーニによるトスカーナ州シエナ市、技師ルイジ・アンジェローニによるロンバルディア州ベルガモ市のチェントロ・ストリコ保存活用も、わずかな前例ながら実践された。

芸術的価値としてのチェントロ・ストリコ、人文地理への関心、テッスート・ウルバーノの提唱

チェントロ・ストリコそのものが評価の対象となったのは、一九四二年法第一一五〇号[9]（都市計画法）が制定されたわずか二年後のことだった。全国都市計画協会[10]の理事らの連名により、歴史的芸術的街区＝チェントロ・ストリコ・アルティスティコという表現が初めて用いられ、歴史的市街地そのものが芸術的に価値ある存在として宣言された。[11]

同協会はチェントロ・ストリコや歴史的な地域＝テリトーリオ・ストリコ（territorio storico）を評価する法整備の道筋づくり、都市計画手法、海外事例、全国の分析といった多角的な研究を精力的に進めた。それらの成果を機関誌『ウルバニスティカ[12]（*Urbanistica*）』に次々と発表した。一九五〇年には二つの貴重な論考が相次いで提唱された。1．ブルーノ・ニーチェにより都市計画に人文地理学的視点を導入することを促し、景観やテリトーリオの制御の必要性を訴えた「地理学と都市計画」が発表された。[13] 2．フランスの都市計画家ガストン・バルデにより「都市組織＝テッスート・ウルバーノ（tessuto urbano）」という概念が提唱された。[14] バルデはカタスト[15]によって、空間と社会的経済的側面を関連づけうること、村から大都市までその規模を問わず、市街地全体の特性として俯瞰しうると唱えた。テッスート・ウルバーノという都市を読む手法は、チェントロ・ストリコの再生の突破口として応用されていった。それは第二次世界大戦で荒廃した都市の中心の再生をテーマとした一九五一年のＣＩＡＭ会議よりも早かった。

グッビオ憲章前夜、イタリア・ノストラの設立とチェントロ・ストリコの先駆的保存活用

大小のチェントロ・ストリコ、農業地域のパエサッジョの保存活用に向けた専門的な議論は、一九五〇年代の早いうちから、建築史、都市計画、芸術の分野を横断して一気に開花した。一九五六年にはアントニオ・チェデルナ、エレーナ・クローチェらによって「イタリア・ノストラ」が設立された。[16] ローマ市のチェントロ・ストリコの保護をはじめ、歴史的な遺産と美景の保護、世論の啓発を推進した専門家集団だった。一九五七年は、ジャーナリズムがチェントロ・ストリコの課題を積極的に取り上げるようになった転換の年だったという。[17]

都市計画法は施行から一〇年以内に都市マスタープラン(PRG)を策定することをコムーネに義務付けたものの、実現されなかった。そこで国は一九五四年に、計画策定に時限を付けて義務化した。[18] 当時は全国に約七八〇〇あったコムーネから、さまざまな規模のチェントロ・ストリコを有する一〇〇都市、翌年には二六〇都市が選ばれ、これらの都市のマスタープランが、一九五〇年代後半から約一〇年の間に、次々と施行された。都市計画法に施行令が無かったため、都市計画家一人ひとりが自身の手法を展開する機会となった。多くの計画が啓発的な意図のもとに推進したのは、チェントロ・ストリコを都市機能の中心に据えた、職住近接型の保存活用だった。[19] なかでもジョヴァンニ・アステンゴはアッシジ市の都市マスタープラン(一九五八年)を通じて、チェントロ・ストリコの保存活用、田園景観の保全を計り、双方の空間的結びつきを維持すべく、新市街地を十分に離れた立地へ誘導するモデルを生み出した。[20]

2 都市の思想の転換・研究と実践に向けた体制づくり

(1) 研究対象としてのチェントロ・ストリコ

チェントロ・ストリコを芸術的存在とした宣言の直後に、エグレ・トリンカナートが記した『ヴェネツィアの小住宅』は、歴史的な市街地を研究した先駆けとされる。[21] ただしこの著書は当時の建築界において、孤高の存在であり、

一九五〇年代には他の分野における研究が先んじた。[22] トリンカナートにつづく研究が本格化し、一気に進んだのは、一九六〇年代から七〇年代である。これらの研究には次の三つの傾向があったという。[23] 1. 特定の時代における一つの都市の形成史、[24] 2. 一つの都市の時系列的な形成史、[25] 3. 複数の都市の形成通史。[26] いち早くチェントロ・ストリコを一つの有機体として読み解くことに関心を向けたのが、サヴェリオ・ムラトーリだった。

ムラトーリはバルデの提唱したテッスート・ウルバーノをチェントロ・ストリコの全体像を探求する手法として発展させた。建築類型学＝ティポロジア・エディリツィア（tipologia edilizia）を基本とし、地割り、街区の形態、道、オープンスペース等から構成される都市空間を、建造物群から地区、地区からチェントロ・ストリコという、異なるスケールを比較しながら整合させ、分析することに力点を置いた。一九五〇年からヴェネツィア市のチェントロ・ストリコ、次いでローマ市でも取り組んだ研究を通じて、建造物は残らずとも、テッスート・ウルバーノは時代を通じて存続するという原則を実証しえた。[27] 彼が編み出した手法は、後のイタリア建築界に大きな影響を与えた。

ムラトーリの研究から派生した潮流は、三通りに分類されるという。[28] 1. パオロ・マレット、[29] ジャンフランコ・カニッジャら[30]による、建造物の形成過程を踏まえて、その空間配列の類型化を図る研究の流れ。彼らは直系ともいえる研究手法から、ムラトーリ学派と呼ばれている。2. ピエロ・ピエロッティ、オスカー・マルキらによる建設技術や社会的与条件も踏まえた類型化の流れ。3. カルロ・アイモニーノと、その共同研究者だったアルド・ロッシによる都市形態の分析と建築類型を組み合わせた市街地の分析、である。[31] 分析的、構造的な表現を用いるムラトーリ学派にたいし、建築意匠の実践家だったアイモニーノ、ロッシは造形的、視覚的な意味合いを想起させる表現を用いた。彼らは都市の全体像を都市形態＝フォルマ・ウルバーナと呼んだ。

社会派都市計画家の旗手マルチェロ・ヴィットリーニは、イタリア全土の都市や田園に足を運び、各地の問題を浮き彫りにした。チェントロ・ストリコの立地と規模、当時の社会的背景から、都市が抱える課題を四つに分類し、それを元に多くの都市で計画を策定し、制度や政策を提案し、教鞭をとる大学では実践的な卒業論文を指導した。[32]

一九六〇年代に入ると、人の認識や感受性の目線に立った新しい理論が海外からもたらされるようになった。[33]公共空間の認識論を展開したケヴィン・リンチによる、市民が都市に対して抱く共通認識『都市のイメージ』[34]を考慮するという着眼点は、イタリアで新鮮に受け止められ、テッスート・ウルバーノの理解に新たな側面をもたらした。後にスプロール地区のマネージメントの必要性、都市のエコシステムにテーマを広げた[35]リンチは、具体的な策を論ずるものではなかったが、幅広い見識により課題を整理した点で、イタリアでつねに高い評価を得ていた。シークエンスという考え方を提唱したゴードン・カレンはリンチよりも早く注目を浴びていた。とくにパエサッジョ・ウルバーノという題名で紹介された彼の著書『都市の景観』[36]は、一九八〇年代後半になって、その先見性を再評価された。

（2）チェントロ・ストリコの保存活用に向けた国の体制づくり アンクサ（ANCSA）の設立とグッビオ憲章、その後の展開

全国都市計画協会、イタリア・ノストラにつぐ、チェントロ・ストリコの保存活用を推進する第三の団体が、ジョヴァンニ・アステンゴを中心として一九六〇年に設立された全国歴史芸術都市保存協会[37]（ANCSA）である。都市計画家、弁護士、政治家といった多岐にわたる専門家と地方自治体から構成される、ユニークで実践的な専門家組織だった。設立大会で採択された、開催地名を冠した「グッビオ憲章」[38]は、建造物の保存＝コンセルヴァツィオーネ（conservazione）、修復＝レスタウロ（restauro）、ライフラインの近代化＝リサナメント（risanamento）といった手法を明記し、チェントロ・ストリコの保存活用を方向付けた。一九六二年以降、ANCSAは次々と提言を発表した。[39]

一九六四年は国外的にも国内的にも節目の年となった。歴史的な記念物・建造物・遺跡の保護を推進する国際会議が開催され、「記念建造物および遺跡の保全と修復のための国際憲章」＝通称ヴェネツィア憲章[40]が宣言されたことが、翌年の国際記念物遺跡会議[41]（ICOMOS）の設立と、ヨーロッパ建築遺産憲章が公布に結びついた。国内的には文化財省が、チェントロ・ストリコやパエサッジョも含む、イタリア全土を対象とした文化財調査に着手した。

都市計画の分野では、一九五〇年代に策定された都市マスタープランによる啓発が功を奏し、用途別のゾーニングの一項目を歴史的市街地とする考えが制度設計に反映された。一九六七年に制定された改定都市計画法第七六五号＝通称橋渡し法と翌年の省令第一一四四号によって、チェントロ・ストリコがA地区、第二次世界大戦前までに完成された街区がB地区と定められた[42]。一九七一年には都市計画法と低廉庶民住宅法（一九六三年一六七号）を見直した第八六五号＝通称公共住宅改革法が定められ、チェントロ・ストリコを保存活用する体制づくりが整った。文化財としてのみ評価されていたチェントロ・ストリコが、国民の生活の場として制度化されたことは画期的だった。

3 都市の思想の実践・チェントロ・ストリコからチッタ・ストリカへ

（1）チェントロ・ストリコ保存活用の展開

庶民生活の保護にはじまったチェントロ・ストリコ保存活用

一九七三年にはボローニャ市のチェントロ・ストリコで、ピエール・ルイジ・チェルヴェッラーティの指揮のもと、画期的な公営住宅供給事業が実施された。郊外で用地を買収した上で新築されるのが常とされていた低廉庶民住宅計画[43]（PEEP）の事業枠を利用し、歴史的な市街地に残る低所得の住民や零細経営者層の建造物を再生＝レクーペロ（recupero）し、リサナメントを施すシナリオだった[44]。チェントロ・ストリコ全体を対象とし、一棟ごとの住宅を類型化する手法は、ムラトーリ学派の手法を引用した[45]。土地と建物の利用を食住近接という社会構造を支えるものに制限し、一時的に移転した住み手や経営者を呼び戻し、生活や営業を再開する選択肢も準備した。社会的弱者からなるコミュニティを切り捨てない政策によって、チェントロ・ストリコのスラム化という最悪の事態を防いだこの手法は統合的保存と呼ばれ、瞬く間にイタリアの公共住宅供給の手法となり、中規模都市としてはブレシア、コモ、パヴィア、フェッラーラ、ベルガモ、ヴェネツィアなど、大都市ですらローマ、トリノで採用された。

ボローニャ方式はローマ市において進化した。一九七六年には美術評論家ジュリオ・カルロ・アルガンが市長となり、チェントロ・ストリコ事業特別事務局[46]（ＵＳＩＣＳ）を新設した。縦割りとなった庁内の各部署を連携させ、無駄なく迅速にチェントロ・ストリコの保存再生を図る市長直属の組織だった。この事務局の設立により、ローマ市は大都市でありながら、歴史的な市街地の保存活用の先進地となった。その取り組みから初代局長となったヴィットリア・カルツォラーリによる考古学的保存、カルロ・アイモニーノによる戦略的保存という、ふたつの手法が生まれた。アイモニーノは出版にも力を入れた[47]。チェントロ・ストリコの再生手法を検討した機関誌『ローマチェントロ』を刊行した。次期局長によって実現された修復マニュアル[48]の提案は、より重要だった。すでに多くの技術が損なわれ、職人の高齢化により消えつつある歴史的建造物に利用された技術は、修復学の第一人者パオロ・マルコーニにより記録され、マニュアルとして編纂された。このマニュアルづくりは、他のコムーネにも瞬く間に普及した。

チェントロ・ストリコの質の向上へ

一九八〇年代には、ボローニャ方式に次ぐ新たなステップが問われ始めた。この頃から再評価＝リクアリフィカツィオーネ（riqualificazione）という用語が頻繁に使われるようになった[49]。歴史的な市街地でコミュニティを保存する政策に加え、都市の公共空間としての魅力や潜在力を、より自由な発想から活用する都市経営へ舵を切った。一九八五年にブルーノ・ガブリエッリがチェントロ・ストリコを再評価し、マネージメントの体制をつくる必要性[50]を唱えたのを境に、都市空間を制御する手法も、チェントロ・ストリコと周辺の一般市街地の融合を計る方向、チェントロ・ストリコの質を高める方向、単体の建築に起爆剤としての可能性を委ねる方向など、多様な展開を示した[51]。

最初の成果は、公共空間に求められる現代的なニーズを、都市の調度＝アレード・ウルバーノ（arredo urbano）と呼ぶ、イタリア独自の都市デザイン手法によって解決する取り組みだった。この頃には不動産取引のマーケットは、チェントロ・ストリコを魅力溢れる居住環境として活用できるほど成長していた。住宅取引は公的供給より付加価値の高い民間の修復済み物件が好まれるようになっていた[52]。街路に面した店舗や飲食店も増え、まちは華やかになった。

市民に開かれた公共の場に求められたのは、チェントロ・ストリコの歴史性と共存し、テッスート・ウルバーノに影響を及ぼすことのない、現代的なニーズに応えうる新しいデザインだった。「ローマの一〇〇の広場[53]」プロジェクトでは、いくつかの由緒ある広場が見事に整備された。特にポポロ広場は一八四八年に完成して以来、初めて車輌を完全に閉め出し、安全な歩行者空間として市民に開放された。同じ時期に完成したアントニオ・テッラノーヴァによる、トレヴィの泉からパンテオンに続くバリアフリーの街路は、チェントロ・ストリコにおける歩行者空間の標準仕様となり、今日も着実に面的な広がりをみせている[54]。アレード・ウルバーノという概念は、抽象的である故に、幅広い都市改修を受け止める。よりシークエンシャルなパエサッジョ・ウルバーノの事業化に向けた胎動ともいえた。中小規模のチェントロ・ストリコでは特に、アレード・ウルバーノの整備が公共の場に与えるインパクトは大きかった[55]。

(2) チェントロ・ストリコと一般市街地の融合に向けて

一般市街地における先駆的実践と戦略的研究

一般市街地、二〇世紀前半に開発された工業地帯、市街地の縁辺部が、遠からず大きな課題となることは、一九七〇年代には指摘されていたものの、多くの州では開発の速度が上回り、有効に制御することはできなかった。この課題にいち早く取り組んだのは、第三のイタリアの代表格であるエミリア・ロマーニャ州のコムーネだった[56]。なかでもレッジョ・エミリア市の都市マスタープランに継続的に関わったジュゼッペ・カンポス・ヴェヌーティが水のネットワークの形成、都市公園と緩衝緑地を複合させた大規模な緑地の形成を提唱し、エコロジカルなまちづくりの実践に腐心したことは注目に値する。マルチェッロ・ヴィットリーニはラヴェンナ市で、重化学プラントの誘致を阻止し、チェントロ・ストリコの市壁に倣い、市街地の周囲に緑地を誘導し、スプロールの制御、田園の保護と都市環境の保全を計った。

一九八〇年代にはイタリア全土のコムーネの都市施設や公共の核施設、交通の拠点など、公共整備すべてのバランスが悪く、地域間のネットワークも不合理きわまりない一般市街地ができあがっていた。近代化遺産と呼ばれた二〇世紀初頭に建設された工業施設さえも取り囲まれるほどの広がりだった。個性がないばかりか、魅力溢れるチェントロ・ストリコと田園の間にあって、都市の全体像を曖昧にする市街地を、冗漫な市街地＝チッタ・ディフーザ（Città diffusa）と呼ぶようになり、新たなまちづくりの課題となった。

一九八五年にはブルーノ・ガブリエッリ、パオラ・ファリーニ、アントニオ・テッラノーヴァが、市街地再評価プログラム（ＰＲＵ）[57]という新しい都市計画手法[58]を研究した。翌年にはその結果がＡＮＣＳＡによる新しい事業形式として国に提言し、立法化された。この手法は一九八〇年代末から多くの都市で、チッタ・ディフーザの整備に活用された。同じ頃にファリーニは、都市全体の四課題とチェントロ・ストリコの五課題を提唱した[59]。ＡＮＣＳＡの大会において、ファリーニによる課題が盛り込まれた新しいグッビオ憲章九〇が採択された。一九九〇年には、今後の課題として、テリトーリオ・ストリコの文化的アイデンティティを考察すること、チェントロ・ストリコと既成市街地を一体に捉え、歴史的な遺産の価値を再認識していくこと、が宣言された。それまでは単に行政界をさしていたテリトーリオという言葉に、グッビオ憲章九〇は明らかに、地域に広がる歴史性という意味を委ねていた。

建築の修復からテッスート・ウルバーノの再生へ

都市の公共空間がさらに充実し、水の復権という時代の要求とも重なり、一九九〇年代にはウォーターフロントの商業・住居混合地区としての再開発が進められた。ジェノヴァ市旧港の再開発はその代表例である。二〇世紀中期まで活用されたものの、港湾機能そのものはすべて新港に移行していた。一九九二年に地区再生の起爆剤として博覧会を開催し、その後はコンヴェンションセンターを含む文化施設、商業、宿泊、居住施設のコンプレックスとして活用するようになった。ラヴェンナ市のウォーターフロントも、職住近接型のまちとして生まれ変わりつつある[60]。

内陸に立地するイタリア随一の近代的な都市ミラノ市でも、ルネサンス時代に開削されたナヴィリオ地区の運河を修復したのがきっかけとなり、周辺の低所得者層が居住していた街区の再生に結びついた。

近代化遺産の再生も相次いだ。トリノ市内に立地していたフィアット社の自動車製造工場リンゴットは、ジェノヴァ市の旧港と同様のプログラムで再生された。ローマ市ではチェントロ・ストリコにほど近いテヴェレ川左岸に立地し、大量の水を利用した熱電気発電所が、モンテマルティーニ発電所市立美術館として再生された。ジェノヴァ市のウォーターフロント再生、リンゴットの再生はいずれも、市街地再評価プログラムによる。近代化遺産の再生も、周辺地区の底上げ効果を期待されていた。一九八〇年代後半以降、約一〇年のうちに建造物、道、広場を個別に再生する時代から、地区のテッスートそのものを再生し、相乗効果を誘導する時代に進化したのである。

（3）チェントロ・ストリコからチッタ・ストリカへ

チェントロ・ストリコや、より広い市街地を中心とした歴史的な環境をさすときに、しばしば歴史都市＝チッタ・ストリカ（città storica）という表現を使う。一九七〇年代には普及していた表現に、強い意図が込められるようになったのは、一九九〇年以降のことである。今日では、従来の語法以外に二つの意味合いがある。

ピエール・ルイジ・チェルヴェッラーティは独特の意味を込め、チッタ・ストリカこそ、今日問われるべき概念であると指摘する[61]。それはイタリアに近代都市が誕生する前の、生きた博物館としての都市、公園のように適切に管理され運用されたテリトーリオをさす。彼はイタリア・ノストラ、全国都市計画協会、ANCSAにさえも今日の課題を解決する能力がないと指摘する。チェントロ・ストリコと、その周囲に広がっていた田園の結びつきが、近代以降の市街地に分断されたチッタ・ストリカは、チェルヴェッラーティにとって、今日も縮小し続ける存在なのである。

もうひとつは「チェントロ・ストリコからチッタ・ストリカへ」という標語を掲げた、二〇〇三年に施行されたローマ市の都市マスタープランにおける戦略的用法である[62]。特に二段階に分けたゾーニングは革新的だった。A地区、B

地区、その他の近代的用途指定による従来の土地利用から、市街化区域にあたる地域をチッタ・ストリカ、一般市街地、再開発地区、市街化準備区域[63]に分け、すでに市街化された三つの市街地をテッスートと呼んだ。さらにテッスートを、街区の形成された時代と都市形態ごとに分類した。この分類に準じて都市経営や用途の誘致を図る、ゾーニングに変わる仕組みを考案した。チッタ・ストリカを含むローマ市の歴史的な環境は一九六〇年代の都市マスタープランで定められた一九〇〇ヘクタールから七八〇〇ヘクタールへ、実に四倍以上に増えた。市壁の外側に広がる二〇世紀前半につくられた一般市街地も指定したためである。一方、七つの戦略的なプロジェクトも計画されていた。特にパオラ・ファリーニが提案した城壁の公園計画、テヴェレ川の河川域全域を緑の回廊とする計画が興味深い。

この都市マスタープランの取り組みは、戦後のイタリアの都市計画の歩みすべてを凝縮した成果ともいう[64]。土地利用の試みは、都市全体に伝統的な生活様式であるミクストユースを徹底させる試み[65]であり、後者の戦略的プロジェクトは、テッスート・ウルバーノを尊重しつつ現代的な意味を付与する自由な発想の現れといえよう。

4 田園の思想の転換・その胎動期

(1) 研究対象としての中山間地域のチェントロ・ストリコ

農業が国策により大規模化に向かった一九五〇年代、働き手がそれ以上に流出し、過疎化した中山間地域の小規模なチェントロ・ストリコこそ、荒廃の末に放棄されかねない危機に瀕していた。文化財として保護されていたにすぎない市街地の社会的な崩壊を食い止め、経済基盤を再整備する総合的な調査と対応策の構想こそが緊急課題だった。ラツィオ州テヴェレ川中流域ではプルニオ・マルコーニが一九五五年から、大小二五の歴史的市街地で重要建造物の状態を中心に調査を始めた[66]。ウンブリア州では一九六二年にマリオ・コッパが中心となり、イタロ・インソレーラ、レンツォ・パルディと共に、州内の多くの小規模なチェントロ・ストリコの修復や公共空間の整備方針、掛かる概算を報告した[67]。いくつかの市街地では、市壁内の連続平面図を作成し、テッスート・ウルバーノを把握した。トスカーナ州ではエドアルド・デッティが、小規模なチェントロ・ストリコの七つの社会的背景を分析した[68]。一九六五年から、ジャン・フランコ・ディ・ピエトロ、ジョヴァンニ・ファネッリと共に、南トスカーナに点在する四二の小規模なチェントロ・ストリコの調査を開始し、展覧会「市壁に囲われた都市と近年の広がり」を開催した[69]。彼らはムラトーリのような復元的な研究ではなく、チェントロ・ストリコと周りにできた新しい市街地が織りなす現状を、カタストを利用して徹底的に観照した。それは田園の都市の隠された規則性を際立たせた意義深い研究の一つといえた。

(2) 小規模なチェントロ・ストリコからパエサッジョとテリトーリオへ

前項で述べたウンブリア、ラツィオ、トスカーナ各州の調査はいずれも、パエサッジョやテリトーリオに着目していた。マリオ・コッパは一九六二年に報告書の冒頭で、パエサッジョの構成要素について言及した。ローマ時代の道路網が景観の骨格になりうること、田園に点在する農場に建つ建造物が貴重な景観構成要素となりうることなど、この時代としては早い、具体的な指摘だった。プルニオ・マルコーニによるテヴェレ川中流域の調査は、地域計画提案としてまとめられた。川の両岸をひとつのテリトーリオとした地理学的環境学的な視座に立脚していた。河川沿いに点在していたまちを、陸上交通によってネットワークし、地域経営を強化しようというヴィジョンは、当時としては最先端の発想だった。エドアルド・デッティのもとではジャン・フランコ・ディ・ピエトロが、テッスート・テリトリアーレ (tessuto territoriale) の調査を担った[70]。一九世紀のカタストを比較の対象とし、一九五一年と一九七一年のまちと田園の変容を調査した。ラツィオ、トスカーナ両州の調査はパエサッジョには言及しなかったものの、農業地域の描写、小規模なチェントロ・ストリコの形成史、空間構成の原理と周辺農地の有機的結びつきを研究したもので、今日でいうパエサッジョの視点を兼ね備えていた。レオナルド・ベネーヴォロを中心とした、トレンティーノ市全域を対象とした一九七〇年代後半の調査では[71]、テリトーリオに点在する農家の母屋やその付属屋、納屋、工場といった単体の建造物を、建設年代や用途にかかわらずティポロジアにより分析した。彼はムラトーリ学派の類型学的分析という手法を、建造物が密集していない田園でも適応できることを、この調査によって初めて実証した。

5　田園の思想の転換・研究対象としてのパエサッジョ

(1) 多様化したパエサッジョの定義

パエサッジョの類型化を最初に試みたのは地理学の分野だった[72]。第二次世界大戦の直後にはすでに、自然地理、人文地理、歴史地理の分野を横断するかたちで、統一的な類型が提唱されていたという[73]。地理学の系譜として育まれたパエサッジョの概念は今日のイタリアで、以下の三つの評価軸を有している。1. 自然美としてのパエサッジョ。ルネサンス期から発展し、ベネデット・クローチェを経て、自然美保護法により定義された。2. 歴史としてのパエサッジョ。世代を重ねた生業や地域産業、とくに農業地域の描写に高い関心が集まった。3. 生態系の表徴としてのパエサッジョ。エコロジーという視点から不可侵の自然環境や、そのバッファーをさした。1のパエサッジョは二〇世紀初頭から法的に整備されたものの、2、3のパエサッジョは、一九五〇年代後半より研究が進められた。

人文地理の対象・歴史としてのパエサッジョ

急速に変容を遂げつつある農業地域の歴史的景観＝パエサッジョ・ストリコ(paesaggio storico)を、エミリオ・セレーニ、ルーチョ・ガンビ、エウジェニオ・トゥッリら若手の人文地理学者が中心となり、一九五〇年代から積極的に分析や研究の対象とした。一九六一年にイタリアの農業景観史を記したセレーニは、担い手が幾世代にもわたり、農業というシステムを築き上げた経緯に着目した[74]。本書を記すにあたり、フランスのアナール派を代表する研究者マルク・ブロックが一九三三年に記した『フランス農村史の基本性格』[75]を参照したという。ブロックがカタストの分析からパエサッジョ・ストリコを語ったのにたいし、セレーニはカタストの不足を絵画の添景の分析から補った。彼は農業景観のパエサッジョ・ストリコを、強い意志を以て幾世代にもわたり、自然を活用した結果、地域の様式となった技術と定義した。ガンビは一九六一年に、目の前に見える視覚的状況を絵画の説明のごとくパエサッジョとして論じてきた従来の地理学を批判し、人の営みが生み出す地域の社会的経済的メカニズムをこそ、パエサッジョ・ストリコとして捉えるべきと主張した。[76]この論考はパエサッジョの思想そのものの大きな転換点となったという。彼は農業地域のパエサッジョを精力的に記述し、歴史的重層性の現れと定義した。[77]トゥッリは農作物の作付けによって変化するダイナミズムに着目した。その人類学的視点から、作付けの変化以上に営農の健全さがパエサッジョを左右するとも述べた。[78]こうした視座に近い、歴史の証としてパエサッジョを捉えた研究者に、ヴェネツィア共和国崩壊以降のヴェネト地方の農業に関する論文を記したマリノ・ベレンゴらを上げることができるという。[80]

環境としてのパエサッジョ

パエサッジョの概念をエコロジーに結びつけ、通称ガラッソ法と呼ばれる自然と環境を保護する制度の理念形成に大きく影響を与えたのは、自然保護区の設立にも寄与した植物学者ヴァレリオ・ジャコミーニだった。特定の生物群集や、それを構成する種の保護活動とは一線を画していた。景観に境界線を設定することを避け、生物圏＝バイオスフィア（biosfera）の全体像を重要視した。彼は歴史的な農業地域すら、安定したひとつの生態系と位置づけていた。広域な地域の結びつきを前提としたジャコミーニは、一九六六年には人類学的視点にも理解を示しつつも、農業地域のパエサッジョ・ストリコを環境の一部と論じた。パエサッジョを生物学的視点から、国や州の規模の地域計画として保護すべきであるとも唱えた。[81]ジャコミーニはベネデット・クローチェによる景観の概念に、地形学的生態学的景観を結びつけ、文化的で審美的な景観の調和を定義づけるのは、生態系にたいする繊細な観察であると論じた。この考察は「複数の生態系によるシステム」、最終的には「景観生態学」（L'ecologia del paesaggio）へと進化するに至った。[82]

（2）計画学からみたパエサッジョ

庭園としてのパエサッジョ

三つのパエサッジョの概念を地域計画の立場から論じたのは、ヴィットリア・カルツォラーリだった。彼女は景観と景観形成法＝パエサッジョとパエサッジスティカを庭園史と結びつけて定義した(83)。カルツォラーリはパエサッジョの概念をふた通りに分類した。1．文学、都市・地域計画学、地理学からのアプローチ。2．ベネデット・クローチェに代表される審美的アプローチ。彼女にとってジャコミーニの論に代表される環境としてのパエサッジョは、第一の概念に含まれる一分野として理解すべきものだった。一方、風景画法や風景写真術を意味するパエサッジスティカに、カルツォラーリは技術用語としての定義を加えた。パエサッジョを歴史、エコロジー、具体物が集合した様とし、パエサッジスティカを緑地や自然を保護し、利活用するための計画とその技術全般とした。

パエサッジスティカは歴史上、一七世紀以前には審美的な評価以外、その意味を意識されたことはなかったという。一八世紀末になって農業者と庭園の研究者が登場し、前者は今日でこそ農業景観と呼ばれる生産の現場を支えるシステムを生み出し、後者はイギリス式庭園を生み出した。両者は相容れなかったものの、今日的な景観の礎を築いた。二〇世紀前半に活躍したパトリック・ゲデスによって初めて庭園が都市施設として解釈され、文化的側面にエコロジカルな側面を併せて評価する価値観が根付いたという。ＣＩＡＭ会議ではゲデスの理念を発展させ、市街地から農業地域の整備まで、緑地を俯瞰する議論がおこなわれた。このような知見を背景に、カルツォラーリは景観を庭園として語り、歴史とエコロジーの融合として定義した。彼女にとっては田園も庭園的視点から理解すべきものだった。

サヴェリオ・ムラトーリが描くテリトーリオ

サヴェリオ・ムラトーリは先に述べたように、ヴェネツィア市とローマ市をチェントロ・ストリコのテッスート・ウルバーノの形成史としてひもといた。その後、テリトーリオの歴史的重層性を読むための、それまでにない枠組み研究に着手した。[84]ムラトーリが研究に着手した頃、計画論としても若手の人文地理学者も、パエサッジョという言葉が示す範囲を土地利用ごとに区分していた。農業景観という場合、背景となるまちなみや林は対象として扱われなかった。一方、テリトーリオという言葉からは、その人文的な意味が損なわれ、計画論としての行政界が意識されていたに過ぎなかった。そのような状況のなか、ムラトーリは人と自然の関係からテリトーリオを、四つの段階に分けて考えられるとした。それぞれの段階の根幹を成すのは、1．森林活用の段階、2．土地利用の段階、3．貨幣経済社会の段階、4．四通りの支配構造による土地所有と多様な経済活動の段階とした。四つ目の段階は近代まで続く。彼は時間と空間、自然、地域に育まれる文化、そして社会経済を有機的に結びつけ、読み解こうとした。ムラトーリは人々の生活そのもの、象徴的な意味を与えられた自然、歴史的に人類が関わりを持った地域の全てをテリトーリオと位置づけた。一方、具体的な土地を想定したケーススタディもおこなった。彼にとって最小のテリトーリオとは、地形ごとに類型化した農業地域だった。地形と道の関係、水系、テッスート、人の集まる場所（ノード）、テッスートの範囲を示す境界に、常に着目した。それからスケールを上げ、分水嶺と河川流域、国土、大陸と、テリトーリオの領域を幾重にも広げた。この研究は彼の没後、パオロ・マレットやジャンフランコ・カニッジャに引き継がれた。

マレットはムラトーリによる研究の概念的側面を受け継いだ。[85]テッスートとして語るべき空間を三つのスケールに整理した。最小単位である建造物＝テッスート・エディリツィオ（tessuto edilizio）、市街地の全体像＝テッスート・ウルバーノ、そして地域の全体像＝テッスート・テリトリアーレというヒエラルキーを明快に組み立てた。マレットはテッスート・テリトリアーレの範囲を、経済活動を背景とした土地利用と位置付け、歴史を背景とした州や国家の領域とした。ムラトーリの後継者カニッジャは、コモ市のチェントロ・ストリコの研究をはじめとした実践面で、歴史的な街道や田園に張り巡らされた道から地域の歴史をさかのぼった。ムラトーリの後継者らはテッスートを把握するために、テリトーリオを構造的に分析することを主眼としており、パエサッジョに言及することはなかった。

テリトーリオの開発にたいする海外の視点・イアン・マクハーグ

イアン・マクハーグによる『デザイン・ウィズ・ネイチャー』[86]は、イタリアで環境が社会的課題となるたびに、必ず原点として振り返られ、版を重ねる図書の一つである。[87]環境保護に偏るのでも開発や建設を標榜するのでもない、中立的な立場ながら開発者に必要な幅広い見識と配慮を促した。地形の形成過程、地質、大気、水の循環といった自然要素の分析、人が大地に求める多様な価値、自然と共存し続けるための計画的発展と適切な開発規制、地球環境論、流域として考えるべき河川、自然と都市を緩衝する農地や人の手が入った林を俯瞰する視点を有していた。

手法として、環境資源を含むさまざまな価値観をレイヤー化（重ね編集）し、総体的な価値（総社会的価値全体）を把握したことも当時は新しい試みで、その表現も含め、多くの都市計画家たちに影響を与えたという。[88]

（3）パエサッジョの保存活用に向けた実践的研究

歴史とエコロジーの融合としてのパエサッジョ

ハーバード大学とＭＩＴに学んだヴィットリア・カルツォラーリは、帰国後にケヴィン・リンチらを紹介する一方、イタリア固有の都市計画を追求した。一九六〇年代初頭には、市街地の緑地の圧倒的な面積が貴族や有産階級の別荘＝ヴィッラの庭園であることに注目した。ある庭園は公園として公共化され、ある庭園は私有地のままだった。これらの歴史的環境を都市緑地として研究し、現代都市にエコロジカルな環境を担保する存在として位置づけた。[89]

カルツォラーリが自身のパエサッジョ観、パエサッジスティカ観を世に問うたのは一九七三年のことだった。[90]後にパエサッジョを「歴史と自然、二つのシステムの均衡から成り立つもの」と定義したが、この時点ですでにその萌芽があった。カルツォラーリがパエサッジョのシステムの根幹として着目したのは、歴史の系では考古学遺跡、自然の系では水系だった。考古学遺跡は人類が生み出した環境のうち、自然に最も近く細かい工夫に溢れている。水系は伏流水も含めて地形や植生を左右する。彼女の理念を実践した最も規模の大きな事例は、アッピア旧街道考古学公園計画だった[91]。それはまさに考古学遺跡と自然を対象とした、エコロジカルな環境保全として計画されていた。

農業地域のパエサッジョ・ストリコの分析手法の確立

歴史的な農業地域のパエサッジョそのものを読み解く手法は、パオラ・ファリーニとジョルジョ・ジャニギアンによって一九七〇年代末に、ほぼ同時期に、いずれもカタストを最大限に活用する手法として確立された。この手法は建築の分野としてはガストン・バルデとサヴェリオ・ムラトーリが、歴史の分野としてはマリノ・ベレンゴなどの先駆的な研究者が開発した手法であり、それを農業地域に応用し、深化させたといえる。

この時期ですら人地理学者による評価にもかかわらず、農業地域のパエサッジョ・ストリコの研究は、先に紹介したマリオ・コッパ、ムラトーリ学派、ジャン・フランコ・ディ・ピエトロ、レオナルド・ベネーヴォロらの取り組みに留まっていた。この間にアマルフィ海岸景観計画案が策定されていた[92]。一九七二年の時点で施行されていれば先駆的な、自然保護を目的とした景観計画となるはずだった。コッパが策定委員長を務め、ヴァレリオ・ジャコミーニが自然環境を調査したこの計画は、地域の発展や観光誘致と生態系保全の両立をはかる取り組みだった。コッパは早い時期から異分野の専門家による検討委員会をつくることにも熱心だったとファリーニは振り返る。しかし農業地域のパエサッジョ・ストリコの制御には、両者とも興味を示さなかったともファリーニは指摘する。この計画案策定に加わったファリーニはその後、ウンブリア州テルニ市をケーススタディ地区として、農業地域のパエサッジョ・ストリコについて研究を進めた。彼女は一望のもとに広がる景観が、多様なスケールと多様な要素の組み合わせに富み、歴史的な変容の過程そのものが景観の真正性であると定義した。また農場の社会的属性の分析が、パエサッジョを研究する上で前提となることを指摘した。

対象となるテリトーリオを行政界に求めなかった点も注目に値する。先に述べたグッビオ憲章九〇より一〇年も早い。地理学的には地形、水系、そしてかつてのコムーネの領土といった複数の評価基準のうち、最も広い範囲をパエサッジョの対象とした。歴史的に利用されたことのある場所、人に意識された地形はそれ故にパエサッジョであり、テリトーリオでもあるという考え方は、すでにこの時代から有していた。彼女は標高差による植生分布、地形差による土地利用の傾向など、いくつかのスケールから面的に分析した。ムラトーリ学派の薫陶を得た彼女は、農業地域に分布する土地利用、建造物、作付け、樹木の立ち方など、「そこにあるものすべて」を景観構成要素として考え、類型化を試みた。[93]こうしたスケールと用途の異なる要素を網羅しようと想起した背景には、ベネーヴォロによるトレントの分析があったという。[94]こうしてカニッジャ、マレットになし得なかった多様な切り口の類型化による農業地域のパエサッジョ・ストリコの記述は、ムラトーリ亡き後、十数年を経て完成した。またファリーニがすでにこの時点で、すべての時代におこなわれた地域の取り組みを文化的な環境整備（cultural asset）と表現していることは特筆したい。

ジョルジョ・ジャニギアンは文化的景観（kulturlandschaft）を人文地理的景観（paesaggio antropogeografico）と訳し、その分析手法の確立に取り組んだ。[95]近年は自身の分析した景観を、人類学的景観（paesaggio antropizzato）と呼ぶ。農業地域のパエサッジョ・ストリコを、エコロジカルな環境として理解する立場にも関心を示した。彼はマルク・ブロックの調査方法を出発点とし、発展させた。一九七六年に文書館の調査を経て、アーゾロ市のコムーネ全域を網羅する一八世紀後期と一九世紀の、二種類のカタストを発見した。これらを基礎資料として、往時の農作物の収量記録、郷土史家の蓄積を利用し、現在の景観に残る歴史的な部分を綿密に浮き彫りにしていった。

両者の間には、いくつかの方法論の違いがある。ファリーニは歴史的な要素の組み合わせがつくりだす景観の法則を重視する。この方法であれば、パエサッジョの細部を類推することも可能である。ジャニギアンはチェントロ・ストリコの建造物の修復と同じ方法でパエサッジョを分析すると述べるものの、その手法はこれまでに述べてきたまちづくりの手法としての修復ではない。記念物としての建造物にたいする手法であり、修復の技術も研究を極め、最新最善の方法を適用することを前提として吟味する。また修復家の立場として、景観構成要素を類型化することを警戒する。ファリーニはまた、カタストの残されていない地域でセレーニがとった図像学の手法を応用した。農業地域のパエサッジョを初期ルネサンス絵画から読み取り、当時のようすを再構築した。その結果、糸杉や永年性作物の描写から、トスカーナ州ではパエサッジョをデザインする意図が初期ルネサンスにはあったと唱えている。この点はピエーロ・カンポレージもピエトロ・ベンポの記した一五世紀前半の書簡を引用しつつ、指摘したことにも留意したい。当時の理想的な農業地域のパエサッジョの特性とは、穏やかな気候と健全な空気、活発な労働の営みがあって、土地の姿がのどかな一服の絵になるような場であり、そのような場所に人々は美と調和、喜びと優美を求めたのだった[96]。

パエサッジョ・ストリコを俯瞰し、さまざまな要素の結びつきを顕在化させようとするファリーニ、パエサッジョの詳細まで観察し復元を志すジャニギアンの着目点は異なる。ただし名もなき人々の生活の器や生業の場を、カタストと景観構成要素の分析という手法を確立し、描き上げた彼らの功績は大きい[98]。特にファリーニの取り組みは、ガンビ[97]、ジュゼッペ・ジソットやサンドロ・ブルスキらの目にするところとなった。

6　田園の思想の転換・国民への浸透

中山間に立地する小規模なチェントロ・ストリコや田園を評価する試みは一九九〇年代に入って、地域産業の活性化と観光に結びつき、Uターン、Iターンといった人口回帰もみられるようになった。宗田好史は戦後から八〇年代までの田園の衰退と消費の様子を「戦前に始まったバカンツアが大衆化したのは戦後であり、そしてリゾート・マンションがブームになったのは七〇年代末以降のことである」と振り返った[99]。田園の思想の転換は国民に向けた人文地理の研究成果の啓発、疲弊した農的環境を立て直す政策としてのアグリツーリズモ[100]、田園の伝統と文化と食の安全を結びつけた市民の声、そしてEU規模で転換された農業政策が結びつき、一九八〇年代後半に現実のものとなった。

人文地理学の分野では、農業地域のパエサッジョ・ストリコの啓発を、学際的研究と一般向け図書の出版を通して推進した。その双方に目覚ましい取り組みをみせたのがルーチョ・ガンビだった。彼がコーディネートを務め、一九七九年に開催した第三回都市史会議は、農業景観を研究するために必要となるさまざまな分野を集めた学際的な研究集会のエポックとなった。ガンビは図像学、文学、自然科学、人口統計学、中世の地域経済と地域法典、カタスト、考古学という七つのテーマを設け、パエサッジョ・ストリコを複眼的に捉えることを試みた。この機会に四〇〇ページを超える論文集[101]が出版され、それ以降、専門的文献による農業景観の啓発が盛んになったという。

ボローニャを活動拠点としていたガンビは、ピエール・ルイジ・チェルヴェッラーティとともに、エミリア・ロマーニャ州の文化財局の評議員を務めていた。チェルヴェッラーティを中心として一九八三年に開催した展覧会「失われた境界」のカタログの編纂にも関わった[102]。市街地のスプロール、湿地の干拓、インフラストラクチュアの整備によって、市壁に囲まれ、田園に面していたはずのチェントロ・ストリコの境界が損なわれていく状況に、警鐘を鳴らす展覧会だった。陣内は同年を、展覧会とそのカタログを通じて歴史的環境の変化や魅力を啓発する節目の年だったとする。例えば「ラグーナ、砂州、河川」展、「ヴェネトの景観」展などのカタログや論文集が集中的に出版された[103]。

チェントロ・ストリコを身近に感じるようになった市民の興味をさらに広げ、田園や中山間に立地する小規模なチェントロ・ストリコに誘うような出版も相次いだ。なかでもイタリア観光協会（Touring Club Italiano）刊行の、エウジェニオ・トゥッリやガンビが執筆に加わったCapire l'Italia（イタリアを知る）シリーズの*paesaggi umani*（人の手による景観）や*Le città*（都市）、同シリーズのガンビが監修した*Campagna e industria*（田園と産業）などの書籍、加えて*Città da scoprire*（見出すべきまち）という三巻の書籍[104]は意義深いものだった。この時期に小規模なまちや田園の歴史を詳述したガイドや写真集を、同協会は次々と企画、出版していった。デアゴスティーニ地理学研究所の研究員だったエウジェニオ・トゥッリも自社他社を問わず、市民向けの紀行文を数多く執筆した。ジョルジョ・モンダドーリ社から一九八六年に創刊された月刊誌*Bell'Italia*（美しきイタリア）は、今日も根強い人気のある雑誌である。

一九八五年には、農業地域の活力の再生、都市住民との交流の促進を目的とするアグリツーリズモ法が施行された。本法の施行以前から、農業者による団体が組織的取り組んだアグリツーリズモの歴史があり、一九六〇年代にまで遡ることができるという[105]。このアグリツーリズモ法は農場の修復型の改修を通じて田園の再生を州に促す、極めて具体的な補助制度だった。農場ごとに地域産品のプロモーションから宿泊まで、求められたメニューにたいして補助金を提供する。農家の建造物の修復費も、アグリツーリズモとして運用するのであれば、全額が補助される仕組みだった[106]。本法が地域全体の活力として浸透するには十数年の時間がかかったが、農家の修復と経営の健全化、若手の担い手を中心とした耕地面積の増加は耕作放棄地の縮小に結びつき、農業地域のパエサッジョは確実に再生された。なかでも後述するオルチア川流域を含むトスカーナ州シエナ県では、実に四分の一の農家がアグリツーリズモを経営し、成果を上げている[107]。

一九八六年にはジャーナリストであるカルロ・ペトリーニによってスローフード運動が提唱、推進された[108]。ファストフードや食のグローバル化にたいして、家庭の食卓、地域ごとの食文化、伝統的な農業や加工業を守ろうという運動は、瞬く間にイタリア全土、世界に広がり、スロー・シティ（チッタ・ズロウ）を提唱するに至った[109]。事実、伝統的な食環境を現代の生活から遠ざけたのは、近年に急激に加速したグローバリズムだけではない。近代の市街地こそ、数十年という年月をかけて、チェントロ・ストリコから農地を遠ざけ、河川を放水路にしてしまったのである。

ＥＵの政策動向も農業地域のパエサッジョ・ストリコの保全を後押しするような動きを見せた。前身となるＥＣ委員会は、一九八五年にはＣＡＰ（ＥＵ共通農業政策）の検討結果を共通農業政策の展望としてまとめた[110]。その翌年には集約型農業から環境保全型農業への転向を提唱し、一九八九年にはイタリアでも、これに準じた国の農業計画（piano agricolo nazionale）を策定したことは、宗田の指摘するところである。一九八六年にはＣＡＰ加盟国の限定的な地域で、一九九二年にはすべての農業地域を対象とした補助施策が導入され、農業環境規則も設置された[111]。この経緯によって、農業経営の大規模化、作物の供給過多、低水準化という負のスパイラルに歯止めが掛かり、小規模耕地の評価、粗放化による環境負荷の低減、生物多様性の保護、農村地域のコミュニティの維持、鉱物資源や化学肥料、農薬投与による汚染の低減を図るべく、農業政策そのものが軌道修正された。さらに同じ年にはブラジルのリオ・デ・ジャネイロ市で開催された「環境と開発に関する国際連合会議」＝通称「地球サミット」で、アジェンダ二一という行動計画が採択された。条約のような拘束力はないものの、各国において深く浸透するよう、ローカル・アジェンダを策定することが推奨された。

こうして農業地域のパエサッジョ・ストリコは、人文地理学が描いた失われゆくパエサッジョから、保護や再生をして次世代に渡すべき価値の高い生産の現場として再評価された。歴史的価値を再評価し、未来を担うというイタリアらしい図式は、田園においては一九八〇年代後半に一気に描かれたのである。

7　田園の思想の転換・パエサッジョ・ストリコの保存と活用の実践

パエサッジョ・ストリコを活用する計画の二つの方向性

中山間に立地する小規模なチェントロ・ストリコや農業地域のパエサッジョにたいする関心の高まりを受け、一九九〇年代には、パエサッジョの保護と活用が州、県の地域調整計画や都市マスタープランを通して、実現された。その方向性はパエサッジョ・ストリコを二一世紀に向けたエコロジカルな環境として再評価する歴史派、環境保全の側面を強化するために積極的に手を加える環境派に分かれる。ただしいずれも歴史性を尊重することに変わりはない。

歴史派の計画として、ベルナルド・セッキとヴィットリア・カルツォラーリによるシエナ市都市マスタープラン（一九九〇年）、パオラ・ファリーニによるアッシジ市改訂都市マスタープラン（一九九四年）、ジャン・フランコ・ディ・ピエトロによるシエナ県調整計画の地域資源調査（一九九七年）が好例である。環境派の代表的計画として、ロベルト・ガンビーノによるアオスタ渓谷自治州地域調整景観計画[112]（一九九八年）、ブルーノ・ガブリエッリ、チェーザレ・マッキ・カッシアによるグッビオ市都市マスタープラン[113]（二〇〇三年）があり、エコシステムの構築を主題としていた。

州・県域計画における歴史派と環境派の相違

州、県域調整計画に顕著にあらわれる双方の違いは、景域の捉え方の違いである。景域の呼称は州によって異なるものの、一団とみとめられる景観の特徴を定義し、具体的に線引きされた範囲を示す。その範囲はコムーネの行政界とは異なる。かつ複数のコムーネにまたがるほど広く、固有の土地に密接に結びつき、それぞれが小さな文化圏ともいうべきもので、歴史を重視した個別解である。一九六〇年代の終わりに小規模なチェントロ・ストリコとその周辺の農地を調査しテリトーリオと位置付けたジャン・フランコ・ディ・ピエトロは、歴史派の代表といえる。彼によって、一九九七年に施行されたシエナ県の県域計画（ＰＴＣＰ）の歴史的遺産と景観に関する資料編が作成された。[114]ディ・ピエトロはシエナ県全域を数段階に類型化した。[115]三六のコムーネからなる県域を、一六の景域と一八の景観類型に分類した。[116]いずれもコムーネの行政界とは一致しない。歴史的な市街地とその周囲の田園は、ひとつの景観重要地区として指定された。この指定は日本の文化財保護法や景観法にはない視点である。建造物を類型化するように、農地を作付け、規模、造成の手法から一五通りに類型化したのも重要な視点だった。そのうち三つは二〇世紀初頭までには完成していた歴史的な農地で、テッスートと表現した。ディ・ピエトロは複数のチェントロ・ストリコと、それらに帰属する農地や自然林を可能な限り広く捉えたテリトーリオを地域調整計画として示した。

ガンビーノによる景域とは、土地利用や自然の特性の分類である。彼はしたがってアオスタ渓谷自治州全域を二四七の景域に分割した。それらにあらかじめ二四通りの類型に分類した景域の特性をあてはめた。

都市マスタープランにおける歴史派の特徴

一九九〇年にベルナルド・セッキによって策定されたシエナ市の都市マスタープランは、現代的なニーズから、市域全域をテリトーリオ・ストリコとして再評価するはじめての試みだった。[117]セッキの最大の功績は、都市計画事業の規模を限定すると考えられてきた歴史的な建造物や市街地、時代を遡ることのできる土地利用の保護を、都市計画事業数の増加とその規模の拡大に結びつけた点だった。カルツォラーリはセッキのパートナーとして、市街地の緑地や農業地域のパエサッジョの保護と、今日的な再評価をおこなった。彼女はこの計画においてパエサッジョ・ストリコを三つのシステムとして再評価した(118)。「緑のシステム」は、チェントロ・ストリコから一般市街地を経て、森林公園や河川公園に辿り着く、地下水脈のネットワークだった。第二のシステムは、農業従事者の歴史的な生活の場を三種類に分類し、それらの立地を道のネットワークと水場の立地という機能的地勢的な特性として浮き彫りにした。第三のシステムは、地形、地質、植生の観察から検討した伝統的な作付けだった。地質の違いは、水捌けの違いとなり、作付けに反映されることを都市計画として初めて位置付けた。このマスタープランの策定を経て、カルツォラーリはパエサッジョを制御するには、単独の都市マスタープランでは規模が狭すぎること、テリトーリオが歴史的な都市国家の領土と重なる県域計画の規模が望ましいことを指摘したことも特筆したい。

パオラ・ファリーニは、ディ・ピエトロに三年ほど先立ち、アッシジ市全域のパエサッジョ・ストリコを分析し、都市マスタープランの改訂を提案した(119)。当時はパエサッジョという観点を有した都市マスタープランはごくわずかであり、パエサッジョを積極的に制御する先駆的な事例となった。彼女はテルニ市のテリトーリオ研究で構築した方法論をアッシジ市で積極的に実践し、二つの成果を導き出した。第一にテリトーリオにたいする時代別の認識が大きく異なり、土地利用が全く変わることを明らかにした。ローマ時代には平野部に百人対地籍による田園が構成され、中世の時代には都市国家間の戦火を逃れて山間部に農業の中心に移ったこと、ルネサンス以降に平野部の田園が再開発され、ヴィッラや農家が数多く建てられたことなどが生き生きと浮かび上がった。つまりコムーネの行政域全てが農業の対象だったのである。この研究はアッシジ市の行政域全域を、テリトーリオ・ストリコと呼ぶことができることを実証した。また、建造物や土木工作物を用途別に類型化する研究のうち、とくにルネサンス期に整備された灌漑用水路網の発見は意義深かった。地域で利用されていた水路が五〇〇年も前に整備されたこと、水路に沿って植えられた法面を守る樹列もその時代のものであることは、忘れられていた。

第二に、面として捉えた農業地域のパエサッジョ・ストリコの理解を刷新した。農地の規模と作付けに注目し、一八一二年、一九五五年、一九八四年の個票を調査した。一種類の農作物のみをみると、それは断片的に点在しているにすぎない。しかし幾種類かの作付けをあわせみると、それぞれの農地のかたちや作付けは変化せず、パエサッジョ・ストリコが面的に、途切れることなく残されていたことを実証した。ファリーニはアッシジ市の改訂都市マスタープランを通じて、1．パエサッジョ・ストリコはテリトーリオに一致すること、2．農業地域のパエサッジョ・ストリコが実は面的に広く残されていること、を実証した。

環境派による都市マスタープランの場合は、地域の保水量や河畔林の充実を重視した。緑の回廊を積極的に構築し、河川直近に迫った農地を河川域として定義し直し、河畔林造成を積極的に誘導する傾向にあった。

パエサッジョ・ストリコの研究は、絵画的に景観作物を指定して凍結保存することではなく、先人たちが幾世代もかけて培ってきた、適正な作付けという英知を今一度、振り返ることだった。それは二〇世紀後半に経済効率を優先させた無理な作付けに痛めつけられてきた土壌を癒し、適切な作付けを誘導する根拠を生み出すことでもあった。

8　文化的景観によるテリトーリオ・ストリコの保存活用の可能性

（1）世界遺産地域のパエサッジョ・ストリコ

アグリツーリズモ法が制定された一九八五年には、通称ガラッソ法も施行された。ヴァレリオ・ジャコミーニが主張してきた景観生態学の対象地域を具体的に指定し、景観計画を通して保護する施策だった[120]。五章冒頭で記した三つの景観の概念のうち、歴史としてのパエサッジョが制度的に評価され、保護されることはなかった。一九九一年の公園法改正により、地域で自主管理する自然保護区の一部として、農地の指定が可能になったにすぎなかった。

農業地域のパエサッジョ・ストリコを評価する、もうひとつの系譜が一九九二年になって脚光を浴びた。ユネスコの世界遺産委員会による文化遺産の新しい分野、文化的景観だった。その第一条に記された「自然と人の協働から生まれた成果[121]」という明快な文言はよく知られている。続く「持続可能な土地利用をする地域固有の技術の表れ[122]」という表現はまさに、人々の暮らしの場、農地や林地、道、周囲の自然環境からなるテリトーリオをさす。

一九世紀後半から二〇世紀前半にかけて、ドイツ、イギリス、フランス、ソ連を中心に発展を遂げた人文地理学から、文化的景観は派生した。その起源には諸説あるが、集落地理学を確立したオットー・シューリターが文化的景観という概念を「人が文化を通じて生み出した景観」と定義したという[123]。今日に至る文化的景観の概念を明確に語ったのは、アメリカ人地理学者のカール・サウアーだった[124]。サウアーは、景観にはふた通りの枠組みがあると定義した。第一に自然の景観、第二に人が営みのために自然の地形に手を加え、誕生した地域のかたちである。彼は後者を文化的景観と呼んだ。ユネスコの世界遺産としての文化的景観は、可能な限り幅広い事例を選定対象としうるように、サウアーの考え方を背景とし、三つのカテゴリーを設定した。

今日の世界遺産は文化的景観も含め、保存管理計画策定を選定の条件としている。景観を守る手段となる都市計画、地域計画、景観計画は、いずれも土地利用計画を基本とするため、地域の空間を物理的に制御するにすぎない。その点、文化的景観の保存管理計画は、パエサッジョ・ストリコに新しい理解や価値を付与しながら合意形成を計ることが可能で、裾野は遥かに広く、社会のシステムを形成し易い。保存管理計画が求められた背景には、欧州景観会議による、社会、人権、環境にたいする研究の積上げがあった。一九九四年に開催された第三回地中海地方自治体会議の場において、トスカーナ州、アンダルシア州（スペイン）、ラングドック・ルシヨン州（フランス）の間で締結された地中海景観憲章[125]が、二〇〇〇年に欧州景観条約[126]に発展し、農業地域のパエサッジョ・ストリコが、社会の資産として位置づけられた。欧州景観条約を受けてユネスコは二〇〇二年に、翌年以降の登録遺産の保存管理計画を審査の条件とした。イタリアでは同年より、文化財省が管轄してきた法律の一元化を図り、二〇〇四年に統一法典となる「文化財と景観のための法律集」を施行した。幾度かの改正を経た法律集には、従来にはなかった二つの価値観が織り込まれていた。1．欧州における既往の各条約を遵守すること、[127] 2．従来法、つまり自然美保護法とガラッソ法が定めた国土の五九・五％の地域以外の、公益に供するパエサッジョを評価する余地を設けたこと、である。

二〇〇六年に制定された法では、国内のすべての世界遺産の保存管理計画策定を義務づけ、[128] ユネスコの指針では保存管理計画の追加策定が望ましいとされた二〇〇二年以前の世界遺産にたいしても、同様の措置をとることとした。この制度によりようやく、チェントロ・ストリコ、農業地域のパエサッジョ・ストリコ、自然地域を一つのテリトーリオとして描き上げることが可能になり、文化的景観の啓発的意義がより一層深いものになった。

（2）三つの世界遺産地区における農業景観保全の意味

二〇一四年現在、イタリアにはユネスコの世界文化遺産に登録された文化的景観は六地区、その他に文化的景観として認められるものの、文化遺産として登録された遺産が四地区、計一〇地区ある。このうち、農業地域のパエサッジョ・ストリコを中心に据え、関連するまちや森林と一体に世界文化遺産として位置付けたのは「アッシージ、聖フランチェスコ聖堂と関連遺跡群」（二〇〇〇年）、「オルチア渓谷」[129]（二〇〇四年）、「トスカナ地方のメディチ家の別荘と庭園群」（二〇一三年）の三地区である。いずれもパオラ・ファリーニによる研究の成果を背景とした登録だった。

世界遺産地区は文化的資産[130]と緩衝ゾーンからなる。緩衝ゾーンが外的な要因による文化的資産の変容を緩和する。アッシジ市の場合はコムーネ全域を、オルチア川流域ではカスティリオーネ・ドルチア市、モンタルチーノ市、ピエンツァ市、ラディコーファニ市、サン・クイリコ・ドルチア市、計五つのコムーネによる広域景観を登録の対象とした。両者は行政界にとらわれず、可能な限り広域なパエサッジョ・ストリコを対象にするという、同じ展望を有していた。メディチ家の別荘と庭園は、その領地の一部だった農業地域のパエサッジョ・ストリコを再評価するものであり、ヴィッラと庭園、そして領地の面積の大部分を占める農地が一体であることの価値を世に問うものだった。

パエサッジョ・ストリコからテリトーリオ・ストリコへ

アッシジ市は一九九四年の改定都市マスタープランを背景に、コムーネの八割を文化的資産とした。オルチア川流域では五つのコムーネが一九九九年に設立した地元管理型の自然保護区ＡＮＰＩＬ(131)の範囲を文化的資産とした。後者は、トレンテ、フォッソと呼ばれるオルチア川の支流が数多く流れ、いくつもの都市国家が分割して統治していた地域だった。今日、その六割以上がサブ・エコロジカル・システムとして理解された農業地域である。二つの事例から、文化的景観の資産となるパエサッジョ・ストリコが、行政界を越境する広がりをもつことが立証された。それは現代の日常から忘れられた人と自然の関わりを顕在化させるテリトーリオ・ストリコそのものだった。

テリトーリオ全域を評価するために、コムーネの行政界やＡＮＰＩＬの公園区域の内側に緩衝ゾーンを設けないことも重要だった。すでにひとつのテリトーリオ・ストリコとして評価した環境を分割し、緩衝ゾーンに指定しては評価を下げてしまう。そこで県域調整計画を根拠とし、ほとんどの緩衝ゾーンを隣接するコムーネに委ねることとした。

点在する記念物の緩衝ゾーンとして守られるパエサッジョ・ストリコ

メディチ家のヴィッラと庭園群の文化的資産は一二五ヘクタール、緩衝ゾーンはその三〇倍近い三五三九ヘクタールを占めている。文化的資産であるメディチ家のヴィッラや庭園は、すでに一九三九年の文化財保護法や自然美保護法によって国の保護指定を受けていた。課題とすべきは周囲を取り巻く農地だった。ヴィッラはそもそも貴族や有産階級の別荘という機能と、農場経営基地としての機能を兼ね備えていた。ところが第二次世界大戦後から急速に、農業改革や分譲によって、農地の所有権が分散した。歴史的背景が忘れられ、迫り来る市街化により、地目変更やさまざまな開発が起こり始めていた。そのためかつての領地だった農業地域を緩衝ゾーンとして位置づけ、パエサッジョ・ストリコの保護を促す戦略的発想が生まれた。ここに述べた三地区に代表される世界文化遺産地域の保存管理計画には、開発規制をするほどの拘束力はないものの、既存の制度の活用方法を示唆する。それは近代という時代に一度は忘れられたテリトーリオの全体像を、地域の担い手の生業を生かしつつ、守り、育て、整えるための方策や展望を初めて俯瞰した最先端の取り組みなのである。

おわりに――チェントロ・ストリコからテリトーリオ・ストリコへ

都市とパエサッジョの思想の転換は、テリトーリオの豊かさを取り戻す両輪となった。一九六〇年代にはムラトーリが、地形と水系、大小のまちをはじめとした人の集散、道と土地利用の関係をテッスート・テリトリアーレとした。地形を生かした農業地域という規模から大陸的な規模まで、いくつかのスケールを設定し、テリトーリオの豊かな概念を想定した。ムラトーリによる地形ごとに類型化した農業地域は、人文地理学者やカルツォラーリにとってのパエサッジョであり、チェルヴェラーティにとって公園というテリトーリオだった。ジャニギアンはそれを詳細に記述した。ディ・ピエトロは七〇年代にデッティと研究した蓄積から、景域としてテリトーリオを読み直し、複数のまち、田園、自然、地形の関係を明らかにした。ファリーニは、より広域な地域をテリトーリオ・ストリコとして復権させた。

テリトーリオとは近代に失われた最も大きな価値観だった。それは単独のまち、もしくは、役割分担をした複数のまちと田園、その受け皿となる自然の有機的な関係といえよう。このスケールの大きな調和を解き明かすべく、我が国の若き研究者もすでに取り組みを始めている。アマルフィ地方では、海沿いの漁業のまちと山の手の農業のまちがそれぞれ、豊かな水環境をもち、製紙業という伝統産業で結ばれてきたことを稲益祐太が解き明かした。彼はプーリア地方でもラティフォンディオという大土地所有やトランスマンツァという家畜の季節移動という見えざる道を解き明かした。漁業を軸とした観光＝ペスカツーリズモ（pescaturismo）も盛んで、海と陸の有機的な関係も稲益は発見した。一方、ヴェネツィアを取り巻くラグーナに流れ込む、ヴェネト地方の河川沿いに点在するまちの役割を樋渡彩が研究している。これまでにヴェネツィアとトレヴィーゾ、シーレ川沿いに点在する七つのまちの間に築かれた関係を、船運、川港、水車の視点から解き明かした。[132] 私はトスカーナ州シエナ県のオルチア川流域で、巡礼街道、街道のまちと農のまち、シエナ共和国が築いた一大防衛システムと豊かな田園、そして複雑な地形と小河川、農場の立地の関係について研究を進めている。二〇〇三年にはすでに、先駆的かつ優れた農業地域のパエサッジョ・ストリコの分析に関する論文[133]を世に問うたマッテオ・ダリオ・パオルッチは、日本の文化的景観の研究者でもある。彼は両国の比較の観点を織り交ぜながら、私や若き研究者らと協働し、右に述べた各地のテリトーリオを精力的に分析している。

長いイタリア研究で、私たちが到達したのはテリトーリオの魅力だった。陣内研究室が江戸・東京の研究に始まり、武蔵野に領域を広げ、ここ数年は日野市を調査してきた[134]ように、我が国にも固有の文化を育んだ中小都市と豊かな田園、里山や天然林が有機的に結びついたテリトーリオが、数多く広範に維持されている。日本とイタリアのテリトーリオ研究は、豊かな歴史を生かした地域運営の思想の転換に結びつき、新たな局面を切り開くはずである。

注記

(1) 国や領土を表すパエーゼ(paese)を語源とする。ランドスケープと比較すると、人の手により育まれた景観を指す場合が多い。自然景観をさす時には paesaggio naturale と記される場合もある。

(2) 一九世紀以前につくられた市壁に囲まれた歴史的な市街地。規模や密度の面から都市性が高い場合には歴史的都心部、近代以降の市街地と一体となった都市一部をさす場合には歴史地区とも訳す。一九六〇年代末までは特に、その芸術的価値を啓発する意図から、後述するように芸術的歴史的市街地(centro storico artistico)と呼ばれる場面も多かった。また一九五〇年代当初は、小規模なチェントロ・ストリコをチェントロ・ストリコ・ミノーレ(centro storico minore)と呼んでいたが、近年では minore という単語を避ける傾向にある。

(3) イタリアでは生活の場としてのまち、生活を支える田園、それらの受け皿となった自然をひとつの関係として語る際にテリトーリオと呼ぶ。ただし複数のまちが相互に依存し、ひとつの歴史的・社会的・経済的関係、または文化圏を築いている場合には、ひとまわり大きな規模のテリトーリオとして語る。都市計画上の行政界をさす場合もある。

（4）陣内秀信「都市の思想の転換」、マルチェッロ・ヴィットリーニ責任編集、陣内秀信編集協力『都市の思想の転換点としての保存』（都市住宅七六〇七）鹿島出版会、一九七六年。陣内秀信『イタリア都市再生の論理』（SD選書一四七）鹿島出版会、一九七八年。

（5）陣内秀信監修、パオラ・ファリーニ、植田曉編集『イタリアの都市再生』（造景別冊1）建築資料研究社、一九九八年。

（6）州域調整計画は Piano territoriale coordinamento regionale、県域調整計画は Piano territoriale coordinamento privinciale、コムーネの都市マスタープランは Piano regolatore generale、古い都市マスタープランの場合には Piano regolatore と記す。

（7）マルチェッロ・ヴィットリーニ「イタリア国土の変貌と歴史的街区」、ヴィットリーニ責任編集、陣内編集協力『都市の思想の転換点としての保存』（都市住宅七六〇七）、五〜四〇頁。

（8）パオラ・ファリーニ、植田曉訳「イタリア都市再生の論理——都市の再評価から地域を見直す」、陣内監修、ファリーニ、植田編集『イタリアの都市再生』（造景別冊1）、二四〜二八頁。

（9）この制度によって、我が国の市町村にあたるコムーネが、都市マスタープランを策定し、用途別に土地利用を指定する近代都市計画を実践することを定めた。その第七条には市域すべて、つまり我が国でいう五地域（都市地域、農業地域、森林地域、自然公園地域、自然保全地域）すべてを対象として制御する旨が記されている。また第一七条には一九三九年に制定された文化財保護法と自然美保護法の対象は、地区詳細計画の策定を通して保護することを定めていた。つまりこの時代には都市計画法が文化財や景観の保護を目的とした制度よりも優位にあった。この関係は逆転したのは、一九七二年の地方分権法の施行による。

（10）Istituto Nazionale di Urbanistica. 一九四九年に大統領令により、国の認める非政府組織となった。

（11）Aldo Della Rocca, Saverio Muratori, Luigi Piccinato, Mario Ridolfi, Paolo Rossi De Paoli, Scipione Tadolini, Enrico Tedeschi, Mario Zocca, *Aspetti urbanistici ed edilizi della ricostruzione*, Roma, 1944-45.

（12）機関誌『ウルバニスティカ（*Urbanistica*）』の密度は、ジョヴァンニ・アステンゴが編集長となって以降、より高いものとなった。理論や事例ばかりではない。具体的な歴史的環境に関する研究も掲載された。なかでも小さな島々を囲むラグーナというテリトーリオにおけるまちなみと暮らし、生活者の生業の有機的な結びつきを論じたエグレ・トリンカナートの論考は、新たな調査の視点を総合的に取りまとめた内容だったといえる。Egle Trincanato, "Comunità della laguna veneta," *Urbanistica* N.14, Roma: Istituto Nazionale di Urbanistica, 1954.

（13）Bruno Nice, "geografia e urbanistica," *Urbanistica* N.3, Roma: INU, 1950.

（14）Gaston Bardet, "Il tessuto urbano," *Urbanistica* N.4, Roma: INU, 1950.

(15) 不動産登録台帳および登記図。イタリアでは上記の二つが対をなしている。

(16) Italia nostra. 一九五八年に大統領令により、国の認める非政府組織となった。一九八〇年代後半からは都市問題からは遠ざかる一方、環境教育といった分野に力を入れ、今日に至る。

(17) 陣内『イタリア都市再生の論理』（SD選書一四七）、二一～三〇頁。

(18) 一九五四年五月一一日省令第三九一号。この省令は関連省庁間合同で公布された。

(19) ピエロ・ボットーニによるシエナ（一九五六年）やサン・ジミニャーノ（一九五七年）、マリオ・コッパによるペルージア（一九五八年）、ジャンカルロ・デ・カルロによるウルビーノ（一九六四年）。このなかでチェントロ・ストリコと田園の関係を維持したウルビーノ市の都市マスタープランはしばしば、アステンゴによるアッシジ市のそれと双璧と評される。しかしウルビーノ市の場合は、建築家の技量に負うところが多く、モデルとして普及させることは難しかった。これらの建築家のうち、一九六六年、一九九四年に施行された都市マスタープランについて、デ・カルロにはヒアリングをおこなった。

(20) アッシジ市は一九三九年法第一四七九号（通称自然美保護法）を根拠とした一九五四年六月二五日省令によってコムーネ全域の景観保護が決定された。当時は同法よりも上位にあった都市計画法に基づき、一九五八年に策定された同市の都市マスタープランによって、農業地域の大部分の保護は決定的となった。Giovanni Astengo, “Assisi: salvaguardia e rinascita,” “Analisi dello stato di fatto,” “La città entro le mura,” “Programma degli interventi e Piano Generale,” “Il piano particolareggiato n.1,” “Il piano particolareggiato n.2,” *Urbanistica* N.24-25, Torino: INU, 1958.

(21) Renata Egle Trincanato, *Venezia minore*, Milano: Milione, 1948.

(22) 例えば、Eugenio Miozzi, *Venezia nei secoli:la città*, vol.1, vol.2, Venezia: Libeccio, 1957.

(23) 田島学、陣内秀信「イタリア都市形成史研究」『地中海学研究Ⅲ』地中海学会、一九八〇年。

(24) 例えば、Giorgio Simoncini, *Città e società del Rinascimento*, Torino: Einaudi, 1974. を挙げることができる。

(25) 例えば、Giovanni Fanelli, *Firenze:architettura e città*, Firenze: Vallecchi, 1973. を挙げることができる。

(26) 例えば、Leonardo Benevolo, *Storia della città*, Bari: Laterza, 1975. を挙げることができる。

(27) Saverio Muratori, *Studi per una operante storia urbana di Venezia*., Venezia: Palladio, Istituto Poligrafico dello Stato, Libreria dello Stato, 1959. Saverio Muratori, *Studi per una operante storia urbana di Roma*, Roma: Consiglio Nazionale delle Ricerche, 1963.

(28) 田島、陣内「イタリア都市形成史研究」『地中海学研究Ⅲ』、二八～三二頁。

（29）Paolo Maretto, *L'edizia gotica veneziana*, Roma: Istituto Poligrafico dello Stato, 1960.

（30）Gianfranco Caniggia, *Lettura di una città: Como*, Roma: Centro studi di storia urbanistica, 1963.

（31）Carlo Aymonino, *La città di Padova: Saggio di analisi urbana*, Roma: Officina, 1970. Aldo Rossi, *L'architettura della città*, Padova: Marsilio, 1966.

（32）ヴィットリーニ、陣内訳「イタリア国土の変貌と歴史的街区」、一五～二六頁。「卒業計画：過疎と後輩の小都市再生に向ける若き知と情熱と模策」、一一三～一三五頁。いずれもヴィットリーニ責任編集、陣内編集協力『都市の思想の転換点としての保存』（都市住宅七六〇七）。

（33）この時代、海外の主要著書の翻訳出版はマルシリオ社（Marsilio Editori）が一手に引き受けていたといっても過言ではない。同社は都市計画家パオロ・チェッカレッリらによって一九六一年にパドヴァ市に設立され、国内外の最新の専門書を出版した。

（34）Kevin Lynch, *The image of city*, Cambridge, MIT Press, 1960. 本書のイタリア語翻訳、日本語翻訳にそれぞれ、Paolo Ceccarelli (a cura di), Gian Carlo Guarda (traduzione), *L'immagine della città*, Padova: Marsilio, 1964. 丹下健三、富田玲子訳『都市のイメージ』岩波書店、一九六八年がある。彼の著書はアメリカで出版されるや否や、ヴィットリオ・カルツォラーリによってイタリアに紹介された。Vittoria Calzolari, "Il Volto della città americana," *Urbanistica* N.32, Torino: INU, 1960.

（35）Kevin Lynch, *Managing the Sense of a Region*, Cambridge Massachusetts, and London: MIT Press, 1976. イタリア語訳に Maria Parodi (traduzione), *Il senso del territorio*, Milano: Il Saggiatore, 1981. がある。Kevin Lynch, *Good City Form*, Cambridge, Massachusetts: MIT Press, 1981. イタリア語訳に Roberto Melai(traduzione), *Progettare la città, la qualità della forma urbana*, Milano: Etas libri, 1990. がある。後者のイタリア語版にはブルーノ・ガブリエッリによる序文が付された。いずれも邦訳はない。

（36）Gordon Cullen, *The consice townscape*, London: The Architectural Press, 1961, 1971. Roberto d'Agostino (traduzione), *Il paesaggio urbano. Morfologia e progettazione*, Bologna: Calderini, 1976. ゴードン・カレン、北原理雄訳『都市の景観』鹿島出版会、一九七五年。Jukka Jokilehto, "L'evoluzione della dottrina internazionale," Fabrizio Toppetti (a cura), *ANCSA, Paesaggi città, e storica*, Citta di Castello: Alinea, 2011. カレンの言説は当初、とくに新市街地や住宅地の造成において重宝されたと考えられる。

（37）Associazione Nazionale Centri Storico-Artistici. 全国歴史的芸術的街区協会として、陣内によって紹介された。陣内『イタリア都市再生の論理』（SD選書一四七）、二六～二七頁。近年は全国歴史芸術都市保存協会とする。

（38）グッビオ憲章 (Carta di Gubbio) 全文訳は、陣内監修、ファリーニ、植田編集『イタリアの都市再生』（造景別冊1）、一五三～

一五六頁。一九九〇年に宣言された二度目のグッビオ憲章と区別するため、グッビオ憲章六〇 (Carta di Gubbio 60) と称される場合が多い。

(39) ANCSA, *30 anni d'ANCSA*, 1990. この時代の動きは次の図書に詳しく記されている。陣内『イタリア都市再生の論理』（SD選書一四七）、野口昌夫「イタリア歴史的都市の保存再生計画」（パオラ・ファリーニ日本講演録）、『SPAZIO』（四六号）、日本オリベッティ広報部、一九九三年。ファリーニ「イタリア都市再生の論理」、植田「イタリア歴史的遺産の再評価」、陣内監修・ファリーニ、植田編集『イタリアの都市再生』（造景別冊1）。宗田好史『にぎわいを呼ぶイタリアのまちづくり――歴史的景観の再生と商業政策』学芸出版、二〇〇〇年、二四～二八頁、三七～四四頁。

(40) The Venice Charter for the Conservation and Restoration of Monuments and Sites.

(41) International Council on Monuments and Sites.

(42) 制度設計にはジョヴァンニ・アステンゴ、マルチェッロ・ヴィットリーニ、マリオ・ギオらが委員として関わった。彼らはチェントロ・ストリコの保存とそのゾーニングを、一般市街地の機能別ゾーニングと同等の位置づけにすることで、スタンダードな都市計画に歴史的な評価軸を織り込んだ。また緑地や都市施設の必要最低面積も、この制度で初めて定められた。

(43) Piano edilizia economica popolare の略称。

(44) Pier Luigi Cervellati, Roberto Scannavini, Carlo De Angelis, *La nuova cultura della città: La salvaguardia dei centri storici, la riappropriazione sociale degli organismi urbani e l'analisi dello sviluppo territoriale nell'esperienza di Bologna*, Milano: scientifiche e tecniche Mondadori, 1977. 本書の翻訳に加藤晃規訳『ボローニャの試み：新しい都市の文化』香匠庵、一九八六年がある。チェルヴェッラーティ、陣内訳「ボローニャ／保存・歴史的街区、文化的アリバイか?」、ヴィットリーニ責任編集、陣内編集協力『都市の思想の転換点としての保存』（都市住宅七六〇七）、六一～七六頁。チェルヴェッラーティ、植田訳「統合的保存に寄せて」、陣内監修、ファリーニ、植田編集『イタリアの都市再生』（造景別冊1）、四六頁。同誌編集のため、チェルヴェッラーティへヒアリングをおこなった。

(45) 陣内『イタリア都市再生の論理』（SD選書一四七）、八六頁。

(46) Ufficio speciale per gli Interventi sul Centro Storico の略称。

(47) Carlo Aymonino, Renato Nicolini, *Progettare Roma capitale*, Bari: Laterza, 1990.

(48) Maura Bertoldi, Università degli studi di Roma "La Sapienza." Dipartimento disegno industriale e produzione edilizia, *Manuale del recupero*

del Comune di Roma, Roma: DEI, 1989.

（49）例えば、Bruno Gabrielli, “Gli strumenti operativi,” Bernardo Secchi, “Riuso e dintorni,” いずれも AAVV, *Riuso e riqualificazione edilizia negli anni '80,* Milano: Francoangeli, 1981 (cura C. Di Biase).

（50）Bruno Gabrielli, “Gestire il centro storico,” *La citta' storica tra passato e futuro documenti* N.19, Parma: commune di Parma,1986.

（51）Paola Falini (a cura), *Il recupero rinnovato. Esperienze e strategie urbane degli anni '80,* Roma: Kappa,1996. 陣内監修、ファリーニ、植田編集『イタリアの都市再生』（造景別冊１）、第三章、第四章を参照されたい。

（52）宗田『にぎわいを呼ぶイタリアのまちづくり』。

（53）植田曉「ローマ『百の広場』計画」『造景一九号』建築資料研究社、一九八九年。

（54）アレード・ウルバーノを活用して都市のバリアフリーを進めることは、大統領令一九九六年七月二四日第五〇三号に定められた。

（55）陣内監修、ファリーニ、植田編集『イタリアの都市再生』（造景別冊１）、第四章を参照されたい。

（56）一九六〇年代末に、ジャンカルロ・デ・カルロがリミニ市で、マルチェッロ・ヴィットリーニがラヴェンナ市で、ジュゼッペ・カンポス・ヴェヌーティがレッジョ・エミリア市やボローニャ市で、一般市街地の課題に取り組んだ。

（57）Programmi di Recupero Urbano の略。人口三〇万人以上のコムーネを主な対象としたこの手法は、従来の都市計画手法が、市街地の質を向上するには単純すぎる点を指摘し、複合的な再開発を進める手法として開発された。三者へのヒアリングによる。

（58）Bruno Gabrielli, Paola Falini, Antonio Terranova, “Verso nuovi strumenti per la riqualificazione urbana,” *Rassegna di architettura e urbanistica,* N.64, Roma: Kappa, 1989.

（59）パオラ・ファリーニ、植田曉訳「イタリア都市再生の論理」、陣内監修、ファリーニ、植田編集『イタリアの都市再生』（造景別冊１）、二六〜二七頁。

（60）ヴィットリーニ、陣内訳「イタリア国土の変貌と歴史的街区」、ヴィットリーニ責任編集、陣内編集協力『都市の思想の転換点としての保存』（都市住宅七六〇七）、三三〜三八頁。マルチェッロ・ヴィットリーニ、植田訳「ラヴェンナ　緑地と産業遺跡の再利用」、陣内監修、ファリーニ、植田編集『イタリアの都市再生』（造景別冊１）、一一〇〜一一一頁。同誌編集のため、ヴィットリーニへヒアリングをおこなった。

（61）Pier Luigi Cervellati, *La città bella: il recupero dell'ambiente urbano*, Bologna: Il mulino, 1991.

（62）AA.VV. “Il nuovo piano di Roma,” *Urbanistica* N.116, Roma: INU, 2001. Marcelloni Maurizio, *Pensare la città contemporanea. Il nuovo piano regolatore di Roma*, Roma: Laterza, 2003. Marcelloni Maurizio, "Questioni della città contemporanea," Giuseppe Campos Venuti, "Appunti sulla modernità e il governo della città," Marcelloni Maurizio (a cura), *Questioni della città contemporanea*, Milano: FrancoAngeli, 2005. この都市マスタープランを紹介した特集記事に、宗田好史「総論 ローマ市の挑戦、二一世紀に生き抜く都市を計画する試み」、ジュゼッペ・カンポス・ヴェヌーティ「進化する都市計画」、マウリツィオ・マルチェッローニ「プロセスの計画づくり」、パオラ・ファリーニ「ローマ市城壁地区再生の戦略的意味」、ステーファノ・ガラーノ「都市に中心性を取り戻すシステムとは」、植田暁「都市空間を再構成・街並みの関係を修復する」、機関誌『Ｒｅ』（No.一四〇）、建築保全センター、二〇〇三年。

（63） 四つの市街地は歴代の都市マスタープランとの関係によって指定された。

（64） パオラ・ファリーニ、宗田好史通訳「戦後のイタリア都市計画史――歴史的都心部の保存から文化的景観まで」講演会、法政大学主催、二〇一四年五月二九日。

（65） 都市マスタープランの前策定委員長だったマウリツィオ・マルチェッローニへのヒアリングによる。

（66） Plinio Marconi, *Il territorio della media valle del Tevere, la pianificazione territoriale comprensoriale,* Roma: Tipografia regionale, 1966. 大谷幸夫他、『集住体モノグラフィ三、語りかける中世　イタリアの山岳都市・テベレ川流域』（都市住宅別冊）、鹿島出版会、一九七六年。マルコーニは調査対象とした中山間のまちをチェントロ・ウルバーノ（centro urbano）と記した。

（67） Mario Coppa, *I centri storici nella Valle del Clitunno, materiale grigio*, Perugia: CRPSEU, 1962, (Ricerche sull'urbanistica ed il turismo, N.10.2). Italo Insolera, *I centri storici nella zona del Peglia e del Nestore Autori*, Perugia: CRPSEU, 1962, (Ricerche sull'urbanistica ed il turismo, N.10.3). Renzo Pardi, *I centri storici nella zona dell'Amerino, materiale grigio*, , Perugia: CRPSEU, 1962, (Ricerche sull'urbanistica ed il turismo, N.10.4).

（68） Edoardo Detti, "Lo studio degli insediamenti minori. Alcune comunità della Lunigiana e della Versilia", *Urbanistica* N.22, Roma: INU, 1957. Edoardo Detti, "Urbanistica medievale minore", *La critica d'arte* N.24, Vallecchi Editore, Firenze: 1957.

（69） Edoardo Detti, Gian Franco Di Pietro, Giovanni Fanelli, *Città murate e sviluppo contemporaneo: 42 centri della Toscana*, Milano: C.I.S.C.U., 1968. 本書は一九六八年七月～九月まで開催された同名の展覧会のカタログである。

（70） Giunta regionale di Toscana, *Piani urbanistici comunali e sviluppo economico della Toscana settentrionale 1951/1971,* Firenze: 1975, ricerca CNR, diretta da Edoardo Detti.

（71） Trento (Provincia), *Servizi dell'urbanistica, Il ricupero degli insediamenti storici come alternativa allo spreco delle risorse*, Trento: Pezzini,

1981.

(72) セレーニ、ガンビ、トゥッリはこの当時、もっぱらパエサッジョという用語を利用していた。例えばガンビがテリトーリオという用語を利用するようになったのは、一九八〇年代を過ぎてからのことである。

(73) パオラ・ファリーニへのヒアリングによる。

(74) Emilio Sereni, *Storia del paesaggio agrario italiano Collezione Storica*, Bari: Laterza, 1961. エミリオ・セレーニ著、中村丈夫、植原義信訳『イタリア農業の構造的改革　イタリア農村の古いものと新しいもの』三一書房、一九五九年（Emilio Sereni, *Vecchio e nuovo nelle campagne italiane*, Roma: Editori riuniti, 1956）。

(75) マルク・ブロック著、河野健二、飯沼二郎訳『フランス農村史の基本性格』東京、創文社、一九五九年。

(76) Lucio Gambi, *Critica ai concetti geografici di paesaggio umano*, Faenza: F.lli Lega, 1961.

(77) Lucio Gambi, “I valori storici dei quadri ambientali”, *Storia d'Italia,* Torino: Giulio Einaudi, 1972.

(78) Eugenio Turri, *Semiologia del paesaggio italiano*, Milano: Longanesi & C., 1979.

(79) Marino Berengo, *L'agricoltura veneta dalla caduta della Republica all'unità Studi e ricerche di storia economica italiana nell'età del Risorgimento*, Milano: Banca Commerciale Italiana, 1963.

(80) ジョルジョ・ジャニギアンへのヒアリングによる。

(81) Valerio Giacomini, *Conservazione della natura e del paesaggio,* Trento: Museo tridentino di scienza naturali, 1967.

(82) Valerio Romani, “Storia ed evoluzione del concetto di paesaggio Paesaggio e pianificazione,” *Il paesaggio bresciano trasformazione e problemi,* Brescia: ATENEO, 1991.　この講演原稿は後に Romani のいくつかの書籍に加筆再掲された。

(83) Vittoria Calzolari, “paesaggio,” “paesaggistica,” *Dizionario enciclopedico di architettura e urbanistica* IV, Roma: Istituto editoriale romano, 1969.

(84) Saverio Muratori, *Civiltà e territorio,* Roma: Centro Studi di Storia Urbanistica, 1967.

(85) Paolo Maretto, *Nell'architettura,* Firenze: Teorema, 1973. このテッスートのヒエラルキーはマレットが図表化し、陣内が和訳し、紹介した。陣内『イタリア都市再生の論理』（ＳＤ選書一四七）、八五頁。

(86) Ian L. McHarg, *Design with nature,* New York: Doubleday & Company, Inc. 1969.　イタリアにおいて翻訳の初版として *Risorse del territorio e politica di piano,* Venezia: Marsilio editori, 1976 がある。その後、出版社とタイトルを変えて *Progettare con la natura,* Padova:

Franco Muzzio editore, 1989, 2007 がある。日本において翻訳はイアン L・マクハーグ著、下河辺淳、川瀬篤美訳『デザイン・ウィズ・ネーチャー』集文社、一九九四年がある。

(87) 世界的に環境問題が高じて自然回帰が標榜された時代に Marsilio から出版された。出版社を変えた最初の出版は一九八五年法第八三一号、通称ガラッソ法（注120参照）制定の直後、現行版は二〇〇六年に欧州景観条約（後述）に批准した直後のことである。

(88) Annalisa Calcagno Maniglio, *Metodologia per la redazione di un atlante dei paesaggi italiani*, Firenze: Alinea, 2003.

(89) Mario Ghio, Vittoria Calzolari, *Verde per la città*, Roma: De Luca, 1961.

(90) Vittoria Calzolari, "Concetto di paesaggio e paesistica," *Architettura del Paesaggio,* Firenze: La Nuova Italia, 1974.

(91) V. Calzolari, M. Olivieri, *Piano per il parco dell' Appia Antica,* Roma: Italia nostra (sezione di Roma), 1984.

(92) Mario Coppa, Valerio Giaccomini, *Studio preliminare piano territoriale paesistico della costiera amalfitana,* Roma: s.n.e., 1972.

(93) Paola Falini, Cristina Grifoni, Annarita Lomoro, "Conservation planning for the countryside: a preliminary report of an experimental study of the Terni Basin," *Landscape Planning,* 7, Amsterdam: Elsevier Scientific publishing company, 1980.

(94) 本調査は一九八五年に出版されたが、ファリーニは早い時期にベネーヴォロから調査について説明を受ける機会を得たという。

(95) Giorgio Gianighian, "Ricerche sulla conservazione e sul restauro territoriale nell'area veneta," *La scienza e la conservazione dei beni culturali,* Padova: Marsilio, 1979. "Ritratto delle cose di campagna/2, case e colture a Casteluccio (Asolo) 1713-1841," *Parametro* N.90, Faenza: Faenza editorice, 1980. 後にジャニギアンはその研究を人類学的景観（paesaggio antropizzato）と名付けた。

(96) ピエーロ・カンポレージ著、中山悦子訳『風景の誕生』筑摩書房、一九九七年。

(97) Paola Falini, Cristina Grifoni, Annarita Lomoro, "Struttura agrarie storiche e fonti catastali geodetiche: alcuni questioni e proposte di metodo," Roberta Martinelli, Lucia Nuti (a cura), *Fonti per lo studio del paesaggio agrario*, Lucca: CISCU, 1981.

(98) Paola Falini, "Il paesaggio," Giuseppe Gisotto, Sandro Bruschi, *Valtare l'ambiente, Guida agli studi d'impatto ambientale*, Roma: Nuova Italia scentifica, 1990. 本書は環境インパクト調査マニュアルとして政府から刊行された。

(99) 宗田好史「歴史的都心部再生を可能にした都市政策と計画制度」陣内監修、ファリーニ・植田編集『イタリアの都市再生』（造景別冊1）。

(100) 一九八五年一一月五日法第七三〇号は通称アグリツーリズモ法と呼ばれている。

(101) Roberta Martinelli, Lucia Nuti (a cura), *Fonti per lo studio del paesaggio agrario*, Lucca: CISCU, 1981.

(102) Istituto per i beni artistici culturali e naturali della Regione Emiglia-Romagna, *I confini perduti. Inventario dei centri storici: analisi e metodo,* Bologna: CLUEB, 1983. この展覧会は一九八三年一一月〜一二月にかけて開催された。

(103) Maria Francesca Tiepolo, Ministero per i beni culturali e ambientali, Archivio di Stato di Venezia, *Laguna, lidi, fiumi: cinque secoli di gestione delle acque,* Venezia: Ministero per i beni culturali e ambientali di Venezia, 1983. この展覧会は六月一〇日〜一〇月二日まで開催された。Bruno Dolcetta (a cura), Giunta regionale del Veneto, *Paesaggio veneto*, Milano: Amilcare Pizzi Editore, 1984.

(104) Eugenio Turri, “La fascia prealpina”, *I paesaggi umani*, Milano: Touring Club Italiano, 1977, (Capire l’Italia). Lucio Gambi “Le città e l’organizzazione dello spazio in Italia”, *Le città*, Milano: TCI, 1978, (Capire l’Italia). Lucio Gambi (a cura), *Campagna e industria. I segni del lavoro*. Milano: TCI, 1981, (Capire l’Italia). Lucio Gambi (a cura), *Città da scoprire: guida ai centri minori* vol.1-vol.3, Milano: TCI, 1983-1985.

(105) 宗田好史『なぜイタリアの村は美しく元気なのか――市民のスロー志向に応えた農村の選択』学芸出版社、二〇一二年。

(106) 農業地域における建築規制が緩やかだったため、建造物の新規設置や増改築の許認可が、比較的容易だった。

(107) アグリツーリズモ法を最大限活用したのは、トスカーナ州だった。国全体の四割のアグリツーリズモが同州に立地している。

(108) カルロ・ペトリーニ著、中村浩子訳『スローフード・バイブル』日本放送出版協会、二〇〇二年。陣内秀信『イタリアの街角から：スローシティを歩く』弦書房、二〇一〇年。島村菜津『スローフードな人生』新潮社、二〇〇〇年。同『スローシティ』光文社新書、二〇一三年。

(109) 一九九一年にヴェネト地方の中小規模のチェントロ・ストリコを調査した際にはすでに、まちの広場では仮設の売り場に採り立ての食材を積み上げた定期市に加え、季節の産物の市も開かれ、まちの中心にある小規模な食材店には地元産品を加工した食品がならんでいた。知識豊富な売り手が消費者に情報を提供している様を目の当たりにすることができた。この様子は陣内秀信編集『ヴェネト：イタリア人のライフスタイル』(プロセス・アーキテクチュア一〇九)、一九九三年に詳しい。その他に、大河直躬編、陣内秀信「イタリアのまちづくりにおける新しい試み」『都市の歴史とまちづくり』学芸出版社、一九九五年がある。

(110) Commission of the european communities, *Perspectives for the common agricultural policy*, Brussels: 1985.

(111) Council regulation (EEC), “on agricultural production methods compatible with the requirements of the protection of the environment and the maintenance of the countryside”, *Official Journal of the European Communities* N.L215/85, 1992.

(112) Ufficio per il PTP della Regione autonoma Valle d’Aosta, *Piano Territoriale Paesistico*, Aosta: 1998.

(113) Comune di Gubbio, *Variante di Piano Regolatore Generale - parte strutturale*, 2003. 植田曉、「都市計画と景観活用の新しい展開――イタリア・グッビオ市を例に」『季刊まちづくり』一五号、学芸出版社、二〇〇七年。

(114) Provincia di Siena, *Piano territoriale coordinamento provinciale*, Siena: 1997. シエナ県は、一二世紀から一六世紀にかけて栄えたシエナ共和国の領土とほぼ同じテリトーリオを有している。

(115) Gian Franco Di Pietro, Teresa Gobbo, "Il paesaggio come fondamento del Ptc di Siena," *Urbanistica Quaderni* 36, Roma: INU, 2002. 本論考は一九九七年のPTCを二〇〇〇年に改訂した際に記された。彼は一九九七年の計画の段階で地域を分析していた。

(116) トスカーナ州では景域をUnità di paesaggio（景観の単位、景観ユニット）、シエナ県ではさらに景観類型を設け、Tipi di paesaggioと呼んだ。なお、地域計画上、景域の表現は統一されておらず、Ambiti omogenei di paesaggioと表現する州もある。

(117) Comune di Siena, *Piano regolatore generale*, Siena, 1990. Patrizia Gabellini, "Il progetto di piano," Paola Di Biagi, "Antologia," Daniele Rallo, "Progetto V.e.n.u.s. Valutazione della eseguibilità dei nodi urbanistici di Siena," Bernardo Secchi, "Siena," *Urbanistica* N.99, Milano: INU, 1990. 陣内監修、ファリーニ・植田編集『イタリアの都市再生』（造景別冊1）第三章を参照されたい。

(118) Vittoria Carzolari, "Siena, paesaggi dei tufi, delle crete e dei calcari," *Rassegna di architettura e urbanistica* 80/81, Roma: Kappa, 1993. ヴィットリア・カルツォラーリ、植田訳「シエナの農業景観」、陣内監修、ファリーニ、植田編集『イタリアの都市再生』（造景別冊1）、一三八〜一四一頁。本誌編集のため、カルツォラーリへヒアリングをおこなった。

(119) Comune di Assisi, *Variante del Piano regolatore comunale di Assisi*, Assisi: 1994. パオラ・ファリーニ著、宗田好史訳「アッシジの農業景観」、陣内監修、ファリーニ、植田編集『イタリアの都市再生』（造景別冊1）、一四二〜一四七頁。

(120) 帯状に決められた海岸線、湖、河川等の水域と陸域の境界、海抜からの距離で一律に決められた高地、氷河、自然公園や保護区、大小の森林、大学の実習農場、湿地、火山、考古学地区が同法によって定められた景観生態学の対象範囲だった。

(121) cultural landscapes represent the "combined works of nature and of man."

(122) Cultural landscapes often reflect specific techniques of sustainable land-use.

(123) James E. Preston, *All Possible Worlds: A History of Geographical Ideas*, Indianapolis: Bobbs-Merrill company, 1972. (Geoffrey J. Martin, Thomas S. Martin, により Oxford University Press から再販された)。

(124) Carl Ortwin Sauer, *The Morphology of Landscape*, University of California publications in geography, 1925. この論文でサウアーは、特に地理学者ポール・ヴィダル・ドゥ・ラ・ブラーシュ、社会学者オスヴァルト・シュペングラーらの言説を参照した。

(125) mediterranean landscape charter.

(126) EU, *European Landscape Convention*, Firenze: 2000.

(127) 欧州景観条約は二〇〇四年三月に発効した。そのため二〇〇四年の段階では既往の各条約を、二〇〇八年の改訂で欧州景観条約を遵守することを定めた。Riccardo Priore, *Convenzione europea del paesaggio*, Reggio Calabria: Centro Stampa d'Ateneo, 2006.

(128) 二〇〇六年二月二〇日法第七七号。ユネスコ世界遺産リストに登録されたイタリア国内の登録地保護法。

(129) Val d'Orcia srl, *Piano di gestione della Val d'Orcia*, 2002. Val d'Orcia srl, *Piano di gestione della Val d'Orcia*, 2010. 植田曉「景観の保全計画と運用計画の複合性に関する研究：イタリア・トスカーナ州シエナ県オルチャ川流域地域自然保護区を事例として」『景観のフロンティア』（総合論文誌）日本建築学会、二〇〇五年。植田曉「輝ける田園のさりげない日々」、陣内秀信監修『SD』（二〇〇八）鹿島出版会、二〇〇八年。パオラ・ファリーニ、玉井美子訳「第四回サス研フォーラム講演録・サステイナビリティと地域再生計画・イタリアにおけるオルチア川流域とマントヴァの新たな経験」法政大学、二〇一〇年。日本建築学会編『未来の景を育てる挑戦～地域づくりと文化的景観の保全～』技報堂出版、二〇一一年。法政大学デザイン工学部建築学科陣内研究室編『オルチア川流域まちと田園の形成に関するフィールド研究』、二〇一二年などがある。樋渡彩、植田曉、八木加奈、陣内秀信「サン・クイリコ・ドルチアの都市形成に関する考察」『日本建築学会学術講演梗概集』、二〇一一年。

(130) propaty. 従来の核心となるゾーン（core zone コア・ゾーン）の表現が二〇〇八年から改められた。

(131) Aree Naturali Protette di interesse locale の略称である。

(132) 陣内秀信研究室『中世海洋都市アマルフィの空間構造』法政大学大学院エコ地域デザイン研究所、二〇〇四年。陣内秀信研究室『南イタリア・プーリアの海辺と丘上の都市』法政大学サステイナビリティ研究教育機構／エコ地域デザイン研究所、二〇一〇年。稲益祐太「南イタリア小都市群における道とテッリトーリオ」日本建築学会建築歴史・意匠委員会都市史小委員会シンポジウム「道を介した交流と都市――境界を越えた同化と異化」発表梗概、二〇一三年。須長拓也、樋渡彩、真島嵩啓、陣内秀信「トレヴィーゾの水辺空間に関する考察――カタスト・ナポレオニコの分析から」『日本建築学会大会学術講演梗概集』、二〇一四年。樋渡彩、須長拓也、真島嵩啓、陣内秀信「シーレ川沿いの街・集落の空間構造に関する考察」『日本建築学会大会学術講演梗概集』、二〇一四年。

(133) Matteo Dario Paolucci, "Il paesaggi agrario tra conservazione e restauro," *Urbanistica* N.120, Roma: INU, 2003.

(134) 法政大学エコ地域デザイン研究所編『水の郷　日野――農ある風景の価値とその継承』鹿島出版会、二〇一〇年。

ヴェネツィアを支えた後背地の河川の役割

樋渡　彩

はじめに

ヴェネツィアは世界にも類例のない水の都市を築き上げてきた。その固有性については、『水都学I――特集水都ヴェネツィアの再考察[1]』(二〇一三年)で詳しく紹介されている。ヴェネツィアの地形は、本土からラグーナ(干潟)に流れ込む多くの川による堆積と、アドリア海からの波の拮抗により形成された。そのヴェネツィアが繁栄できた背景には、東方貿易で財をなしたことに加え、この都市の背後に広がる本土との深い関わりがあったことは言うまでもない。操船の技術をもったヴェネツィアでは、とりわけ、ラグーナに注ぐ河川沿いの地域と密接に結びつきながら発展してきた。そこで本稿では、ヴェネツィアを支えてきた後背地である河川沿いの地域に焦点を当てる。

ヴェネツィア周辺のラグーナやアドリア海に、本土から多数の河川が流れ込む。北からタリアメント川、ピアーヴェ川、シーレ川、デーゼ川、ブレンタ川、バッキリオーネ川、アディジェ川などその数は実に多い。ここではそれらのなかでも多様な役割を担ってきたブレンタ川流域に着目し、ブレンタ川沿いの地域とヴェネツィアとの関係を浮かび上がらせることを目的とする。[2]

ヴェネツィアの本土に広がるヴェネト州はヴェネツィア共和国の領土とほぼ重なる。そのヴェネト州には、パド

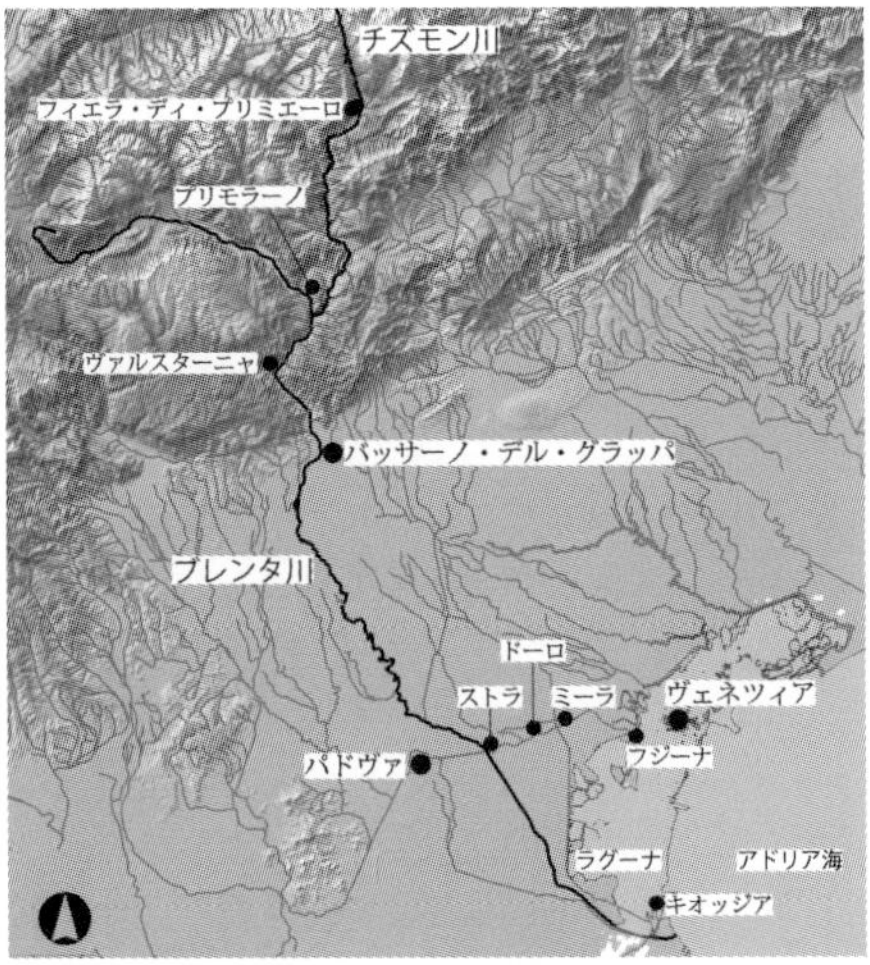

図1　ブレンタ川とチズモン川の流路
（マッテオ・ダリオ・パオルッチの作図をもとに作成）

ヴァやトレヴィーゾ、ヴェローナなど文化・経済的に栄えた都市がある。それぞれの都市に関する歴史的研究はなされている。一九八〇年代になると、イタリア全体で都市の周辺に関心が向けられ、テリトーリオ（地域）やパエザッジョ（風景）の視点が生まれてくる。そうした流れのなかで、ヴェネト州の地方都市に注目した研究も始まり、また河川の流域をひとつのテリトーリオとして考える研究も登場する。代表的なものでは、ラグーナのテリトーリオを分析した『ヴェネツィア・ラグーナ』(3)の監修者によって出版された『シーレ川』(4)（一九九八年）が挙げられる。ラグーナ研究の次の段階として、その背後に広がる本土を対象にしたことがわかる。この書では、シーレ川を自然環境、地理学、歴史学の視点から捉え、総合的な研究が行われた。後に同じ視点からガルダ湖やブレンタ川など、湖や河川ごとに出版された。ヴェネト地域にとって河川のような水辺が環境的、歴史的、文化的に重要な要素であることを総合的に示す唯一の書である(5)。

1　ブレンタ川の役割

ブレンタ川はトレント自治県の標高四五〇メートルに位置するカルドナッツォ湖（Lago di Caldnazzo）からヴェネト州のバッサーノ・デル・グラッパを通り、ストラ（Stra）からキオッジアに流れ、そしてアドリア海に注ぐ一七四キロメートルの河川である（図1）。二〇〇〇メートル級を超える山々の間を縫い、グラッパ山を過ぎると、ヴェネト州の広大な平野に出る。田園の広がる平野部では、蛇行し、かつて氾濫していた暴れ川の面影を残す。そして、キオッジア方面に流れ、アドリア海に注ぐ。かつては、フジーナに河口があり、ヴェネツィア・ラグーナに注いでいたが、土砂の堆積によりラグーナ内の水循環に悪影響を及ぼすとして、本流を付け替えてきた。その一方で、フジーナを拠点とするかつての航路は維持されてきた。パドヴァやブレンタ川沿いの都市を結ぶ重要な航路であったためである。資源の乏しいヴェネツィアには本土から木材、石材、鉄などの金属類、レンガなどの物資や、小麦、チーズなどの食糧品のほか、飲料水も輸送された。

また、ブレンタ川の水流を利用して、ヴェネツィア共和国や貴族による製粉業、製紙業、製陶業などの産業も興された。古くは、ヴェネツィア・ラグーナ内でも、潮の干満差を利用して水車を回していたというが、河川から得られる動力とは比べものにはならなかっただろう。

このようなブレンタ川がもった多様な役割のなかでも、本稿では、ヴェネツィアとの結びつきの強い、木材輸送、舟運の航路、製粉所の立地、飲料水の供給を取り上げる。

2　ヴェネツィア共和国の影響を色濃く残すブレンタ川沿いの都市および集落

ブレンタ川の上流にはヴェネト州の州境があり、それはヴェネツィア共和国の国境にあたる。この州境には、ヴィチェンツァ県チズモン・デル・グラッパ（Cismon del Grappa）市に属す、人口約二五〇〇人の小集落であるプリモラーノ（Primolano）が位置する。ブレンタ川の谷合で、フェルトレとトレントを結ぶ街道沿いに位置することから、古くから重要な場所であった。一二六〇年には城塞が築かれ、軍事的な役割を担った。その城塞は、一九〜二〇世紀にかけて、フェルトレ方面とブレンタ川の上流に位置するヴァルスガーナ方面を制御するため、頑丈な要塞に再建されたが、第一次世界大戦の一九一七年、オーストリア軍に爆破された。

図2　1625年の鳥瞰図　プリモラーノの集落とラザレット
（Aldino Bondesan, Giovanni Caniato, et. al., (a cura di), *Il Brenta,* Sommacampagna: Cierre, 2003, p.187.）

図3　ヴァルスターニャの獅子

一四〇四年、ヴェネツィア共和国の支配下になる。プリモラーノの中心であるレオーネ広場には、ヴェネツィア共和国を象徴する獅子を施した噴水を見ることができる。これは一五三四年に設置されたものである。また、共和国にとって最も重要な役割を担ったのが検疫施設（ラザレット）である。国内に伝染病を持ち込まないようにするため、集落の中心部から離れたブレンタ川の上流側に建設された。一六二五年の鳥瞰図を見ると、街道に門が設けられ、施設は実際よりも大きく強調して描かれており、ラザレットの重要性をうかがい知ることができる（図２）。そしてもう一つ国境ならではの重要な機能として、税関（dogana）が集落の中心部に配置された。現在も税関のあった建物には、特徴的な顔の彫刻が施されており、位置を確認することができる。さらにプリモラーノには、数多くの宿泊施設が立地した。この小さな集落に八〇施設もあったと伝えられるほどである。これほど沢山の宿泊施設の存在は、巡礼者など多くの人々がこの地を往来していたことを物語る。また、郵便の中継地（stazione di posta）もあり、さまざまな人が往来する交通の中心であった。

このように、ヴェネツィア共和国の国境に位置するプリモラーノは、外国からの玄関口として、重要な役割を担ってきた。ヴェネツィア共和国崩壊から二〇〇年以上経った現在もなお、異文化の出会いの場という、かつての機能を色濃く残す情緒ある集落なのである。

ブレンタ川沿いには、プリモラーノ以外にもヴェネツィア共和国の影響が色濃く残る都市に出会う。その例として、バッサーノ・デル・グラッパの上流に位置するヴァルスターニャ（Valstagna）が挙げられる。一四〇五年からヴェネツィア共和国の政治的支配下になり、木材産業とタバコ産業を経済基盤としていた。都市の中心部はサン・マルコ広場（Piazza S. Marco）という名称の広場があり、ヴェネツィア共和国を象徴する獅子のレリーフを配した建物が立地する。ヴェネツィア共和国下の都市で、獅子のレリーフと出会うのは珍しくない。しかし、このヴァルスターニャの獅子は、ほかの都市のそれとは異なる。一般的に獅子は、落ち着いた姿で表現され、共和国の平穏な情勢を示しているのに対し、ヴァルスターニャの場合は、閉じた本と剣を持つ、戦闘態勢で表現されている。国境付近がいかに緊迫した状況だったかを示している（図3）。

また、この都市には、ヴェネツィア共和国支配下の特徴を示すもう一つの例がある。サン・マルコ広場に立地する時計塔の脇には、「公告の柱（La Pria del Bando）」と呼ばれる石柱がある。この石柱は、公的な通達をする際に、布告役人が上に立って告知する場としても使われていた。言い伝えによると、この石柱を触ると罪が許されたという[6]。ヴェネツィア共和国は、ヴァルスターニャの住民が犯罪をしても、監獄に入らないよう優遇した。その代わり、この石を触れば免罪されるというのである。国境近くに位置するヴァルスターニャだけに、特にこうした優遇措置が取られていたという。

このように、ブレンタ川沿いの国境付近の都市や集落には、ほかでは見られない遺構が数多く存在し、ヴェネツィア共和国がいかに領土を守ってきたのかを感じとることができる。

3　筏流し

ブレンタ川はヴェネツィアを支える重要な役目を果たしてきた。その一つが物資輸送である。資源の乏しいヴェネ

図4　筏流しの復元絵図　（Roswitha Asche, Gianfranco Bettega, Ugo Pistoia, *Un fiume di legno: fluitazione del legname dal Trentino a Venezia,* Scarmagno: Priuli & Verlucca, 2010.）

ツィアにさまざまな物を運んできた。そのなかでも木材は、ヴェネツィア共和国繁栄になくてはならないものであった。まず、不安定な土地に都市を築くための基礎用の資材である。ヴェネツィアの地中には無数の木の杭が埋まっており、まさに森と呼ばれるほどである。同時に、施設を建設する建材としても木材は欠かせない。さらに、ヴェネツィア共和国にとって、最も重要な国営造船所（アルセナーレ）での造船に木材はなくてはならなかったのである。このように、ヴェネツィア共和国において、木材を常に供給する必要があった。ピアーヴェ川の上流（現在のベッルーノ県）では、ヴェネツィア共和国により森が管理された。しかし、木材はヴェネツィアの不安定な土地に都市を築くための基礎用をはじめとして、施設用、護岸用、造船用、標識用などの資材、個人・産業用の燃料など、あらゆる場面で木材を必要としたため、ヴェネツィアでの木材消費量は国内生産の木材だけでは足りず、共和国の領土の外側からも輸入する必要があった。その輸入先の一つがブレンタ川に注ぐチズモン川（Torrente Cismon）沿いの地域である。

　チズモン川は現在のトレンティーノ・アルト・アディジェ州にあたり、ヴェネト州に隣接する。かつては、ヴェネツィア共和国に隣接したことから、この辺りでは激しい領土争いが続いた。このチズモン川はドロミテ山脈の西側を流れ、プリミエーロ渓谷（Valle di Primiero）を形成する。プリミエーロ渓谷には二〇〇〇メートルを超える山が両側に聳え立ち、迫力ある風景が広がる。現在は夏の避暑地、冬のスキー場として人気の高い場所である。

プリミエーロ渓谷は、すでに一二世紀にはフェルトレの教区に属しており、宗教的支配は一七八六年まで続いた。一方、政治的支配はチロルの領土の後、一四〇一年、ハプスブルクのレオポルド三世（Leopoldo III）からチロルの有力家（Giorgio di Welsperg）の支配下に置かれた。一五世紀、この有力家により、木材商業がプリミエーロ渓谷の経済基盤となる。

ここでは、チズモン川からブレンタ川を通ってヴェネツィアまで輸送するルートに注目する。この木材の輸送ルートは、一九九四年に開催された『木材の河川（un fiume di legno）』という展覧会をもとにしてまとめられたカタログや、その後再編集を行った、二〇一〇年出版の『木材の河川――トレント地方からヴェネツィアまでの筏流し』[7]にまとめられている。木材輸送ルートとして、ブレンタ川に注目した比較的新しい歴史的分野である。また、その展覧会では、文書館の史料や現地調査をもとに製作され絵画も展示された（図4）。

それでは、筏流しの工程を見ていこう。森には二つのタイプがあり、一つは「白い森」と呼ばれる広葉樹の森で、もう一つは「黒い森」と呼ばれる針葉樹の森である。森で木を伐採し、山の麓まで木を運んだ。ここでは、きこり（boscaiolo）が活躍し、伐採は夏場に行われる。そして伐採された木材は、秋から冬にかけて山の麓まで運ばれる。ここでは、木材を載せたソリを馬が引いていた。チズモン川沿いのプリミエーロ渓谷やチズモン川に注ぐヴァノイ川（Torrente Vanoi）の流れるヴァノイ渓谷（Valle di Vanoi）では、急斜面を利用してそのまま木材を転がす方法もとられた。なかには、木を痛めないように運ぶ木材専用の通り道が作られた。たとえば、木造の橋や石畳の道である。石畳の道はブレンタ川沿いのヴァルスターニャで見ることができ、現在は散策コースにもなっている。

このチズモン川やヴァノイ川沿いの地域では、急流の利点を活かして、水車を動力とした産業が活発であった。たとえば、製粉所、鍛冶工房（fucina）、レンガ工場などが挙げられる。また、木材輸送と並行して、木材加工をする製材所もあった。

伐採した木材を麓まで運んだ後、丸太のまま川に流した。川に丸太を流す際、水が豊富でない川では、水を少しずつ溜めながら木材を流す方法がとられた。川に木造の堰(stua)をつくり、その堰の手前に丸太をためておいて、ある程度水が溜まったら、堰の板を外して、一気に放出される水の勢いで丸太を流す、という方法である。ここではメナダ(menadà)という職人の出番である(図5)。一回の堰を利用して、一~二キロメートルも移動させていたという。その堰を何個所も設置して、下流まで丸太を流した。この作業は水の多い時期の五~六月が選ばれた。また、丸太を流す際、勢いあまって、川から飛び出した丸太が、耕作地に被害を与える問題も生じていたという。

ヴァノイ川をはじめとして、支流の集まるチズモン川には、多くの丸太が流れ込んだ。そのため、丸太を流す際は、誰の所有かわかるように、所有者ごとに日にちを分けて流す工夫もなされた。しかしながら、丸太の七〇パーセントは目的地へ行くが、三〇パーセントも失われていたと言われている。

プリミエーロ渓谷を流れるチズモン川の急流は、丸太をブレンタ川まで運ぶ。その際、途中の集落で木材加工が行われる。フォンツァーゾではセゲリア(segheria)と呼ばれる製材所が多く立地した(図6)。フォンツァーゾは、フェルトレと街道で結ばれており、木材輸送の拠点であった。製材所で加工された木材はフェルトレやヴェネツィアに輸

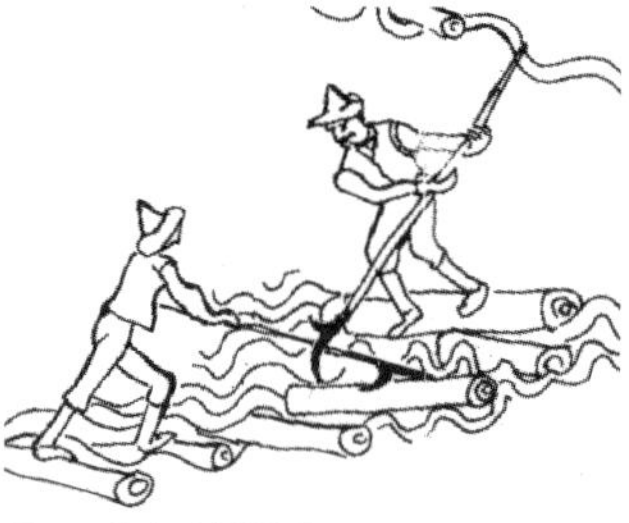

図5　丸太を輸送するメナダ
(*Ibid.*, p.17.)

図6　ピアーヴェ川の製材所
(A.S.V., Iseppo Paulini, 1608. Secreta, Materie miste notabili, Codice Paulini, reg. 131, pp.22v-23r.)

送された。また、木材輸送拠点のフォンツァーゾには、ヴェネツィア出身の商人で、一七世紀後半、木材の流通産業に貢献した最も重要な人物であるジャコモ・コッロ（Giacomo Collo）がいた。

そして、チズモン川はチズモン・デル・グラッパ（Cismon del Grappa）でブレンタ川へと注ぐ。ここには、税関が存在した。また、この地域は、丸太の集積地となり筏に組む港があった。チズモン・デル・グラッパ、マリノン（Marinon）、ヴァルスターニャには、材木保管用の広場や筏を組むための作業場があった。ブレンタ川に沿ったヴァルスターニャは森林というよりも、段々畑の風景が広がる。ここでは、急斜面を利用して段々畑が作られ、タバコの栽培が行われた。生産されたタバコは筏に載せて、大市場であるヴェネツィアに輸送していた[8]。

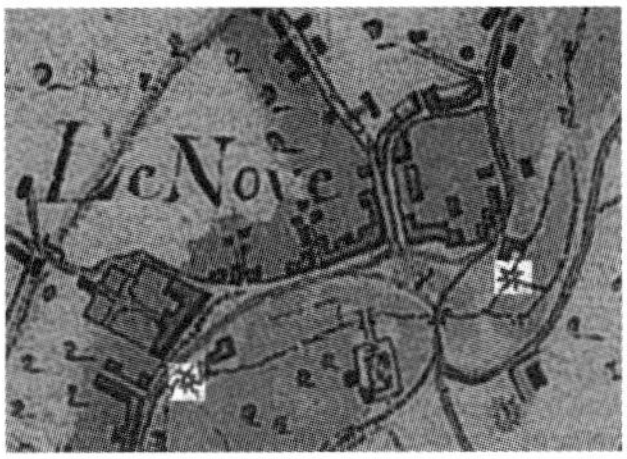

図7　1798～1805年 用水路上の水車

（Massimo Rossi (a cura di), *Kriegskarte 1798 - 1805: Il Ducato di Venezia nella carta di Anton von Zach,* Treviso - Pieve di Soligo: Fondazione Benetton Studi Ricerche, Grafiche V. Bernardi, 2005.）

図8　特徴的な煙突を配した石灰工場

また、隣接するアジアーゴ（Asiago）からの木材が、ヴァルスターニャの石畳の道を通って運ばれてきた。

筏に組まれた後、ブレンタ川を下る。この辺りのブレンタ川は、川幅の広い水面がゆったりと流れる。この地域では、ブレンタ川の水を引いて、用水路を活用した産業が興っている（図7）。たとえば、製粉所、鋳造所、陶器製造所、製紙所、製革所、絹織業などが挙げられる。また、ブレンタ川沿いには、レンガ工場やブレンタ川から採れる玉石を利用して、石灰をつくる工場が立地し、特徴のある形をした煙突が一際目を引く（図8）。

筏に組まれ木材はこのような地域を通りながら下っていった。筏の

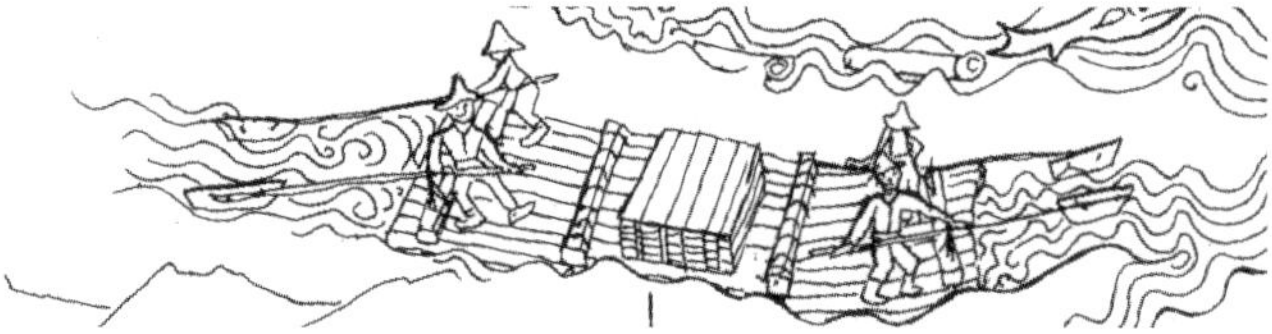

図9　筏師　（R. Asche, G. Bettega, U. Pistoia, *op.cit.*, p.17.）

上には、加工された木材のほか、チーズなどの食糧品やタバコなどの生産品といった、貴重な品物を積んで運んだ。丸太材を供給するだけでなく、商品輸送も行っていたのである。そして、バッサーノ・デル・グラッパから二〇キロメートルくらい南側からブレンタ川の蛇行が激しくなる。そのため、舟よりも安定感の無い筏をコントロールするには熟練した技が必要であった。ここで活躍するのが筏師（zatterie）である（図9）。彼らは筏の上で長い棒のような道具を操り、筏を目的地まで運んだ。この丸太をひっかける棒のような道具は、筏を届けた後、護身用の武器に変わる。筏師の帰路は危険を伴う陸路のため、盗賊から身を守る必要性があったのである。

筏はパドヴァやキオッジア、そしてヴェネツィアに運ばれた。ブレンタ川の下流に位置するこの地域では、水の流れが不十分な場合、馬が引くこともあったという。大部分はストラからブレンタ川を下り、ブレンタ川の重要な商港であるキオッジアへと運ばれる。そして、筏はキオッジアからヴェネツィアに運ばれ、ヴェネツィア内で消費されるだけでなく、外国へ輸出された。ヴェネツィア内の用途は、国営造船所（アルセナーレ）の造船をはじめとして、街中の造船所（スクエーロ）での造船、住宅用の建材、護岸の補強用の資材、航路用の杭など多岐にわたる。

木場は、河川の河口の位置に合わせて、ヴェネツィア本島の南側と北側の二個所あった。一個所は現在の通り名に残っているザッテレ通り（Fondamente Zattere）である。ここは、ヴェネツィア本島の南側に河口があるブレンタ川から運ばれた木材の集積地であった。もう一個所の木場は、ヴェネツィア本島の北側で、現在のノーヴェ通り（Fondamente Nove）に当たる。この木場には、ピアーヴェ川から運ばれた木材が届いた。ノーヴェ通り沿いも木材置場や倉庫が多く、現在は、倉庫をレストランにリノヴェーションし、人気を集めている。(9)

現在のヴェネツィアも木材無しでは成り立たない。護岸の基礎には木材が使われており、定期的なメンテナンスが必要である。常に、街中のどこかで修復作業を見ることができる。また、舟運都市ヴェネツィアでは、係留用の杭や航路を示す杭などさまざまな場面で木杭が活用されている。今もなお、ヴェネツィアは木材に支えられ成り立っているのである。

以上見てきたように、筏流しはヴェネツィア共和国の繁栄を支え、チズモン川、ブレンタ川の文化的・経済的ネットワークを形成してきた。このネットワークは、二〇世紀に入り、陰りが見え始め、第二次世界大戦後にはトラック輸送に切り替わり姿を消してしまった。しかし現在、ヴェネツィアと周辺地域との関係を考えるなかで、ヴェネツィアにとって必要不可欠な木材に着目し、筏流しによって形成されてきた地域構造を再構築する視点は極めて重要であろう。

4 ヴェネツィア─パドヴァ間の舟運

ブレンタ川はヴェネツィアと本土とを結ぶ重要な役割を担ってきた。とりわけ、ヴェネツィアとパドヴァを結ぶ区間は物資や乗客を輸送する舟が頻繁に往来する。その区間のブレンタ川沿いは、「ブレンタ川の岸辺（Riviera del Brenta）」と呼ばれ、貴族の邸宅や別荘の建ち並ぶ品のある風景が広がる。また、ドーロ（Dolo）やミーラ（Mira）、オリアーゴ（Oriago）といった川港も発展し、賑わいを見せる。

ヴェネツィアからパドヴァへは、まずブレンタ川でストラまで上り、ストラからピオーヴェゴ（Piovego）運河を通り、パドヴァへ向かう。ピオーヴェゴ運河はブレンタ川の付け替え工事が行われる以前の一二〇一～一〇年にすでに建設された。これは、パドヴァ─ヴェネツィア間の舟運ルートの短縮を目的とした。この運河の掘削により、安定した水路でストラ─パドヴァ間の輸送が可能となった。

（1）治水事業──本流の付け替え事業

一方、ブレンタ川はたびたび氾濫し、ラグーナ内に土砂の堆積をもたらした。ラグーナ内に土砂が溜まると、水循環が悪くなり、疫病が発生してしまう。ブレンタ川の河口はヴェネツィア本島のすぐ近くに注いでいたことから、一四世紀後半には、ブレンタ川の河口を付け替える工事が行われるようになる。この時、ブレンタ川の本流はフジーナからサン・マルコ・ボッカ・ラマ島（isola di S. Marco Bocca Lama）の方に河口を付け替えられ、マラモッコ港に流すよう整備がなされた。同時にフジーナを航行する舟運ルートは守られた。そのフジーナには、水位差を航行するために「フジーナの貨車」と呼ばれる装置があったという。この装置はすでに一五世紀中頃には存在した。一八世紀中頃の絵図には、馬が舟を持ち上げる装置を回している様子も描かれている[10]。

さらに一五〇七年、ドーロからサンブルゾンを通り、キオッジア付近に注ぐブレンタ・ヌオーヴァ運河（Taglio Brenta Nuova）に付け替えられた。本流を分岐させ、土砂の堆積をヴェネツィア本島から遠ざけながら、フジーナに注ぐかつてのブレンタ川の流路は維持された。この流路がヴェネツィア本島からブレンタ川沿いの地域を結ぶ重要な航路であったことは言うまでもない。また、本流となったブレンタ・ヌオーヴァ運河と旧ブレンタ川の本流との間に生じる水位の差を解消するため、閘門が建設された。この閘門により航路は維持され、同時にドーロは川港として発展した。ドーロの発展については後に詳しく紹介する。そして一六一〇年には、ミーラでさらにブレンタ川を分岐させるヌオヴィッシモ運河（Taglio Nuovissimo）が計画され、ここでも閘門が建設され、旧ブレンタ川の本流の航路が維持された。

（2）フジーナからストラ

フジーナからブレンタ川を上ると、モランツァーニ（Moranzani）で初めて閘門に出会う。ブレンタ川では、川の付け替えを行うと同時に閘門を建設し、航路を維持してきた。その閘門の脇には必ずと言っていいほど、飲食店（オステリア）が立地する。水位を調整する閘門の通航には、ある程度の時間がかかることから、自然と人の溜まり場となり、交流も生まれる。オステリアで飲みながら、閘門の開閉を待ち、交流を楽しむ時間も流れていたであろう。また、オステリアは商談の場としても重要な機能を果たしていた。このモランツァーニの閘門は、ラグーナの海水とブレンタ川の淡水が混じる場所でもある。一七六六年の史料には、海水（Brenta Salsa）と淡水（Brenta dolce）が記載されている。水不足の問題を抱えるヴェネツィアは、ブレンタ川の水を汲んで飲料水としていた。飲料水となる水が得られるのは、海水の上がってこないモランツァーニよりも上流であっただろう。一五六一年、ドーロからモランツァーニまでブレンタ川を分岐させて、飲料水用の水路（セリオラ）を引くことが決定された[11]。このセリオラの水はモランツァーニから船でヴェネツィアまで運ばれた。セリオラについては後に詳述する。

図10　1930年代　馬が舟を引くブレンタ川上り
（G.F. TURATO, F. SANDON, A. ROMANO, et.al., *Canali e Burci,* Battaglia Terme: La Galiverna, 1981.）

図11　ブレンタ川の観光船

モランツァーニの閘門を航行し、蛇行するブレンタ川をさらに上ると、ストラまで貴族の別荘（ヴィッラ）が立地する。たとえば、マルコンテンタ（Malcontenta）に立地するヴィッラ・フォスカリ（Villa Foscari）や、ストラに立地するヴィッラ・ピザーニ（Villa Pisani）などの豪華なヴィッラが多数挙げられる。ヴィッラ・フォスカリは、一六世紀のパラーディオの代表作で、ブレンタ川に向かって舞台のような大階段が施されている。ヴィッラは一六〜一八世紀にかけて建設されていった。この頃、ヴェネツィアの貴族は海上交易から農業に経済基盤をシフトさせていたのである。こうした別荘は、背後に広がる大庭園のほかに、農場も備えていた。また、河川付け替えと閘門の建設により、ブレンタ川が安定した流れと舟運を獲得したことで、この川沿いには、貴族の別荘にとっての良好な立地条件が生み出されたと考えられる。安定した流れを確保できたブレンタ川では、現代のように舟にエンジンの無い時代、人や馬が舟を引っ張っていた。一九三〇年代は馬がまだ活躍していた様子が写真に収められている（図10）。

現在では、夏季にヴェネツィアーストラの観光船が運航しており、ヴェネツィア貴族と同じ空間を体験できる（図11）。途中、ヴィッラも見学でき、船の上からブレンタ川の岸辺の風景を楽しむ贅沢な時間が流れる。また、ブレンタ川に沿った草の道が馬で舟を牽引していた当時の様子を想像させる。残念ながら、楕円形の特徴的な閘門は閉鎖され、二〇世紀初頭の直線的な閘門を利用することにはなるが、やはり車社会とは全然違うゆっくりとした時間の流れである。さらに、運河に架けられた数個所の回転橋の開閉を待つのも舟運の楽しみの一つである。こうした、以前ほど使われなくなった水路を保存し、観光船を運航させることで、周辺地域の価値も維持されるのではないだろうか。

5　小麦の製粉所の建設

ドーロでは、治水事業にともない、ブレンタ川の上流側と下流側で水位差が生じたことを利用して、ヴェネツィア共和国の管理の下、小麦の製粉所が建設された。一五三五年に製粉所の建設を巡る議論が起こり、一五四〇年には建設が開始された。そして一五五一年に完成し、一大生産拠点になったのである。一五五〇年のクリストフォロ・サッバディーノ（Cristoforo Sabbadino）によって描かれた製粉所の計画図がある（図12）。そこには、四つの製粉所が描かれ、ドーロを一大生産拠点にすることを想定していたことがうかがえる。それまでは、ヴェネツィア本島に近い本土のメストレ（Mestre）で水車を利用した製粉が行われていた。メストレを流れる河川もラグーナに注いでおり、水車によっ

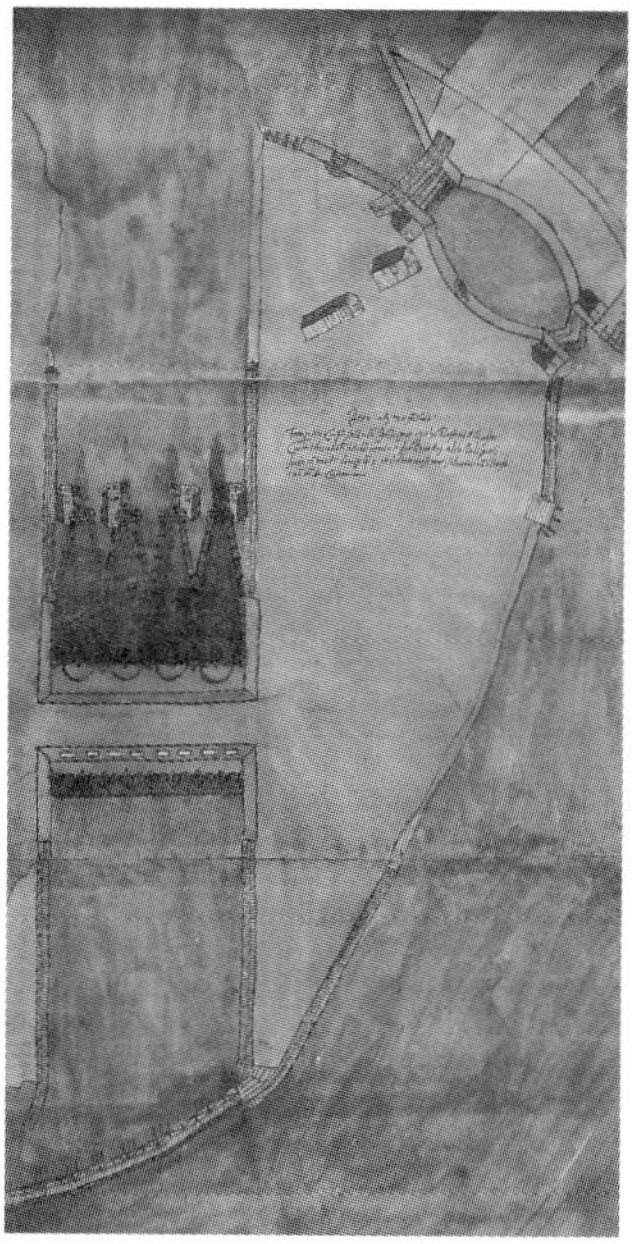

図12　1550年ドーロの製粉所の計画図（クリストフォロ・サッバディーノ作成）（A.S.V., SEA, dis.Brenta, n.16.）

図13　若者で賑わう元製粉所の周辺

て沈殿物が溜まると、結果的にラグーナの水循環に悪影響を及ぼす状況が生じていたのである。そこで、常にラグーナの水循環を重要視してきた、キオッジア出身のC・サッバディーノは、沈殿物の溜まりやすい製粉所をラグーナからより遠い場所に移転しようと計画した(12)。この頃、ヴェネツィアは一〇～一五万人もの人口を抱えていた。当時のロンドンの人口は三万人、パリは五万人であることから、ヴェネツィアがいかに大都市であったかがうかがえる。ドーロの製粉所は、この人口増加による大量の食糧供給を担い、またヴェネツィア共和国内外に輸出され、一大産業を築いたのである。製粉所は一六世紀までヴェネツィア共和国に所有され、その後は民間に貸され、最終的には民間に売却された。そして一九世紀末には、製粉所の機能は止まっていたが、一九〇一年に公共事業として復活再生された。

　現在、製粉所はバール兼レストランになっており、水の流れと音を聞きながら食事や会話を楽しむ場に蘇っている。この店は、従業員の親が一九九四～五年頃、水車を設置して回転するよう製粉所を再生し、二〇〇一～二年頃、現在の店を開業したという。製粉所の周辺は、今では若者や観光客に人気のスポットとして夜も賑わっている（図13）。こうした歴史的遺産を活用した空間が、現代建築にはない迫力をもち、街の中心となっているのである。

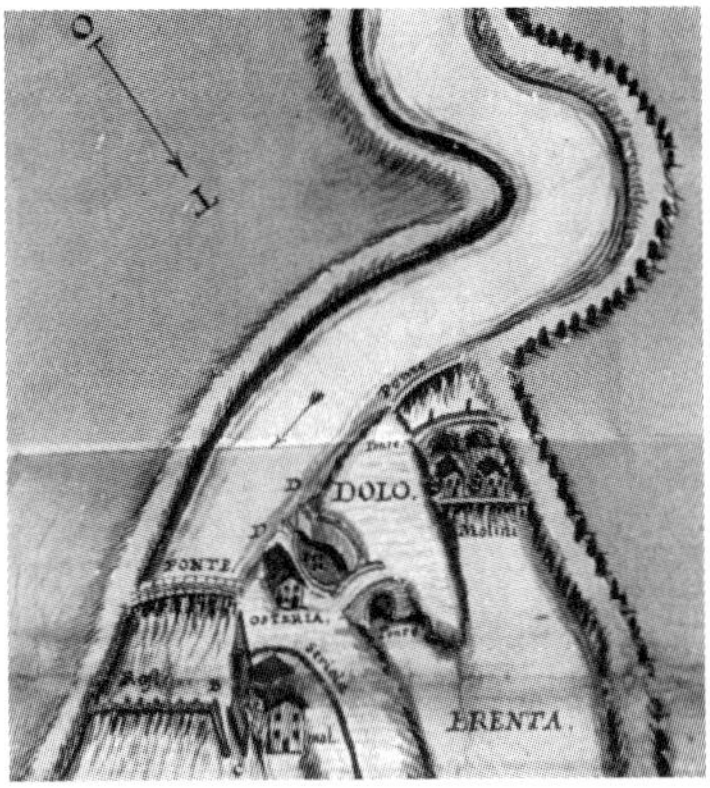

図14　1683年ドーロ
水車、閘門、オステリア、セリオラが描かれている　（A.S.V., SEA, dis.Brenta, n.71, 6.）

6　飲料水用の水路（セリオラ）

ドーロにはもう一つ、飲料水をヴェネツィアに供給する場所としての重要な役割があった。ヴェネツィアは水に囲まれていたが、島からなることから常に飲料水に悩まされてきた。このことは『サヌートの日記』にも指摘されている。[13] ヴェネツィア本島では、ポッツォ（pozzo）という雨水を貯める貯水槽を広場や邸宅の中庭など街の至るところに設置し、島に降った雨を全て飲用水や生活用水に有効活用する工夫がされてきた。しかし、それだけでは充分な飲料水を確保することが難しかった。そこで、ブレンタ川の海水の上がってこない場所まで行き、淡水を直接汲んでヴェネツィアのポッツォまで舟で運んでいたのである。[14] その場所がここドーロであった。

その後、ドーロからラグーナ付近のモランツァーニまでブレンタ川の水を引く水路が整備された（図14）。モランツァーニからヴェネツィア本島へは舟で運ばれ、ヴェネツィアの貯水槽に水を供給した。この水路はセリオラと呼ばれる。一五六一年にブレンタの水を分岐させることが決定された。取水口はかつて架けられていたジュデッカ橋の下にあり、「都市のための飲料水（HINC URBIS POTUS）」であることが記載された石盤と聖マルコの獅子の彫刻が施されたものが置かれていた。この場所の神聖さを尊重するよう人々に示した石盤は、現在も当時と同じ場所に置かれ、獅子の彫刻は市庁舎に保管されている。また、セリオラそのものを現在も一部見ることができる。ドーロの中心部からブレンタ川を渡ると南東に向かってセリオラ通り（Via Seriola）が通っている。その道路沿いを流れる水路がかつてのセリオラである。セリオラは段差を設けて浄化する工夫も施されていた。こうした仕組みは、上水道が整備されるまで続いていた。

まとめ

以上のように、ブレンタ川は実に多様な役割を担ってきた。豊富な資源のあるブレンタ川流域の地域が背後にあったからこそ、ヴェネツィアは繁栄することができたのである。今回はブレンタ川のみに着目したが、ヴェネツィア周辺のラグーナやアドリア海にはピアーヴェ川、シーレ川、バッキリオーネ川など多数の河川が注ぎ、それぞれの流域の都市や集落とヴェネツィアが密に結びつきながら相互に発展し、特徴ある地域（テリトーリオ）を形成してきた。このように、河川・運河という水の空間軸から、ヴェネツィアと本土の間に成立していた密接な関係を捉え直すことで、ヴェネツィアの繁栄の背景を構造的に考察でき、そのことを通じて、従来の、主として政治的領域の枠組みで捉えられてきたヴェネツィア史研究の視点とは違う、新たな側面を描くことができるのである。

注　記

（1）陣内秀信・高村雅彦編『水都学Ⅰ――特集　水都ヴェネツィアの再考察』法政大学出版局、二〇一三年。

（2）本稿は二〇一三年八月一五～二四日に陣内研究室で行った調査をもとにまとめたものである。本調査は、パドヴァ、トレヴィーゾをはじめとするシーレ川流域、バッサーノ・デル・グラッパなどのブレンタ川流域を対象として行われた。

（3）Giovanni Caniato, Eugenio Turri, Michele Zanetti (a cura di), *La Laguna di Venezia*, Sommacampagna: Cierre, 1995.

（4）Aldino Bondesan, Giovanni Caniato, Francesco Vallerani, Michele Zanetti (a cura di), *Il Sile*, Sommacampagna: Cierre, 1998.

（5）樋渡彩「水都ヴェネツィア研究史」陣内・高村編『水都学I――特集 水都ヴェネツィアの再考察』、九五～一三五頁。
（6）現地の解説板
（7）Roswitha Asche, Gianfranco Bettega, Ugo Pistoia, *Un fiume di legno: fluitazione del legname dal Trentino a Venezia*, Scarmagno: Priuli & Verlucca, 2010.
（8）ヴァルスターニャのブレンタ川博物館（Canal di Brenta）には、筏流しに関する史料や道具のほかにタバコ産業についても展示されている。この博物館の展示は、『ブレンタ川の人と風景（*Uomini e paesaggi del Canale di Brenta*）』（二〇〇四年）をまとめた人類学専門のダニエラ・ペルコ（Daniela Perco）の研究をもとにしている。
（9）一九一一年の航空写真から、現在船溜まりであるミゼリコルディア入り江（Sacca della Misericordia）を木場にしていた時代があったこともわかる。ここはノーヴェ通りに近く、この頃はピアーヴェ川方面からヴェネツィア本島内まで木材が届いていたのである。
（10）Vito Favero, Riccardo Parolini, Mario Scattolin (a cura di), *Morfologia storica della laguna di Venezia*, Venezia: Arsenale, 1988.
（11）Giuseppe Badin, *Storia di Dolo*, Fiesso d'Artico: La press, 1997, p.40.
（12）Mauro Pitteri, *Il Brenta a Dolo*, Aldino Bondesan, Giovanni Caniato, Danilo Gasparini, Francesco Vallerani, Michele Zanetti (a cura di), *Il Brenta*, Sommacampagna: Cierre, 2003, pp.298-300.
（13）ジョルジョ・ジャニギアン、パオラ・パヴァニーニ「ヴェネツィア――都市の建設過程と真水の確保」陣内・高村編『水都学I――特集 水都ヴェネツィアの再考察』、三八頁。
（14）Massimo Costantini, *L'acqua di Venezia: l'approvvigionamento idrico della Serenissima*, Venezia: Arsenale, 1984.

荒川水系――筏流しと舟運

道明 由衣

はじめに

大都市・江戸の発展は舟運を使った物流システムに支えられていた。江戸は周辺地域と密接なつながりを持ちながら大きく発展していったのである。その関係を作り出したひとつが、内陸と江戸を結ぶ重要な航路である荒川の存在であった。

荒川に関する研究としては一九八七年にさまざまな視点から調査した『荒川総合調査報告書』が埼玉県から刊行されている。大規模で他に類を見ない河川の調査であるが、調査範囲は埼玉県内にとどまっている。また、近年、荒川流域では地方の郷土資料館等が常設展や特別展に力を入れ、その地域の郷土史研究が進められているものの、荒川流域全体を捉えた広域の研究は行われていない。特に荒川での木材輸送に関しては源流や木場ではそれぞれ研究が行われているが、源流から河口まで一連の流れを追ったものは見当たらなかった。

本稿では『荒川総合調査報告書』をはじめ、荒川流域の郷土資料館の展示内容や図録、河川平面図や明治迅速測図などの一次資料に加え、現地調査やヒアリングをもとに荒川の源流から河口までを追い、筏流しと舟運の視点から江戸・東京と荒川流域とのつながりを明らかにしていきたい。また、本稿において源流にあたる甲武信ヶ岳から熊谷市

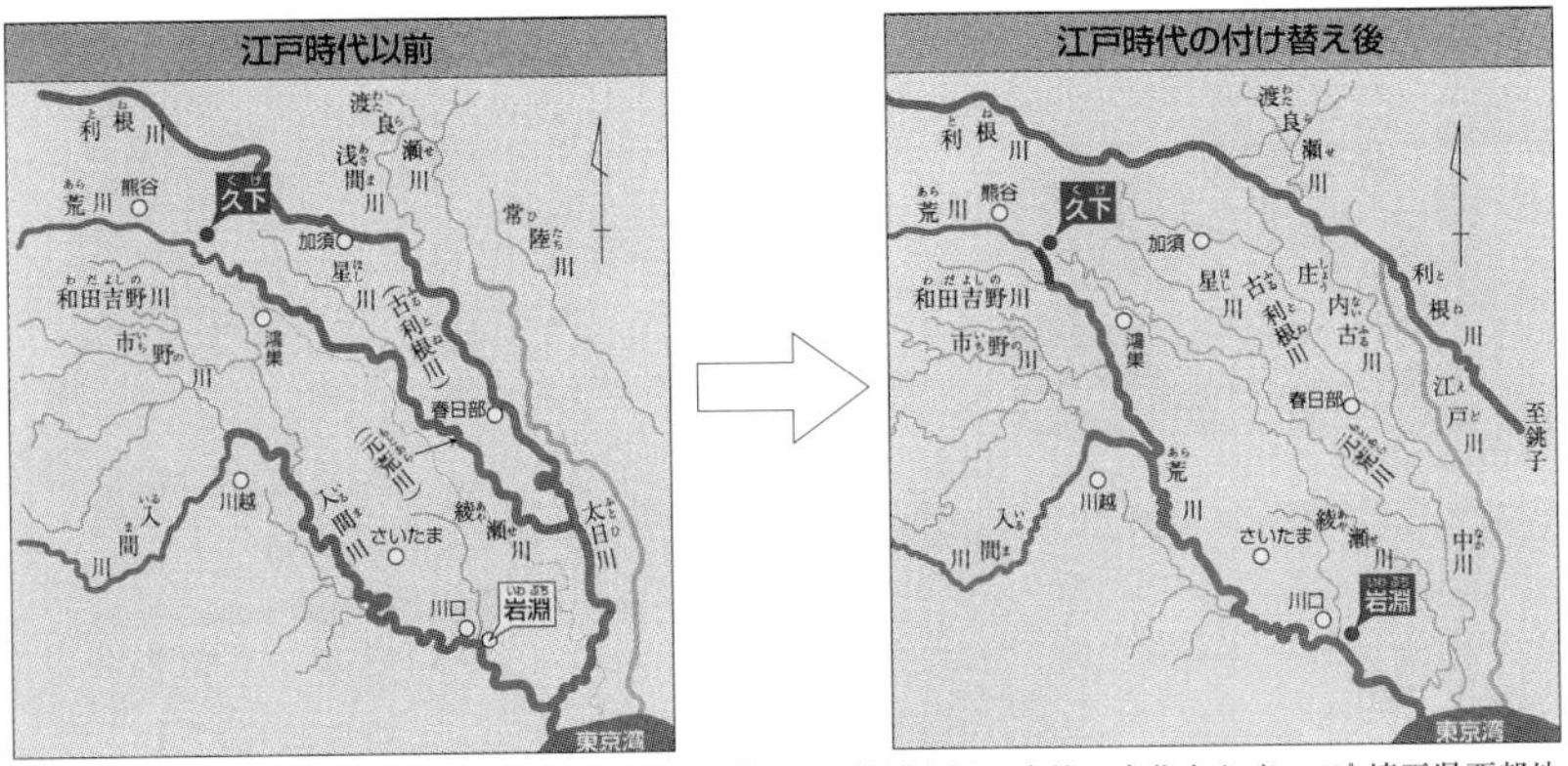

図1　荒川の瀬替え　（企画展図録『入間川再発見！――身近な川の自然・文化をさぐって』埼玉県西部地域博物館入間川展示合同企画協議会、2004年より）

新川までを上流、新川から彩湖のある戸田市までを中流、さいたま市から東京湾までを下流とする。河口は特に東京都に入ってからのことをさす。

1　荒川の概要

荒川は奥秩父を源流とし埼玉県と東京都を流れ東京湾に注ぐ一級河川である。古くから暴れ川として有名で、多くの洪水や氾濫を引き起こしてきた。名前の由来も荒ぶる川からきており、この荒ぶる川を治めるために江戸時代初頭から河川改修が繰り返し行われてきた。

荒川での大きな河川改修としては、江戸時代の瀬替えと明治期から昭和にかけて行われた荒川放水路の開削がある。

江戸時代の瀬替えは利根川から荒川を切り離すもので、現在の熊谷市久下のあたりで河道を締めて新しい川を開削し、荒川の本流を当時入間川の支流であった和田吉野川の流路と合わせて東京湾に注ぐ形にした（図1）。これが現在の荒川の流路の原型と言えるだろう。この瀬替えは、埼玉県東部の低地（農地）を洪水から守ることのほか、秩父山系からの木材の輸送経路の開発、中山道の交通確保を大きな目的としていた。瀬替えによって水量が確保された荒川では舟運が活発になり、船による大量輸送が可能となった。これにより周辺地域は江戸の発展を支え、江戸の発展が内陸の村々の暮らしを向上させたと言われている。

しかし瀬替え後も洪水による被害は絶えず、明治四三年の大洪水は関東から東北にかけて甚大な被害をもたらした。これを機に政府は荒川放水路の開削に乗り出した。川口や戸田あたりで蛇行していた流路をまっすぐにし、千住町を避ける形で中川に合流して東京湾に注ぐ流路となった。川の両岸には堤防が築かれ洪水の被害は大幅に減ったが、人々の生活は川から切り離されたものとなった。

2 江戸を支えた木材

江戸にとって木材は生活に欠かせない重要な資源であった。エネルギーとしての薪炭をはじめ、神社仏閣や住宅などの建材、家具、下駄や箸など生活用品のほとんどに木材を使用していた。特に幕府が開かれてから急激に都市化した江戸では大量の木材が必要となった。江戸城築城の際には木材の大生産地である木曽・紀州・秋田の材が使われたが、生活用品など細々したものには近在物の青梅材や西川材が使われた。江戸時代、木材輸送に利用されたのは川や海の水運であったため、青梅や秩父の材は早く届くことから重宝されており、幕府直轄の山があった奥秩父からは、薪炭を主とした木材が筏を使って荒川を流れ、江戸に届けられていたという。


では、どのようにして木材は届けられていたのだろうか。

荒川流域各地の郷土資料をまとめると、木材輸送の全体像が明らかとなった(図2)。

荒川の源流である甲武信ヶ岳や奥秩父の山々から切り出された丸太はまず、地形を利用した修羅だしやそり、渓流を利用した鉄砲堰や管流しによって、水量のある本流まで運ばれていた。本流まで運ばれた丸太は河原に集められ、極印が打たれる。極印とは出水による流出、散乱、盗難を防ぐために木材の切り口部分に墨で持ち主の印をつける

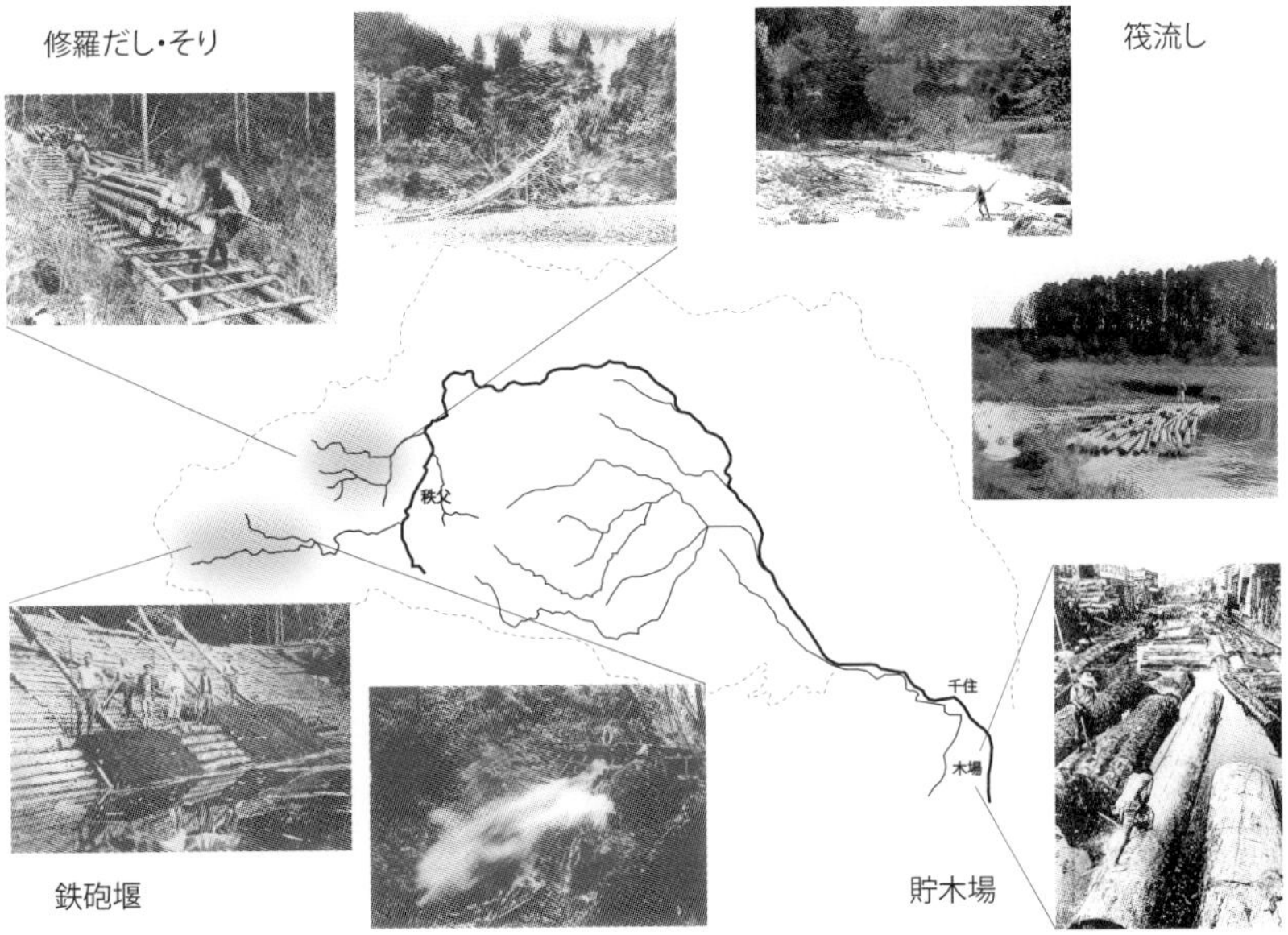

図2　木材輸送の流れ

鉄のことである。極印が打たれた丸太は筏に組まれ、千住や木場まで運ばれた。報告書によると、筏組み立て場は埼玉県大滝村から寄居町にかけて八カ所確認されている。また、奥秩父の幕府直轄の山から切り出された木材には、流出を防ぐため厳しい統制が加えられていた。材木の木品、木数の出所を検査していた場所「材木改め所」が上流の栃本と荒川と赤平川の合流地点二カ所に存在した（図3）。

筏流しは三〜四日かけて千住に届けられた。皆野町から流す場合、一日目に皆野町野巻から寄居町末野まで行き、二日目に末野から熊谷の久下・新川まで流す。三日目に平方や戸田まで行き、四日目に千住に着く場合と、三日目に熊谷から一気に千住まで行く場合があった。上流は水量も少なく川の蛇行が多かったため、流すのには時間がかかった。筏の上には貫、板、杉皮などの加工品や薪炭をのせていたという。

筏の終着点である千住は日光街道の初宿として整備された重要な場所であった。荒川の舟運が発達すると千住大橋の両岸に河岸場ができ、水陸交通の要となった。筏による材木の流送が活発になると河岸には材木業者や筏

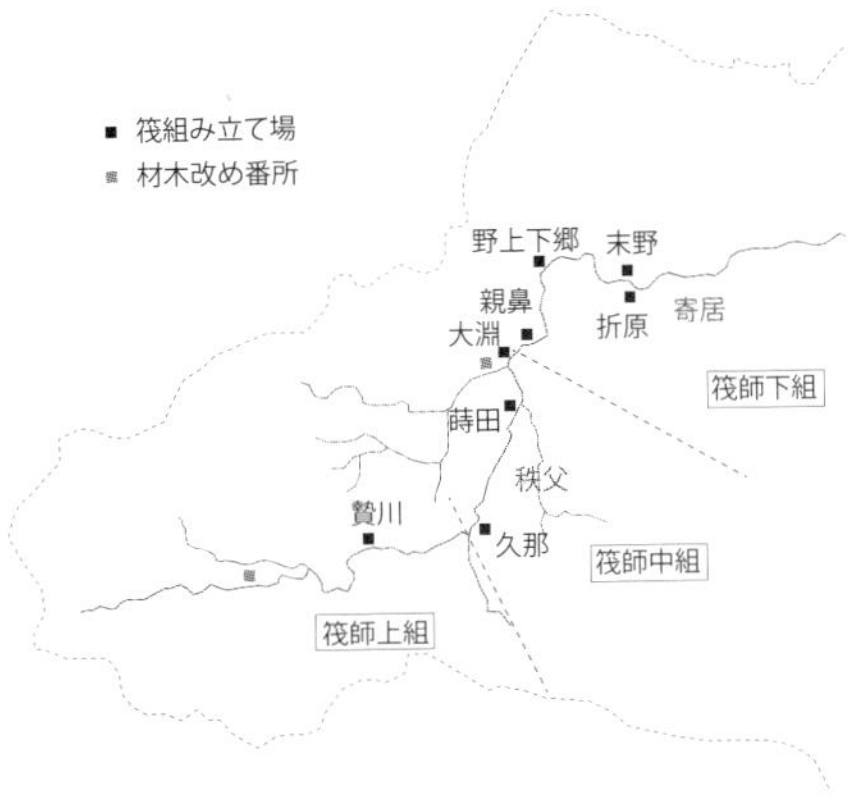

図3　材木改め所　位置図

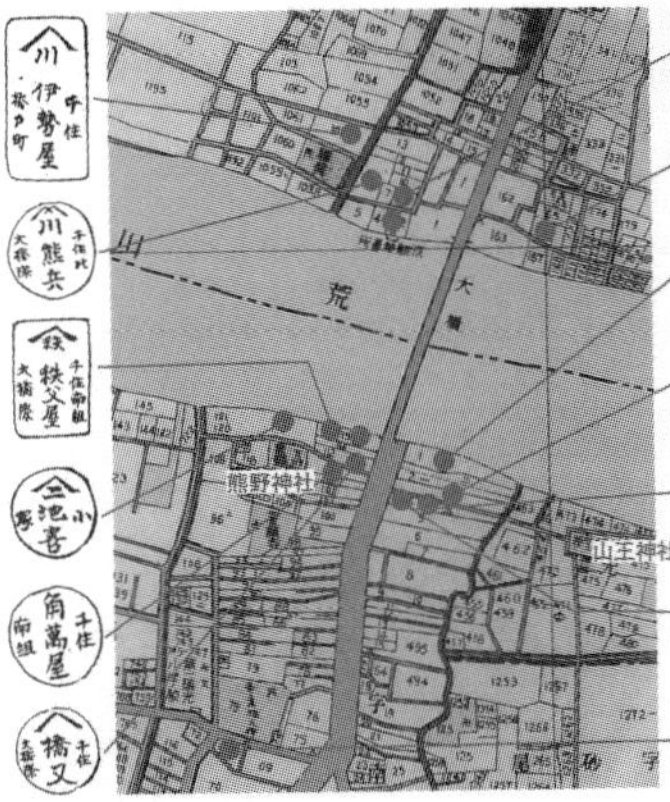

図4　千住　材木問屋の分布
（前掲『入間川再発見！――身近な川の自然・文化をさぐって』より）

宿が軒を連ねるようになり、江戸時代後半の浮世絵には千住大橋の両岸に木材を立てて乾燥させている様子が描かれている。明治二〇年代には川幅の半分を筏が占めたと言われており、木場をしのぐほど盛況だったと思われる。このころの『千住組材木問屋宿所番地控』（荒川区教育委員会複写）では一三軒の材木問屋が荒川両河岸、千住大橋付近に確認することができる(1)（図4）。

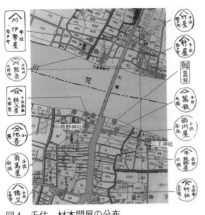

筏は千住で陸に揚げられることもあったが、そのまま水運を利用し木場まで運ばれることも多かった。木場とは木を置く場所という意味で、江戸時代、水運を利用し運ばれてきた木材はここに保管された。木材は海水に浮かせて保存することにより腐食を防ぐことができるため、海に近く流通に便利な深川木場には多くの材木商が集まり、材木流通の中心となった。川に浮かぶ筏やそれを操る川並の姿は長い間深川を代表する風景であったが、昭和四〇年代には地盤沈下や環境の悪化により新木場へと移転した。これにより深川木場の情景はすっかり変わってしまったが、埋め立てられた運河の近くには今でも製材業を営む人の姿もあり、当時の面影が残っている。

秩父方面からの筏流しは大正時代から衰退し、昭和五年に秩父鉄道が三峰口まで延長されてから姿を消したと言われている。筏流しは常に死と隣り合わせであったため、荒川沿いには安全を祈願した水神が多く祀られていた。現在でもその信仰は続いており、秩父の三峰神社には地元の人だけでなく木場や新木場の人も参拝に来るという。

3　荒川の水流利用と舟運

水流利用

河川の使われ方は農業用水や生活用水などさまざまであるが、そのひとつに水流のエネルギーを利用した水車があった。荒川上流域には、船に水車を設置した船水車と陸に設置された一般的な水車の二つのタイプがあり、『荒川総合調査報告書』では秩父市大滝から熊谷にかけて合計三三〇カ所確認されている。また、明治迅速測図では船水車が荒川本流に描かれていることが確認できた（図5）。船水車は江戸期の紀行文、加藤玄悦の『我衣』の中で図とともに記述されていることから、始まりは江戸期以前と考えられる。普通の水車に比べ動力が大きいことから、麦の製粉を主とした農産加工用として機能していた。また、船水車は水の増減に左右されず大水の際には避難させることができた。上流域では大型船の航行が禁止されていたため水車が舟運の妨害になることはなく、船水車は荒川の特徴を捉えたこの地域独特の文化だと言える。その他の水車では製粉以外にも、火薬づくりや金属加工用のものがあったようだ。現在では観光用の水車以外は残っておらず、水車が存在していたことを知る人も少ない。

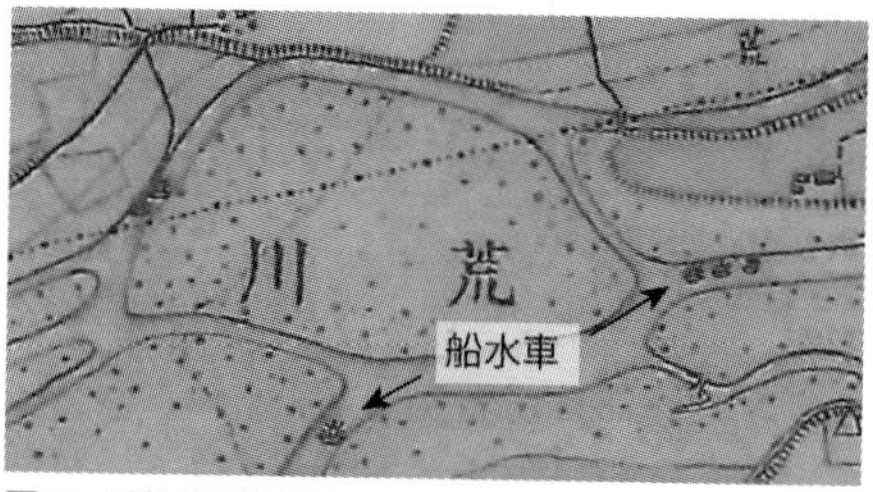

図5　明治迅速測図にみられる船水車

舟運

水を利用して人や物を運ぶという水運の起源は原始や古代まで遡る。荒川流域では、漁や水上航行に使われていたと見られる丸木舟が八艘出土している。丸木舟は一本の木の幹をくりぬいて造られた船で、木材の入手が容易な地域では先史時代から広く用いられていた。

また、流域には板碑という中世の供養塔が数多く存在している。板碑の材料となる石材の原産地は秩父で、下流域までの石材の運搬には水運が利用されたと考えられる。

舟運の最盛期は江戸時代であったと言えるだろう。一七世紀初め江戸・大坂・京都の三都を中心とする幕府や藩の全国市場があいまって都市と農村の交流が盛んとなり、馬や牛を使った内陸の陸上輸送に比べて大量の物資を安い運賃で運ぶことのできる河川水運が全国に発達した。

東京の北部に隣接する埼玉県は江戸地回り経済圏として、江戸の台所を潤してきた。[2] 荒川で取り扱われた貨物は、主に下げ荷では米・大豆・小豆・味噌・木炭・紙など、上げ荷では下肥・材木・塩・干し鰯・砂糖・油・日用雑貨などであった。荒川流域で特色のある貨物は太郎右衛門の下駄甲・瓦、平方の小麦、羽根倉の太物・竹類、川口の蓮根・くわい・鋳物である。特に下肥船は江戸と近郊の農村を強く結びつけていた。大都市江戸の誕生によって近郊農村は膨大な消費人口を抱えた江戸への物資供給地としての役割を担うことになった。荒川流域では米・麦・雑穀を基軸として多種多様な野菜類が少量ずつ栽培され、舟で江戸に送られるようになった。農業に欠かせないのが、「金肥」と呼ばれた下肥の存在だ。膨大な人口の江戸から日常的に生み出される廃棄物はリサイクルされ、肥料として使われていた。下肥の大量輸送には舟運が利用され、江戸から距離のある農村でも水路のある限り川をさかのぼり、それから陸揚げをして馬で運んだ。これによって、農村から食料を江戸へ、下肥を江戸から農村へという舟運を利用したエコシステムが確立された。

河岸

荒川では江戸中期（一八世紀）以降、江戸と後背地を結ぶ商品流通が活発化するようになり、問屋を中心とする河岸の機能は一層高まる。幕末には平方や戸田のように町並みを作り出すところも現れる。また、河岸は商品だけでな

図６　河岸分布図　（『荒川 人文II——荒川総合報告書3』埼玉県、1988 年より）

く江戸文化も受け入れる場所であった。

江戸時代には二三の河岸場が知られ、一八八三（明治一六）年では同数の二三河岸がわかっている[3]（図６）。明治に入ると新政府は関東の川船支配を東京府に委ね、旧幕時代の規則を据え置きつつ船税規則を作り、全国の川船税統一を図った。一方で、貢米は正米納から金納に変わったため、廻米が不要となった。舟積問屋は陸運元会社へ加入し始め、殖産興業の方針のもと封建的な問屋株・船年貢・役銀などが廃止され、舟運機構は近代化されていった。鉄道や新しい交通手段が出てくるなかで、明治中期以降はそれまでの機能を失い、渡船場、砂利揚げ場、筏や漁船の繫留所として扱われるところが増えていった。また、一八八三年の高崎線開通により、埼玉県内の市場構造が大きく変化し舟積問屋は徐々に営業不振により廃業していった。さらに一九一〇（明治四三）年夏の大洪水により翌年の一九一一年から荒川放水路開削が始まった。この治水対策が大きなきっかけとなり、河岸は次々に姿を消した。

『荒川調査報告書』では二三河岸のうち一二河岸で、荒川河川台帳・荒川筋平面図を原図とした河岸の復元図が聞き取り調査によって作成された。これをもとに明治期の地図と現在の地図も用いて河岸と周辺地域を含めた広域の比較分析を行ったところ、荒川の河岸の特徴がみえてきた。

河岸の立地は河川と主要街道との交差点、二河川の合流または分流地点、遡行地点などであるが、荒川の河岸の立地には特に見られない。もともと往来のあった場所に渡船場があり、それに併設する形で設立されたようである。河川と主要街道の交差点にできた戸田・平方は他の河岸に比べ取引量が多く終焉時期も遅かった。荒川の舟運は平方を境に上流と下流で衰退時期が異なる。これは明治一六年の鉄道開通と合わせて平方に橋がかけられたことにより、大型船の終着点が新川から平方に変わったことが大きな要因である。大型船の行き来がなくなった上流では著しい衰退がみられたが、平方から下流は明治二〇年代以降も栄えていた。しかし、その後行われた河川改修による流路の付け替えにより、昭和初期までに河岸は次々と姿を消した。河岸の現在の状況を比較してみるといくつかのパターンに分類することができる。

一、河岸(渡船場)に橋がかけられている(大芦・御成・太郎右衛門・平方・戸田)
二、旧流路が残っている(御成・飯田・石戸・道満)
三、河岸への道が残っている(五反田・高尾・畔吉・飯田)

現在の状況からみても河岸の終焉時期とその理由は一様に同じとは言えないだろう。

4　受け継がれた記憶

荒川では舟運衰退と河川改修によってすべての河岸が姿を消した。河川改修以前の記憶を持つ人も年々減り、当時の様子を知ることは難しくなってきている。現在に受け継がれているものは何なのであろうか。河岸の中でも規模が大きく、集落の遺構が残っている二つの河岸を紹介する。

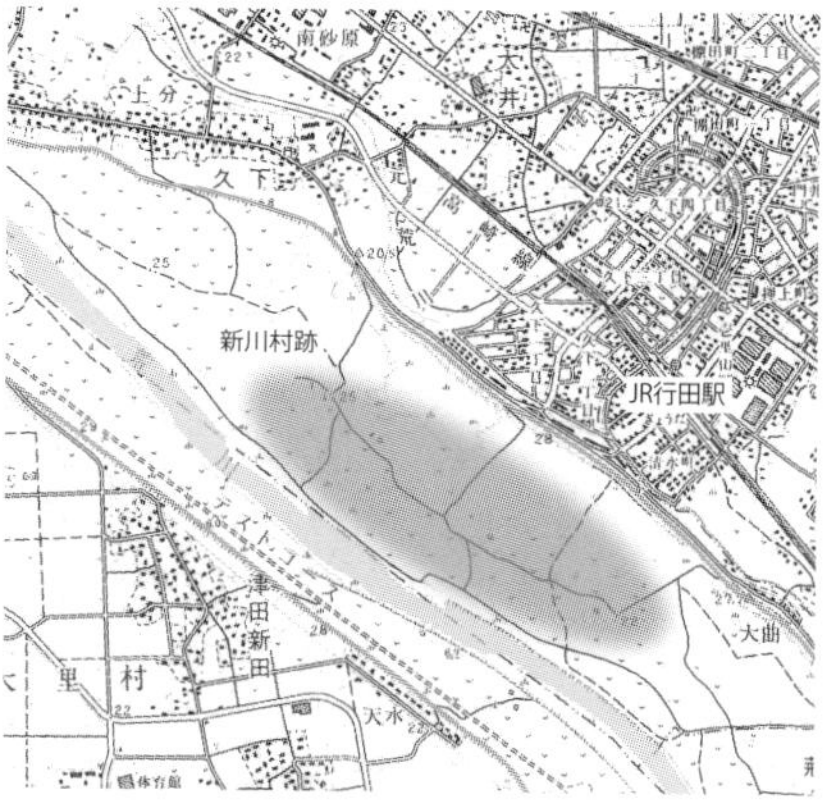

図７　新川河岸　位置図

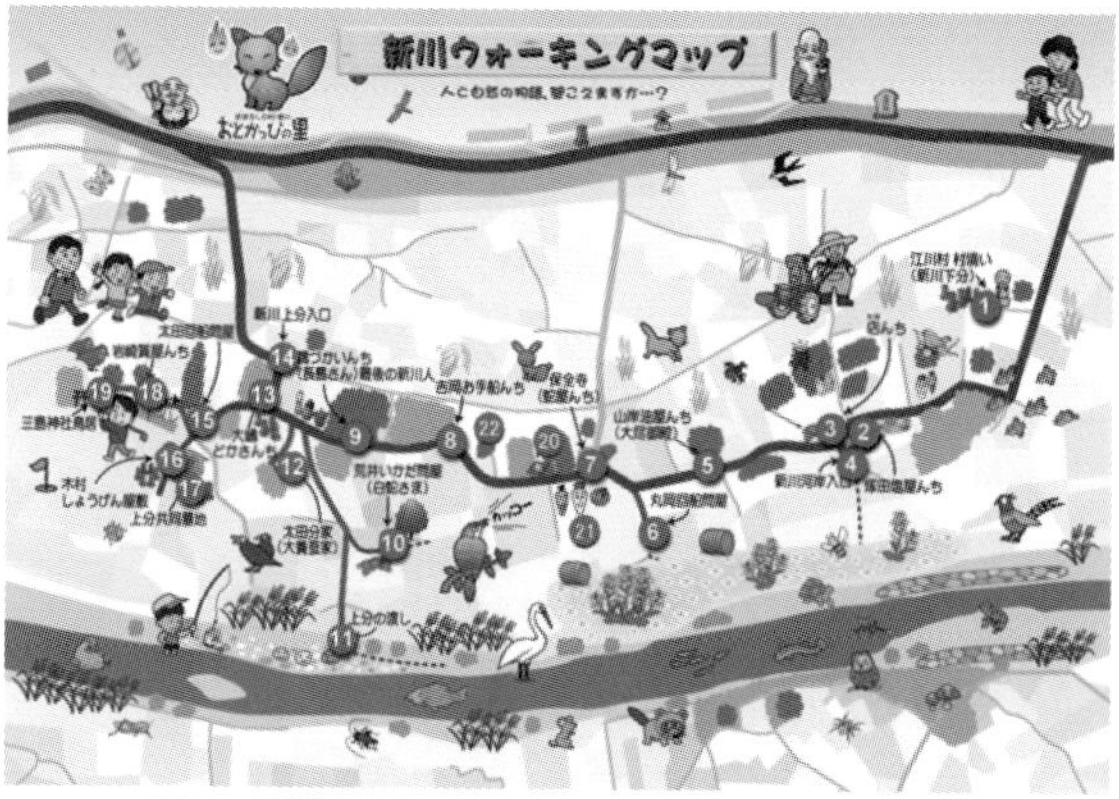

図８　新川ウォーキングマップ
幻の村 新川村（http://shinkawa-muse.net/index.htmlより）

一つめは新川河岸である。新川河岸のあった新川村は熊谷市の南東に位置し、ＪＲ高崎線の行田駅から徒歩五分ほどの堤外地にあった（図７）。新川村に人がいなくなったのは昭和五六年のことである。洪水に加え河川改修によって立ち退きを迫られた人々は、堤内地へと移住した。住人がいなくなってから半世紀以上たつが、村のあった場所にはいまだに郵便番号や電柱が残る不思議な空間が受け継がれている。現在、住宅はなくなっても同じ場所で農業を続ける住民が新川菜園村という農園を作り、畑を耕している。また、新川村の元住人たちは元集落のウォーキングマップ（図８）の作成や、ボランティアで竹林や畑の整備、イベントの開催などをして、新川村の存在を次の世代に伝える活動をしている。

ウォーキングマップをもとに残された村の跡をみていく。堤防の上からは川の存在は確認できないが、田畑が広がる堤外地の所々に木々の生い茂った場所がみられた（図９）。これは村の軸となっていた道沿いに存在していた屋敷の跡で、屋敷林と呼ばれるものである。もともと、出水の際に防潮林としての役割があり、現在でも土地の所有者が伐採しないように管理してきたそうだ。鬱蒼と生い茂り建物の跡は見ることができないが、屋敷の存在を想像させてくれる林である。林の他はほとんどが畑だが、畑の中で一段高くなった場所があった。よくみると一段高くなった畑の周りには石垣が積まれている。廻漕問屋を営んでいた島村家の屋敷の石垣が残されているのである（図10）。注意してみないと見過

図9　屋敷林

図10　石垣

図11　共同墓地

図12　三島神社の鳥居

ごしてしまうほど景色にとけ込んでいた。村の軸となっていた道を歩いていくと、少し開けた場所に墓石が並んでいる（図11）。無造作に置かれているが、ここは新川村の住人の先祖代々のお墓であり、今でも墓参りにくる人がいる。新川村には二つの共同墓地があり、どちらも子孫が新しい花を供え掃除をしているそうだ。そして、村の一番端には、平安時代に久下氏が建てたといわれている三島神社の鳥居が残っている（図12）。この鳥居は二〇〇四年に約三分の一が埋まった状態で発見された。この神社は大正の初め頃、堤内地にあった三島神社と合祀され、久下神社と名前を改め、現在でも存在している。鳥居が壊されずに残っていたことから、天候、特に洪水や大水の被害を受ける河川敷の村の人々は自然を敬い信心深く暮らしていたことを垣間みることができた。村のあった場所から川までは手入れがされておらず、背丈ほどの草をかき分けなければ辿り着くことができない。そのため河川敷には人の気配も車の気配もなく、川の穏やかな流れに舟運の栄えていた頃を想像することができた。

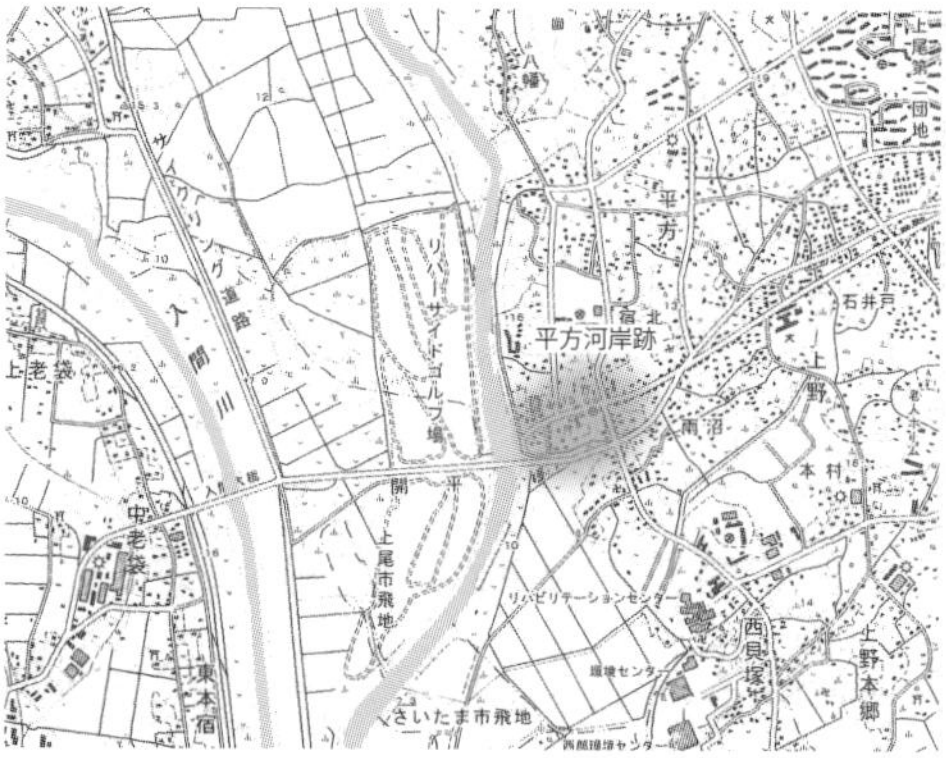

図13　平方河岸　位置図

二つめは平方河岸である。ここは荒川沿いでは珍しく堤防がなく、川と町が一番近い場所である。平方河岸は荒川の中流、上尾市の南西部に位置する(図13)。平方は古くは平方宿と呼ばれていたこともあり、中山道上尾宿と城下町川越を結ぶ街道の中間地点の宿場として立地していた。江戸時代の瀬替えを機に河岸が作られたとみられている。また、かつては上流六〇〇メートルで入間川が合流しており、秩父から流れてきた木材だけでなく、入間川から流れてきた西川材もここで筏に仕立てられていた。平方は水陸交通の要であり、宿場と河岸、両方の機能を兼ね備えていたことが繁栄の大きな要因だと考えられる。明治一六年の高崎線の開通により荒川の舟運は大きな打撃を受けた。鉄道開通後、平方には渡船場に船橋と呼ばれる仮設の橋が架けられた。船橋とは、船を並べてつなぎその上に板をかけて渡した橋のことで、船が通る時には、板が渡された船を動かして橋をあける。平方の船橋は開平橋と呼ばれた(図14)。明治二三年には固定の橋となり、大型船や長仕立ての筏は通行困難となる。平方より上流の河岸は鉄道の影響に加えこの橋の影響で衰退したと思われるが、平方は新たに大型船の終着点となったため、河岸としての役割は維持することになった。しかし大正に入ると鉄道の影響が大きく、舟運は衰退し、平方でも河岸問屋は次々に姿を消した。昭和初期、河川改修が行われ、平方より上流で荒川に垂直に合流していた入間川は新たな川を掘削し、平方より下流に合流地点が設けられた。そして、平方で大きく湾曲していた荒川もまっすぐに付け替えられた。流路が大きく変化した時代でも町並みは変わることはなかった。

現在の平方は河岸があった時代の道をそのまま残しており、通り沿いには平方が栄えていた時の象徴とも言える建築がいくつか残っている。問屋を営んでいた石倉家の屋敷と、神山家の煉瓦蔵・煉瓦塀である(図15、16)。これら

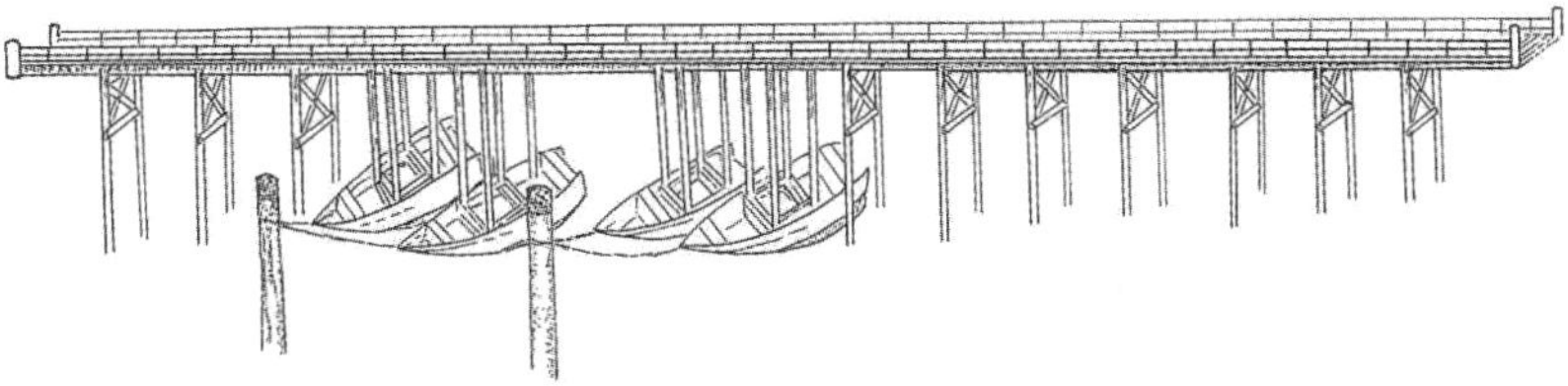

図14　船橋(開平橋)　(前掲『荒川 人文II――荒川総合報告書3』より)

図16　煉瓦塀

図15　煉瓦蔵

は上尾市によって文化財保護のために調査が行われている。保存状態が良いとは言いがたいが、やはり煉瓦造の屋敷や塀は明治時代の平方の繁栄を思わせる。今でも川に続く階段が残されている。川に一番近い場所でうどん屋を営む夫婦に話をうかがうことができた。堤防を作る話がたびたび上がったが大雨などで水が上がってきてもこの場所を去ることも堤防が必要だと感じることもないという。先祖代々の土地への愛着が感じられた。また、平方には川と結びついた祭りが行われている。奇祭・どろいんきょである。毎年七月下旬に行われるこの祭りは専用の神輿をあらかじめ水を撒いた庭先で転がし、神輿や担ぎ手がどろまみれになる祭りで、途中では神輿を担ぎながら荒川に入る。堤防がなく荒川に一番近い町だからこそできることである。この祭りは利根川筋葛和田河岸の暴れ神輿と対比され、江戸の影響を受けた河岸文化の凝縮された姿と言えるだろう。

おわりに

大都市・江戸東京と荒川流域は川という自然条件を最大限に利用・制御し、経済面・文化面において密接な関係を築いていった。また、舟運は都市と都市を結ぶだけではなく、その航路となる地域ともつながりを生み出す。近代化により、交通手段が鉄道や飛行機など便利になればなるほど都市と都市の結びつきは強くなったかもしれないが、内陸の舟運が廃れ、その中間地域とのつながりは失われてしまった。舟運によって一時代が築かれた地域において、現在、残された時代の痕跡を探りながら歴史を理解し、もう一度広域におけるつながりを思いおこすことは地域の個性を見つめ直すきっかけとなり、地域再生への力になるのではないだろうか。

注記

（1）入間川4市1村合同企画展図録『入間川再発見！——身近な川の自然・文化をさぐって』埼玉県西部地域博物館入間川展示合同企画協議会、二〇〇四年、九〇頁。
（2）『荒川 人文Ⅱ——荒川総合報告書3』埼玉県、一九八八年、一五五頁。
（3）同前書、一五七頁。

研究報告

音風景史試論——遅野井（善福寺池）を中心として

鳥越　けい子

はじめに

私の故郷であり、今も暮らしているまち善福寺（杉並区）は、ＪＲ中央線の北、西荻窪駅から歩いて二〇分ほどの距離にある。まちの中心には善福寺池（図１）があり、三宝寺池、井之頭池と共に「武蔵野三大湧水池」のひとつとされる。これらの池はいずれも、奥多摩等の山地や丘陵からの水の流れがひとたび地下に潜り、武蔵野台地に降り注いだ雨と一緒になって、扇状地の端のところで地上に湧き出した水源である。

私はこの土地に生まれ、この池の畔《ほとり》で遊び、豊かな自然と文化の音に囲まれて育った。そうしたこども時代の体験は、自分自身の興味関心が、大学の学部で専攻した「音楽学」から「サウンドスケープ研究」へ拡がった原因のひとつであるに違いない…そんな想いと共に、私は今「サウンドスケープ（音風景）」をテーマに、善福寺池とその周辺地域に堆積した「音の記憶の地層」を辿っている。

「サウンドスケープ［soundscape］」とは、「景観・風景」という意味の英語「ランドスケープ［landscape］」からの造語。一般に「音の風景」と訳されるが、専門的には「個人、あるいは特定の社会がどのように知覚し、理解しているかに強調点の置かれた音の環境」と定義されている。(1) サウンドスケープを構成する音は、音楽や言語も含む「人為・人工

図1　善福寺池　（筆者撮影）

の音」から潮騒や風の音などの「自然の音」に至るまで、その種類は実に多様である。このように、特定のフィールドにおける自然界と人間の営みを総合的にとらえていくところに、サウンドスケープというコンセプトの文明史的意義がある。

サウンドスケープという用語を考案・提唱したR・マリー・シェーファーは、その主著において古今東西の文献を引きつつ、地球と人類の音風景の歴史を実にダイナミックに綴っている。その冒頭は次のように始まる。

最初にきこえた音は何だったのだろうか？　それは、水のなでさする音だった。…ある日、高波が打ち寄せて一番手前の岩礁をたたきつけたとき、両生類が海から上がってきた。この生物はときおり波に背を向けることはあっても、その遠い祖先の魔力からは決して逃れることはできない。「君子は水をよろこぶ」と老子は言っている。人の道もすべて水に通じるのだ。水は原音風景《サウンドスケープ》の根源であり、その無数の形に変容する水の音は、他の何にもましてわれわれに大きな喜びを与えてくれる。…水は死ぬことはない。雨となり、泡立つ小川となり、滝や泉、うずまく川、深くよどんだ川となって、水は永遠にその姿を変えて生き続けるのだ。(2)

そう述べて、さまざまな「耳の証人」を引きながら、地球上の異なる地点で聴かれた水の音を紹介している。「耳の証人［earwitness］」とは「目撃者［eyewitness］」からの造語で、多くの場合、特定の地域で聞かれた過去の音についての記述を含む「文献（テキスト）」を意味するが、過去の音（および音の風景）を記録し、今に伝えるものであれば、音のでるモノから、音の風景を描いたスケッチや写真等まで、さまざまなものが「耳の証人」となり得る。(3)

シェーファーはさらに「地理と気候は、音風景それぞれの土地固有な基調音を決定する」として、雨、雪、氷等の例を挙げながら、水がその姿と声をいかに豊かに変容させるかを解説している。(4) サウンドスケープ研究において、水はこのように、私たちの「原音風景《サウンドスケープ》の基調音」として常に重要な役割を担っている。「基調音［keynote sound］」とはサウンドスケープ研究における用語で、「特定の社会において絶えずきこえているような音、あるいは他の音が知覚される背景を形成するのに充分なほど頻繁にきこえているような音」(5)を意味する。

こうしたすでに開発されているサウンドスケープの方法論や、先行する調査研究の事例を参考にしつつ、本稿では以下、善福寺池とその周辺地域の「サウンドスケープ史」編纂の可能性を探ってみたい。

1　原始〜古代

最初にきこえた音は何だったのだろうか？　それは、武蔵野台地の下を流れる水が、地表に流れ出す音だった。この土地には太古の時代から常に、地上に湧き出す大量の水音、それが川となって台地を削り流れていく音があった。その意味では、「標高五〇メートルの湧水」としての武蔵野三大湧水池を谷頭とする地形（図2）そのものが、台地に刻

図２　武蔵野台地における三大湧水池
（貝塚爽平『東京の自然史』より作成）

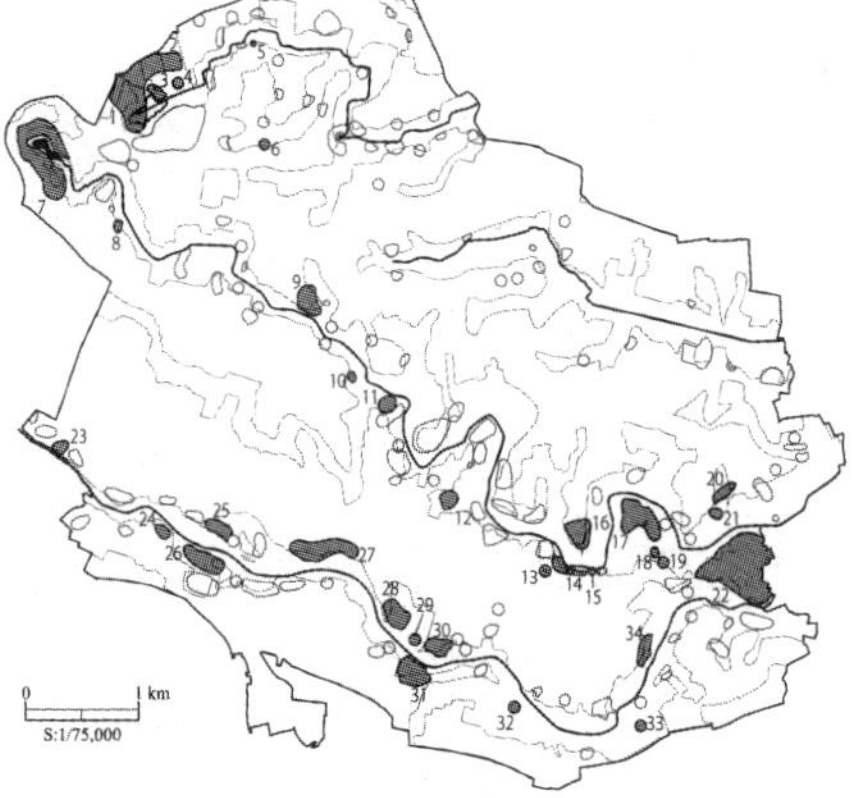

図３　杉並区内旧石器時代遺跡分布
（出典：手塚美穂「杉並区内における遺跡分布と人口推移」、杉並区教育委員会『平成22年度　杉並区文化財年報・研究紀要』、平成24年3月、59頁）

まれた「耳の証人」であるとも言えよう。その証人が語るのは、そうした豊かな水音がこの土地の「基調音」だった、ということである。

この池を水源とする川の流域には、川南遺跡、大宮遺跡、松ノ木遺跡、済美台遺跡等、旧石器時代（約三万年前）から人間が住み始めたいくつかの痕跡がある。それら遺跡の存在から、かつての水量豊かな善福寺川の水を、人々が古くから利用していたことが分かる。また、池周辺においても、旧石器時代の遺跡が発見されている。（図３）

この時代の音風景を考える場合、当時の気候が現在と大きく異なることを忘れてはなるまい。寒冷な気候のもと、湧水は氷となり、その動きを止め、ときにバリバリと音を立てていたことだろう。この時代の虫や鳥、動物等の「生物の音の世界」を探る手掛かりをどう求めたらいいかは、今後の課題である。が、少なくとも人間の集落には、当時の人々が石斧等の道具をつくるために、黒曜石等の石材を砕いたり削ったりする音が響いていたはずである。というのも、そうした石のひとつとして知られるサヌカイトは、地元（香川県讃岐《さぬき》）ではその響きの特徴から「カンカン石」と呼ばれている。そうしたなかで人々は、自分たちの生命をときに危うくもするが、貴重な食料ともなる動

図５　市杵嶋神社　（筆者撮影）

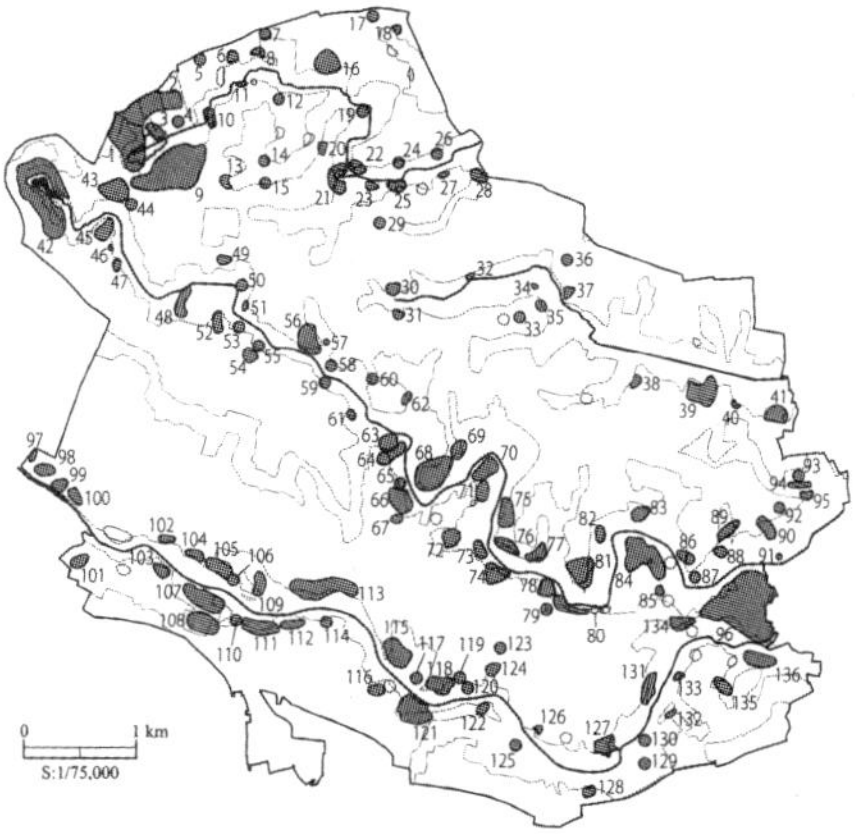

図４　杉並区内縄文時代遺跡分布
（出典：図３と同文献、60頁）

物たちの鳴声や足音に、常に耳を峙《そばだ》てていたことだろう。マンモスやヘラジカといった当時の大型哺乳類たちの鳴声や足音を想像すると、そうした遙か昔の時代の風景が、妙に身近に感じられるようになる。

　縄文時代の人々の暮らしの跡も、池周辺はもとよりその川沿いに、数多く残されている（図４）。その頃には、気候も温暖となり、そこには現代にも通じる里山的な音風景が広がっていたはずである。私はよく、池の周囲を散歩するが、たとえば秋、カネタタキ等の虫の音が聞こえ、足元で枯葉がさまざまに音を立て、ドングリが不意にポトポトッと落ちるようなとき、そうした音の風景を通じて縄文人とつながっているような気がしてならない。

　いずれにせよ、地表水の乏しい台地で暮らす人々にとって、水が豊かに湧き出る場所は「聖なる土地」だった。事実、善福寺池に浮かぶ小さな中ノ島には今も、日本神話に登場する水の女神を祀る「市杵嶋《いちきしま》神社」（図５）があり、ここでかつて雨乞いの行事が行われたことが伝えられている。行事のやり方は、時代によって異なったであろうが、現在この島に面した池の畔に立つ案内板には、旱魃のときには周辺の村々（その地域は現在の練馬や中野にも及ぶ）からもこの池にやってきて、次のよう

図6　矢嶋又次氏による「雨乞い」の光景　（杉並区立郷土博物館所蔵）

な雨乞い行事を行ったと記されている。

雨乞い行事は、池水を入れた青竹の筒二本を竹竿につるして担ぎ、その後に村人達が菅笠を被り、太鼓をたたいて「ホーホィ、ナンボェ〜」と唱えながら村境を巡りました。また氏神の前に井戸水と池水をはった四斗樽4個をすえ、四方に散水しながら祈ったともいわれています。

（平成元年三月　杉並区教育委員会）

この神社では今でも、地元の人々が毎年四月八日に例大祭を行っているが、雨乞いの行事が行われたのは一九四九（昭和二四）年が最後だったという。こどもの頃の記憶をたよりに大正から昭和初期にかけての荻窪の風景を描いた矢嶋又次氏による絵のひとつ（図6）は、戦前の雨乞い行事の光景を伝える貴重な資料である。しかし、その音声記録がないため、実際には太鼓がどのように打たれ、その呪文がどのように唱えられていたかを、私たちは知ることはできない。

池から歩いて約五分の地点に、井草八幡宮がある。その建立は一一九三年頃とされているが、それ以前にも恐らくその場所で、池の水を御神体とし、土地の神を祀る行事が行われていたことであろう。神社の周囲に新たに樹々が植えられ、元からあった樹木と共にそれらは「鎮守の杜」として護られた。それらの樹々を、関東平野の空っ風がざわめかせ、そこに聖域としての音風景が形成された。そうした杜のなかでは、さまざまな祈祷の声、祭りの音が、その土地固有の音として響くようになっていったのである。

2　中世～戦国時代

善福寺池は、もともと「遅野井《おそのい》」と呼ばれており、池と周囲の土地の名前もまた「遅野井《おそのい》」だった(6)。井草八幡宮も、もとはその古地名を冠して「遅野井八幡宮」と呼ばれていた。

この地名に関しては、次のような伝説がある。その昔、源頼朝が大軍勢を率いて奥州藤原氏の征伐に向かったとき、途中飲み水を求めてこの地に立ち寄った。折悪しく旱魃のため飲み水に困窮し、頼朝自ら弓の筈《はず》で地面に穴を穿ち、水を求めたところ、七度目でようやく水が湧き出した。その水の出がとても遅かったので「遅の井」と名付けた（図7）。この「遅の井伝説」は、一九七三（昭和四八）年まで井草八幡宮の境内にあった「頼朝手植えの松」と共に、鎌倉幕府が開かれて以降、この土地が「鎌倉武士の世界」に組み込まれたことを意味するものであると考えられる。

図7　板絵着色遅ノ井伝説図　（井草八幡宮所蔵）

室町時代に入ると、豊島氏がこの地域で覇権をもち、三宝寺池の畔に位置する石神井城をその拠点のひとつとしていた。その勢力を除こうとしたのが、江戸城を拠点とする太田道灌だった。一四七七（文明九）年、江古田原の戦いを皮切りに、両者は戦闘状態に入った。遅野井（善福寺池）の周辺も戦場となり、そこにはホラ貝や陣太鼓が響き、馬や甲冑、刀の音が行き交う「戦場の音風景」が展開されたと思われる。その一部を今に伝えるのが、井草八幡宮で五年に一度行われる「古式流鏑馬神事」である。参道を駆ける馬の蹄の音、弓から放たれる鏑矢や太鼓の音等を通じて、私たちは「戦国時代の音風景」の一端に触れることができる。

「遅野井」と呼ばれていた池が、「善福寺池」と呼ばれるようになったのはなぜだろうか？ それは、いつの頃か、池の畔に寺が建てられ、その寺の名前が「善福寺」だったからである。武蔵野三大湧水池のなかでも、特に湧水量が多かった遅野井が「聖地」とされ、そこに神社のみならず仏教寺院が建てられたのもまた、自然な成り行きだったのだろう。この池の畔にはかつて、善福寺を含め、複数のお寺があったことが伝えられている。

ところが不思議なことに、地元には今、これら寺院の痕跡や記録が、全く残されていない。そのため、かつて池の畔にあった善福寺は、現在は池と地域の呼称にその名を残すだけの「謎の寺」となっている。しかも、紛らわしいことに、池の近く（善福寺四丁目）には現在、善福寺という名前の寺がある。これはもともと「福寿庵」という名前の尼寺だったものが、昭和に入ってから「福寿山善福寺」へと改名したものである。

3 江戸時代

善福寺池のある現在の杉並区最北部は、中世から近世まで「井草」と呼ばれていた。この地名の由来にはいくつかあるが、その主なものは、善福寺池や妙正寺池周辺の低湿地にはたくさんの藺草《いぐさ》が生えていたため、あるいはそれらの「池の草」（イケのクサ→「イグサ」）である葦（アシまたはヨシ）が茂っていたためというものである。いずれにせよ、それらの水生植物が、風に吹かれる音もまた、この土地の「基調音」だったといえよう。

徳川家康は、江戸に入国すると直ちに、善福寺川等を給水源とする小石川上水、後の神田上水を整備した。一六〇六（慶長一一）年、江戸城築城のために、青梅成木村の石灰運搬路として、成木街道（青梅街道）が開かれた。武州多摩郡井草村は一六四四（正保元）年になると、旗本今川直房の領地となった。その頃から、井草村を二分し、京都に近い西側を「上井草村」、東側を「下井草村」と呼ぶようになり、善福寺池とその周辺地域は上井草村の一部となった。現在、上池からの流出口に当たる地点にある渡戸橋の際《きわ》に石仏（千日念佛橋供養佛）（図8）があり、そこには「延享二年」および「武州多摩郡遅野井村石屋五兵衛作」という文字が刻まれている。そこから「延享二年」、すなわち西暦一七四五年には「遅野井村」があり、そこに石屋があったことが分かる。(7)

さて、一八三〇（天保元）年幕府に奉じられたとされる『新編武蔵風土記稿』には、次のような記述がある。

土人云う往古は万福寺・善福寺とて二カ寺ありしが、いつの頃か廃絶して今はその跡さへも知れず、其中善福寺は当所向いの小高き丘の上にありしにや、昔は此池に橋などありしとみゆ、池中に古い橋杭などありと云、此善福寺の廃せしは先年大に地震せしとき池水溢れいで堂宇これが為に破壊に及びしが遂に再修に及ばず、其名空くたゞ池の称のみ残れりと、思ふに此時寺をば何れへか引移せしものならん(8)。

図8　渡戸橋際の石仏　（筆者撮影）

つまり、善福寺は小高い丘の上にあったのだが、江戸時代にあった大きな地震のため、池の水が溢れ出て壊滅したというのである。

それでは、「謎の寺」のあった小高い丘とは、現在の池周辺のどの辺りなのだろうか？　この点について、地元では「その場所は上池を一望に見渡せる西の高台、今の弁天様の南方、現在の善福寺三丁目二七、二八、二九、三〇番あたりといわれている。今は都の水道施設や民間の宅地と化してしまってはっきりしない(9)」と伝えられている。

こうした記録をもとにすると、かつてその寺があった場所は、現在の「善福寺稲荷」前の道を池のほうに向かった左側にある、コンクリート製のパーゴラのある公園の一部とそれに続く土地ということになる。

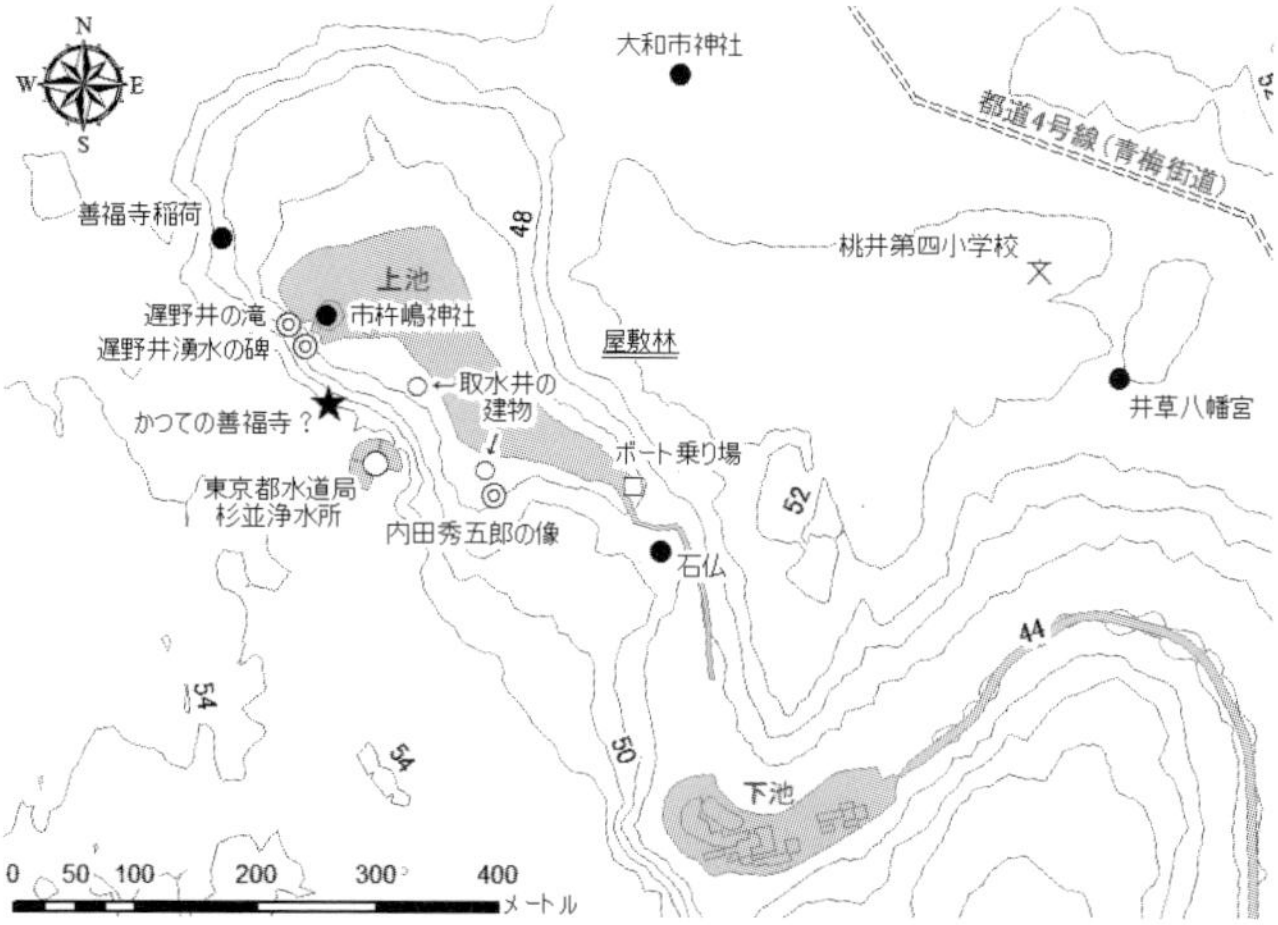

図9　善福寺池周辺の等高線地図と施設等の配置
（標高・水域データについては国土地理院 基盤地図情報、道路データについては国土交通省 国土数値情報よりダウンロードして作成／地図作成作業協力：森岡渉）

そこはまさに、「上池を一望に見渡せる高台」で、池からは弁天様（「市杵嶋神社」の地元での通称）からの階段横の坂道を上っていったところにあるので、地元の人と「公園の常連」だけが知る場所である。

　そこから池までは、急な斜面になっていて、広葉樹等が葉を落とす時期には、池がよく見渡せるのと同時に、池の音風景を楽しむのにも、絶好の場所である。そこは確かに、寺院を建設する地点としては、絶好のロケーションだった。ということは、たとえ大水が出たとしても、寺の建物が壊れるとは到底思えない地点なのである（図9）。

　では「その寺はなぜ、跡形もなく消滅したのか？」という疑問が残る。地元では「善福寺は、豊島氏の菩提寺だったため、太田道灌の家来が寺に火をつけて燃やした。石神井城でその火事を見た豊島泰経が数人の供を従え馬で駆けつけたところ、途中で待ち伏せていた太田勢に馬を槍で突かれ、落馬して殺され、ついに豊島氏が亡びた」という伝承がある。[10] また「善福寺池に三福寺あり」という言い伝えもあり、池の畔にはもともと万福寺、東福寺、そして善福寺という三つの寺があったというのだが、今それらの寺の痕跡が皆無だということに関して、野田高行（地元の先輩のひとり）は次のように語っている。

江戸時代こちらは将軍家の鷹狩りの場で、人が集ったり、鉦や太鼓を鳴らしたりまた、高台で将軍や見回り役人がお成道を来られる時に、上から見下して具合が悪いと云う事で、当時何れかの理由で荒れ寺となっていた善福寺を取り壊した。取払えという命令はなかったとも云われているが、鷹狩りに寺が邪魔で密かにどけられてしまったのかもしれない。その古材で建てられたのが福寿庵である。……将軍に関する事であるので、寺を取壊したというのはよくないから、地震があり大水が溢れ倒壊した事にしたのだ。[11]

『杉並風土記』の著者、森泰樹も、先に引用した『新編武蔵風土記稿』の記述に対して、次のような見解を述べている。

丘の上にあるお寺は、地震で壊れても、池の水で流されることは考えられませんし、池の水が溢れて民家に被害が出たという伝承もありません。この風土記稿は幕府の公刊書ですから、幕府(徳川氏)に都合の悪いことは書けないため、このように書いたのではないでしょうか?

江戸時代初期に、遅野井ご猟場が定められたとき、池に集まる獣や、野鳥を驚かせないために、鐘を撞いたり、人集まりするお寺は強制的に移転させられたり、他の寺に合併されたのではないかと想像されます。将軍様の遊猟のため、寺を取り払ったと書けないため、池の水で流されたと、見えすいた嘘を書いたのでしょう。[12]

ここで興味深いのは、これらの見解がいずれも、池の畔から寺が消えた理由として、音風景の問題を含んでいることである。つまり「鐘を撞いたり人が集まる」ため、お寺はいろいろな音の発生源となる。その賑やかな音が、池に集まる鳥獣を驚かせるため、将軍の狩場にとって寺が不都合だったのだろう、というのが森氏の見解だ。

また、野田氏の話にある、恐らく鳥獣を追い立てるために「鉦や太鼓を鳴らした」という、江戸時代の「狩の音風景」も興味深いところである。ここから改めて森氏の説を検討してみると、日常的に寺の鐘の音や人の気配があると、いざ狩りだというときに、賑やかな音に馴れてしまった鳥獣を効果的に追い立てることができなくなってしまうという懸念があったとも考えられる。

遅野井の池とその周辺は、多くの生き物にとっての「楽園」であり、とりわけ人間にとっては太古からの「聖地」だった。ということは、この池の周囲にかつて、善福寺を含めた三つの寺があったとしても不思議ではない。それが、江戸時代になって、池にやってくる鳥獣の豊かさから、今度はこの土地が「将軍の狩場」となった。そのため、付近の住民にはさまざまな生活上の制約があったが、そうした制約が宗教の領域にまでおよび、それらの寺院は池の畔から姿を消したと考えることができる。(13)

この時代、井草村の農民たちは主に、農作業と念仏講の音の世界に生きていたと思われる。また、郷土博物館等に残されている当時の農機具から、その音風景の一端を想像することができる。江戸時代も末期になると、この土地にも若者たちの娯楽として、葛西囃子や神田囃子の流れを汲む井草囃子が伝えられるようになった。同じ頃、埼玉県上尾市字平方の八枝《やえだ》神社の「狛狗大神《こまいぬ》」と称する獅子頭を納めた神輿を借りて、村の家々を廻って歩く「お獅子様」という行事が行われるようになった。

この地域で、念仏講がいまだに行われているのは、池を中心とする地元の人々の繋がりの強さを意味するものと言えよう。井草囃子もまた、その保存会によって継承されている。

4 明治時代〜現代

明治時代になると、井草村は荻窪村と合併し、井荻村となった。その頃の地図(図10)を見ると、善福寺池は今よりもずっと小さかった。現在の「下池」は存在せず、「上池」も全体にほっそりしていて、中央がくびれていたことが分かる。また、同じ頃の写真(図11)からは、周辺には一面の田圃が広がっていたことが分かる。

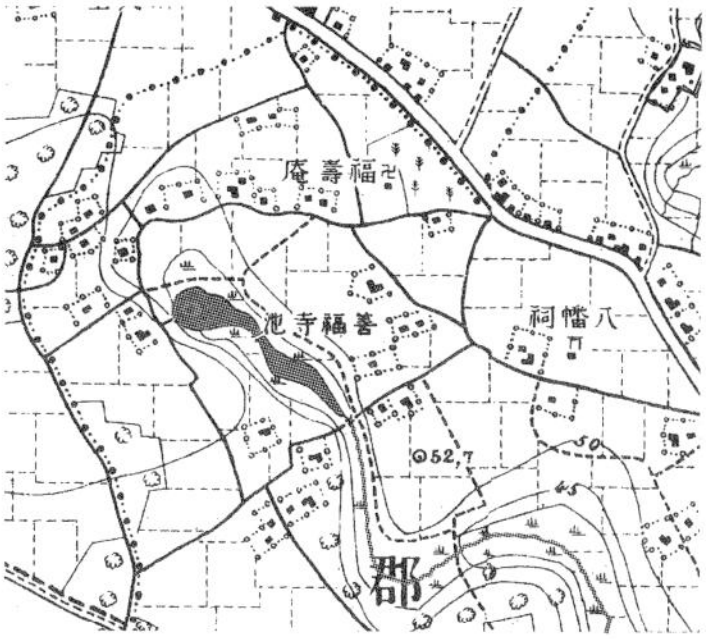

図10　明治20年前後の善福寺池とその周辺（迅速側図「田無町」明治13年測量27年修正　明治27年発行　陸軍参謀本部陸地測量部より作成）

図11　善福寺池と市杵嶋神社の林「高地ヨリ見タル善福寺池畔」（出典：井荻町役場『第一期水道抄史』昭和7年発刊）

当時は、馬車等による街道交通が中心だった。井荻村でも宿屋その他の店は、青梅街道沿いに集中していた。そうした通りでは、行商の物売り等の呼び声も聞こえていたと思われる。ちなみに、当時の私鉄甲武鉄道が、新宿―立川間、さらに八王子間に開通したのが、一八八九（明治二二）年。その二年後、中野駅と境駅の中間に杉並区で最初の鉄道の駅、現在のＪＲ中央線の荻窪駅が開業した。

「荻窪や　野は枯れ果てて　牛の声」……これは、一八九二（明治二五）年一二月七日、正岡子規が俳句の同人、内藤鳴雪を伴い、新宿から汽車に乗って高尾へ一泊の旅に出た折、荻窪駅に停車したときに鳴雪が詠んだ句である。ここで鳴いた牛は、同じ頃、当時の渋谷村に多くいたような酪農用の牛ではなく、さまざまな農作業に使われていた牛であろう。その声は、青梅街道に近い荻窪駅が、まだ寂しい農村風景の真っ只中にあったことを伝えてくれる。

一方、鉄道を走る「汽車の音」はその頃、まさに「近代を象徴する音」だった。遅野井と周辺の土地でも、武蔵野の雑木林や田畑を駆け抜けるその力強い音が、はっきりと聴き取れたものと思われる（図12）。さらに遠方から聞こえてきた「近代の音」としては、井伏鱒二が『荻窪風土記』（副題は「豊多摩郡井荻村」）の冒頭で次のようなエピソードを、地元の古老から聞いた話として紹介している。

弥次郎さんの話では、関東大震災前には、品川の岸壁をでる汽船の汽笛が荻窪まで聞こえていたそうだ。ボオーッ……と遠音で聞こえ、木霊は抜きで、ボオーッ……とまた二つ目が聞こえていた(14)。

その音が関東大震災を境に聞こえなくなった、という話が続くのだが、荻窪駅から品川の港までの直線距離は約二六キロメートルである。音の種類は異なるが、府中の大国魂神社の暗闇祭りの大太鼓の音もまた、一九三〇〜三一（昭和五〜六）年頃までは、夜になると南風に乗って聞こえてきたという(15)。当時の井荻村には、それほど広い「音地平［acoustic horizon］」があったのである。

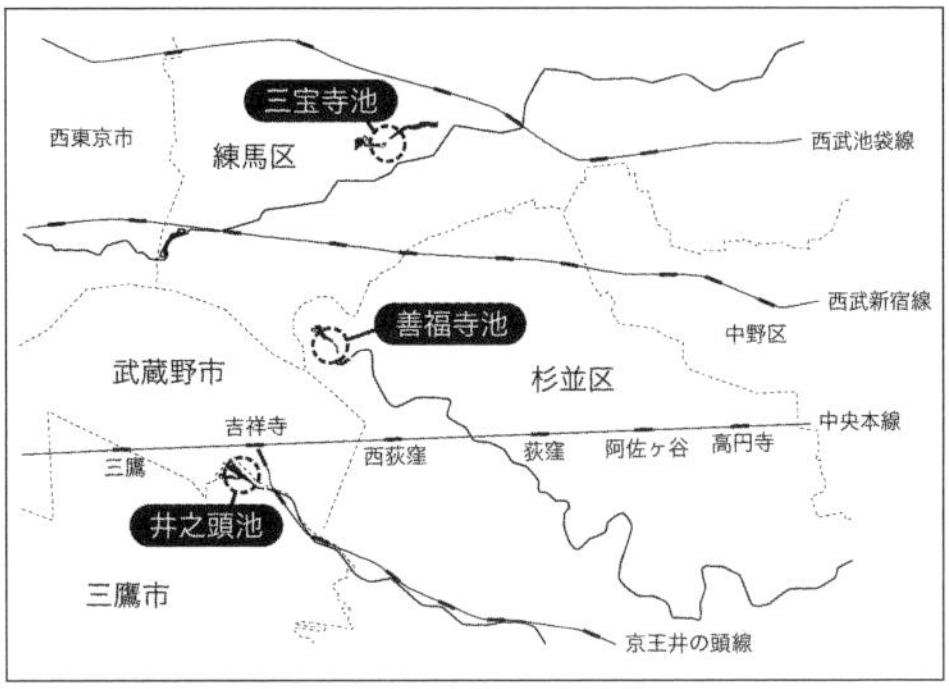

図12　東京西部の鉄道路線と３つの池の位置関係
（地図作成作業協力：鷲野宏）

さて、現在の善福寺の池と善福寺公園誕生の鍵をにぎるのが、西荻窪駅近くの農家の長男として生まれた内田秀五郎である。一九〇七（明治四〇）年、内田が全国最年少で村長となった頃、井荻村は完全な農村だった。そうしたなか、井荻村を含む東京西郊の農地の住宅地化を見抜いていた彼はまず、ＪＲ中央線の荻窪駅と吉祥寺駅の間に、新しい駅を誘致する運動を始め、一九二二（大正一一）年、西荻窪の駅が開設した。長年、通過するだけの音だった汽車が、自分の村に停車し、そこからまた発車する音を聴いたとき、内田の感動もひとしおだったろう。

間もなくして、関東大震災が起こった。中央線沿線には、市内から大量の移住者がやってきた。当時の井荻村には、近隣の農村地域と同様、曲がりくねった狭い農道ばかりがあった。そのため内田が、次に精力的に取り組んだのが、井荻村の大規模な土地区画整理事業だった。したがって、当時の善福寺池周辺の土地には、常に工事の槌音が響いていたと思われる。同時に行ったのが水道事業で、一九三〇（昭和五）年から井荻町が町営水道の開設を目指して工事

図13　取水井の建物　（筆者撮影）

図14　現在の下池　（筆者撮影）

を開始した。その結果、現在も池の畔に一九三二年に東京市水道局に移管された浄水所の施設と二つの取水井の建物（図13）が残されていて、現在も不定期に利用されている。

内田はまた、池周辺の土地が私有地のままでは、やがて池もろとも市街地化の波に飲み込まれてしまい、貴重な環境を将来に残すことができないと考えた。彼は、地主たちをさらに説得し、池とその周囲の土地を、東京都に寄付して公園とした。そして一九三三（昭和八）年、土地を提供した地主たちと共に「社団法人善福寺風致協会」（一九三四年認可）を設立した。

その初代会長となった内田は、風致地区の中核として、もともとあった池（現在の「上池」）を広げると共に、池の南側に広がる田圃と湿原を「下池」（図14）として造成した。ちなみに、その数年前の一九二九（昭和四）年、中西悟堂は、この池の自然に魅せられ、後の下池そば、現在の東京女子大の裏手に引っ越して来て、この地で「日本野鳥の会」を創設している。

内田と善福寺風致協会による池の公園化計画に対しては、中西悟堂をはじめ当時の自然主義者たちによる批判もあった。しかし、同じ井荻村のなかでも、井伏鱒二の住居のあった荻窪駅近く、天沼八幡神社のすぐそばにあった「弁天池」等、多くの湧水池が都市化と共に消えていったことを考えると、内田の先見の明はもとより、彼の考えに賛同し自らの土地を提供し、公園整備作業に参加した地元の人々によるまちづくりの活動（図15）には、深い敬意と感謝の念を抱かずにはいられない（図16）。

第二次世界大戦が始まると、公園はしばらく荒れ放題となるが、戦前から営業

図15　風致協会役員たちの作業
（社団法人善福寺風致協会『善福寺池・五十年の歩み』1989年、27頁より）

図16
園内にある内田秀五郎氏の銅像
（筆者撮影）

していたボート場が、一九五一（昭和二六）年に再開。一九五七（昭和三二）年、東京都市計画公園として決定された善福寺公園は、一九六一（昭和三六）年六月、都立公園として正式に開園した。そうしたなか、市杵嶋神社のすぐそばにある「遅野井の滝」（図17）のある所には、湧水量の一番多いカマ（泉を意味する方言）があり、かつては水が音を立てて湧いていた。しかし昭和五年に、水道の深井戸が掘られてからは、この場所から水が地上に湧き出ることはなくなったという。つまり、現在の滝はレプリカで、地下水をモーターで汲み上げて流している。

平成に入って以降、この地域の音風景に関して特筆すべきことは、「井草の大太鼓」が二〇〇二（平成一四）年に新調されたことである。かつて、この地域には大太鼓が無かった。人々は、明治時代までは府中の大国魂神社の暗闇祭りに出かけて行っては、太鼓を叩くのを楽しみにしていた。それが、一九一三（大正二）年になってようやく、自分たちの地域にも大太鼓が欲しいという念願がかなった。以来、お獅子さまの行事や、井草八幡宮の例大祭の神輿巡行の折に、先払いの太鼓として打ち鳴らされていたのが先代の「井草の大太鼓」だった。戦後になって、その継承を憂える地元の人々によって一九七九（昭和五四）年、御太《おんたい》鼓講《ここう》が結成された。その二年後から「太鼓祭り」（図18）が始まり、毎年五月三日の行事として、東西は下井草から善福寺まで、南北は西荻北から井草までをコースを変えて巡行し、広い氏子区域にその大太鼓の音を届けている。[16]

図17　遅野井の滝　（筆者撮影）

図18　太鼓祭りの光景　（筆者撮影）

　一方、善福寺風致協会は戦前より、開発と共に「故郷の風景を守ることが自分たちの責任である」として、景観や動植物の保全活動や、盆踊り等の夏期納涼大会等の行事を行ってきた。昭和四〇年頃、地元の商店会と供に開催した花火大会（家屋の密集によって危険となりその後中止した）音は、私にとって、こども時代に体験した「善福寺池の忘れられない音」のひとつである（図19）。このように、この地域のまちづくりに大きな役割を果たしてきた善福寺風致協会は、公益財団法の改正等をきっかけとして、二〇一三（平成二五）年にその約八〇年の歴史に幕を下ろすこととなった。その前年、最後の仕事のひとつとして、市杵嶋神社に続く石段脇に「善福寺川源流：遅野井湧水の碑」（図20）を建てている。

図19　打ち上げ花火準備風景　（社団法人善福寺風致協会『善福寺池・五十年の歩み』1989年、13頁より）

図20　善福寺川源流：遅野井湧水の碑（筆者撮影）

おわりに

故郷の池には「河童伝説」がある。私がその話を初めて聞いたのは、小学生のとき。夏休みの登校日、桃井第四小学校の教頭先生から「当直の夜、トイレで物音がするので様子を見に行くと、三和土に濡れた足跡がある。それを追っていくと善福寺の池に続いていた」というものだった。

それから約半世紀を経た二〇一二年の三月、善福寺川を里川に変えることをテーマに活動する「善福カエルの会」が主催する見学会に参加して川沿いを歩いていたときのこと、参加者の一人から「遅野井」オソとは、かつて「オソ（獺）」と呼ばれていた「カワウソ」のことだという話を聞いた。井草中学の先輩、寺田史朗さん（杉並区立郷土博物館長）にその話をすると「そういえば、天保用水に関する記録のなかに、カワウソが悪戯をして工事が進まなかったといった記述があったはず」という。

早速文献に当たると、天保一一年二月（一八四〇年）、水量の多い善福寺川からときどき渇水する桃園川に水を引くため、新堀用水をつくったとき「（用水路の一部は）従来あった水路を補修して使用したため、土手にカワウソの巣があって漏水が多かったところへ、同月下旬の大雨で、土手が数十間にわたり崩壊してしまった[17]」とあった。

善福寺上池の周囲には水田が広がっていたし、下池はまさに湿地だったことを考えると、池とその周辺の土地はまさに「カワウソの楽園」だったはずである。そして、善福寺池の河童とは、このカワウソだったに違いない[18]。

ニホンカワウソは、明治時代までは日本全国の水辺に広く生息していたが、一九七九年以来目撃例が無く、二〇一二年八月に絶滅種に指定された。善福寺の池とその周辺で、カワウソたちがその声だけでなく、元気に泳ぐ音、魚を追って潜る音、ヒタヒタと歩く音……さまざまな音を発していたのは、果たしていつ頃までだったのだろう？

私にとって、故郷の池の「河童伝説」、河童の声や歩く音はつい最近まで、架空の世界のものだった。それが今、故郷の池の音風景を介して「カワウソの風景」へと繫がり、不思議なリアリティを獲得しつつある。

この池で実際に聞くことのできる音は、私が自分自身の人生を通じて記憶している範囲内でも確実に変化している。鳥の鳴声だけでも、オナガはこどもの頃に数多くいたものの長い間あまり耳にしなかったが、最近また復活しているように思う。二〇〇六年一月には、初めて数羽のコハクチョウが池に舞い降り、数日間その鳴声を聞くことができた。今年の春は、コジュケイやホトトギスの声をはっきりと聴いた。

池の周辺には屋敷林もあり、夜に散歩をしていると、ときおりホーホーというアオバヅクの声を聞くことがあるし、タヌキも出没する。そのためか、このようにして土地の記憶を辿ることにあまり困難を感じない。

一方、こども時代に比べて一番大きく変化しているのは、自分自身のこの池への関わりかたそのものであろう。数年前まで、この池の歴史を紐解くことになるなど、思いもしないことだった。[19]しかし今、こうした試みが、故郷の池と自分自身との関係をより深いものにしていることを実感し、とても幸せに思う。

サウンドスケープの考え方は、その調査研究の成果を最終的には、地域のデザインに生かすことを目的とする。地元の先輩たちがこの地域の歩みにしっかりと関わってきたように、私自身もまた、自分自身の活動を何らかの形で故郷の将来に生かしていきたいと思うこの頃である。

注記

（1） Truax, Barry ed., *A Handbook for Acoustic Ecology*, Vancouver: A.R.C.Publication, 1978, p.126.
（2） R・マリー・シェーファー、鳥越けい子他訳『世界の調律：サウンドスケープとはなにか』平凡社、一九八六年、三七―四二頁。ただし、今回の引用に当たり一部単語に変更を加えた。
（3） サウンドスケープ研究における「耳の証人」についてのこうした解釈と位置づけについては、鳥越けい子「音の風景――モースが聴いた明治の音」一九九―二〇〇頁（井上勲編『日本史の環境（日本の時代史29）』吉川弘文館、二〇〇四年、一九七―二二五頁）。

（4）R・マリー・シェーファー、前掲書、四四—四六頁。

（5）同前書、三九六頁。これら、サウンドスケープ研究においてすでに開発されている諸概念については、鳥越けい子『サウンドスケープ：その思想と実践』鹿島出版会、一九九七年、一〇七—一三二頁。

（6）「遅野井」の表記には「遅の井」「遅ノ井」もあるが、全体としては「遅野井」が多い。本稿では村や地名、池の名前には「遅野井」を、また個別の事項についてはその慣例にしたがった表記を用いている。

（7）「上・下井草村地名変遷表」（森泰樹『杉並風土記 上巻』杉並郷土史叢書3、一九七七年、一五八頁）によれば、「渡戸」もまたこの池周辺の「小名」だった。

（8）社団法人善福寺風致協会『善福寺池・五十年の歩み』一九八九年、三四頁。

（9）同前。

（10）森泰樹『杉並風土記 上巻』杉並郷土史叢書3、一九七七年、三〇二頁。

（11）社団法人善福寺風致協会『善福寺池・五十年の歩み』一九八九年、三五頁。

（12）森泰樹、前掲書、二九九—三〇〇頁。

（13）善福寺池とその周辺地域においては現在、大晦日に聞こえる「除夜の鐘」はいくつかあるが、その音源が明確なのは今川氏の菩提寺、観泉寺（杉並区今川二丁目）の梵鐘である。

（14）井伏鱒二『荻窪風土記』新潮社、昭和五七年、七頁。

（15）井草八幡宮誌刊行委員会（編集発行）『井草八幡宮誌』一九八二年、二七五頁。

（16）井草八幡宮（編集発行）『井草の大太鼓』二〇〇〇年。

（17）森泰樹、前掲書、三五二頁。

（18）安藤元一は、その著書『ニホンカワウソ：絶滅に学ぶ保全生物学』（東京大学出版会、二〇〇八年）のなかで、サルやカエル、カメなど、河童のモデルとなったいくつかの動物のなかで、一番カッパらしい生き物がカワウソであると述べている。

（19）きっかけのひとつは、二〇〇二年から、善福寺公園を会場に始まった「トロールの森・野外アート展」に二〇一〇年、パフォーマンス部門ができ、土地の記憶を掘り起こし発信することを目的に「池の畔の遊歩音楽会」を企画・実施したことである。以来、そのアート展には毎年参加して、こうした研究成果の一部をその内容に反映している。

〈展覧会紹介〉

中川船番所資料館　特別企画展「行徳・新川と小名木川」

紹介者＝久染 健夫

1、江東区中川船番所資料館

東京東部にある江東区中川船番所資料館では、平成二四（二〇一二）年一〇月一七日（水）から一一月二五日（日）にかけて、特別企画展「行徳・新川と小名木川」を開催した。二〇〇三（平成一五）年三月に開館した当館にとっては、開館一〇周年の記念事業だった。

当館は江戸幕府が、寛文元（一六六一）年に江戸を出入りする川船を監視し、物資を検査するために設置した中川番所（中川御関所ともいう）の跡地に、江東区が設立した施設で、最上階の三階ではエレベーターが開くと江戸時代の中川番所のようすを実物大で想定復元したジオラマがあらわれる。番所の前面に川岸、酒樽を積んで入船してきた船と検査に対応しようとする役人の動きを捉えたシーンから、番所の役割をまずイメージできるようになっている。

その奥にある常設展示「江戸をめぐる水運」をテーマに、江戸の形成と小名木川の開削、関東周辺の水体系、往復した川船、江東地域の河岸地や船積問屋、近代以降の蒸気船の時代、小名木川沿岸の史跡などについて展示している。さらに展望室からは小名木川河口部や旧中川とその周辺が一望され、江戸時代の光景を想像しながら、現代に重ね合わせて風景を味わうことができる。これらの展示から、この場所が関東一円の水体系＝奥川筋と江戸市中に展開された掘割網の結節点であったことがわかる展示となっている。

さらに二階は郷土の歴史文化紹介展示室として、区内の歴史文化について、掘割・農業・近代工業・水害などの小コーナーを設けて構成している。いずれも江東区がどのような歴史や文化の上に成り立っている地域なのかを知るうえで欠かせないテーマとなっている。

一階では江戸和竿をはじめ釣具展示を季節に合わせて展示替えしながら見学でき、奥には資料閲覧学習室があり、江東地域・江東東京の歴史や水運・釣りのことを調べるのに役立つ図書が閲覧できる。

全体を通じて、当館の展示を観覧してもらえれば、小名木川をはじめとする運河の開削や水運の歴史がそのまま江東区の歴史につながっていることが確認でき、あわせて東京の中で江東地域が担ってきた役割や地域的特色についても理解することができる。

このほか特別企画展や企画展示、収蔵資料展といった展示事業、講座・記録映画鑑賞会、ハゼ釣り大会やスケッチ教室などのイベントも開催している。

2、本展のねらい

江東区内小学校の郷土史学習では、必ず小名木川の開削について触れ、徳川家康が江戸の町を開いた時、下総国行徳（千葉県市川市）で製造されていた塩を江戸に運ぶために開削されたと教えられる。このことは『江東区史』をはじめ区の歴史に関する刊行物では必ず触れられている事項であり、まさに区民の多くが知っている事柄だった。現に平成二〇（二〇〇八）年に小名木川に架けられた歩行者・自転車専用の橋の名は「塩の道橋」という。まさに小名木川の歴史に由来した橋名が付けられた。

小名木川は、天正一八（一五九〇）年に徳川家康が豊臣秀吉から関東一円を領地として与えられ、城下町江戸を建設する際に開かれた運河で、四〇〇年以上の歴史を誇る。江戸成立当初、食料や材木の調達は必須であり、そのためのインフラ整備は急務だったことは想像に難くない。その中で「塩を運ぶ」ことは大きな課題だったことだろう。戦国時代末期、江戸周辺の塩の産地と言えば行徳がよく知られていたことも事実であり、家康も製塩を保護する政策を打ち出したことなどからも、行徳産の塩を江戸へ運ぶための運河として位置付けることは問題ないかに見える。しかし小名木川の開削は塩の調達だけが目的だったという視点だけでは、その後の江戸・東京を支える水運の大動脈になっていったことと連動しない。より広く関東一円の水体系から得られる年貢米や生産物の成果を、確実に江戸へ輸送するためにこそ小名木川は必要だった、もしくは必要度が高まっていったと考えるべきだろう。

そこで改めて行徳という町の特性や製塩のようすを理解しつつ、そこから小名木川と中川番所、隅田川を越えた江戸の中心・日本橋といった江戸経済・物流のメカニズムを、分かりやすくとらえなおしてみようというのが本展の試みだった。

3、展示の展開

展示の内容を簡潔に紹介すると、第一コーナー「江戸の水運と河岸」では、江戸をめぐる関東の水体系、奥川筋が形成されたこと、これにより江戸地廻り経済圏が形成されたことを古地図類から説明。第二コーナーの「行徳の塩生産」では行徳での製塩業の経緯や製造のようすについて、市川歴史博物館から借用した資料、関連の古文書や製造道具、古写真をはじめ古地図類などを展示した。そこからは、関東随一を誇った行徳の塩生産が水害に悩まされながら継承されていった歴史を知ることができた。第三コーナー「行徳船場と周辺」では行徳が持つもう一つの側面、船場＝湊としての役割に着目し、行徳から日本橋までの水路図（加工図）、川船の模型、描かれた船場のようすなどを紹介した。とりわけ市川歴史博物館から借用した行徳名物の「笹屋うどん」の大看板は、かつての船場の賑わいを感じ取る上で効果的な展示となった。

特別企画展の展示

中川番所のジオラマ

また、新川（船堀川　現江戸川区）や小名木川周辺を描いた浮世絵も展示し、その景観を紹介した。最後の第四コーナーは「日本橋　行徳河岸」。江戸市中の掘割と日本橋小網町にあった行徳河岸とその周辺について浮世絵を展示し、関東・東北から川によって搬送され、行徳を経由して小名木川を経て江戸にたどり着いた物資の終着点が日本橋の河岸地であったことを解説した。

　会場はさほど広くはないが、隣に展開された中川番所のジオラマや二階の郷土の歴史文化紹介展示とも相まって、「湊町・行徳」が江戸経済に果たした役割とともに、江東地域における水運の重要性が再認識される展示となった。

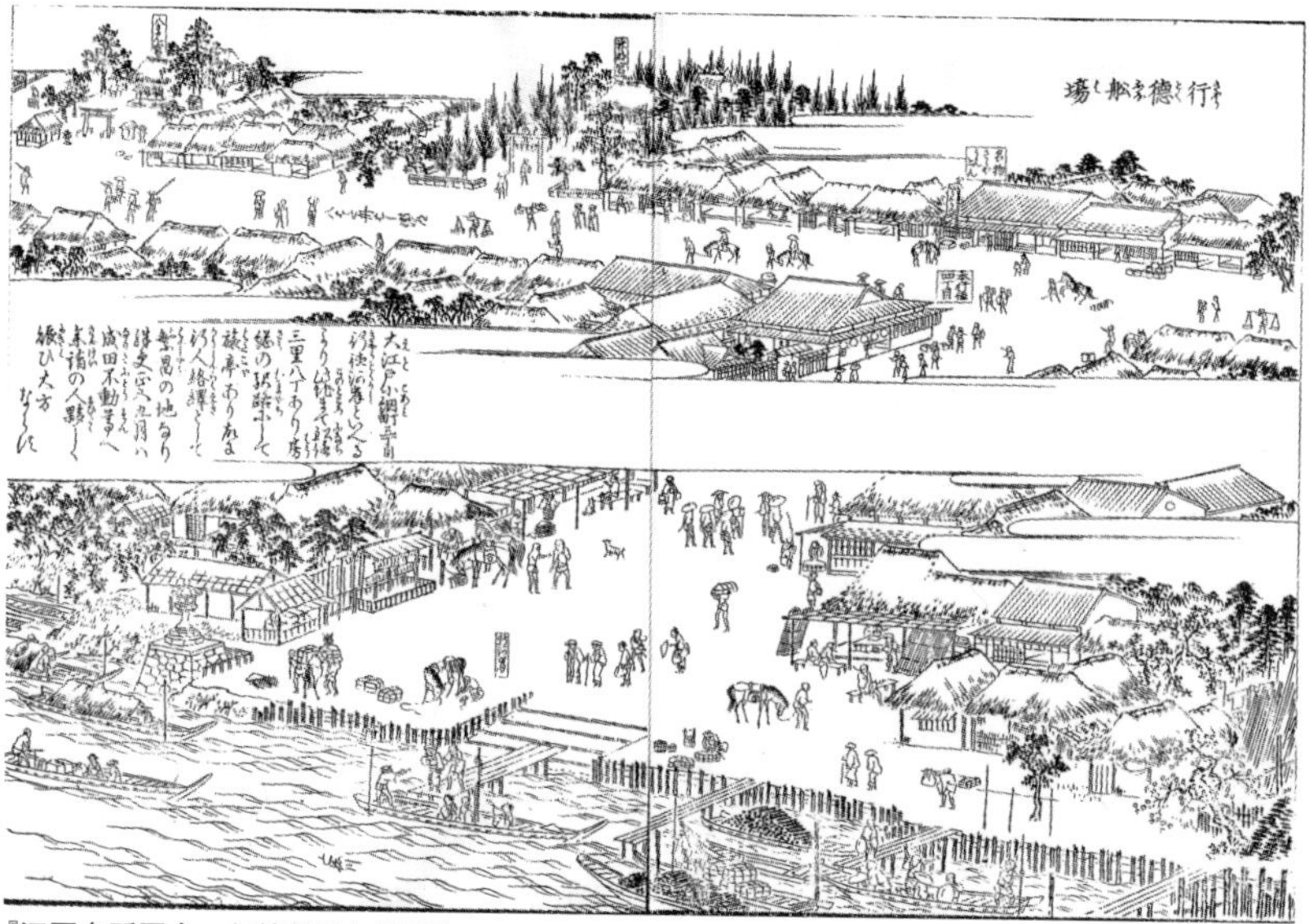

『江戸名所図会　行徳船場』（館蔵）

4、関連講座の開催

本展の開催に合わせて、講座『下総行徳と江東地域』を開講した（定員二五名）。全五回で第一回目からのテーマと講師はそれぞれ「行徳の塩業」（市川歴史博物館学芸員　菅野洋介氏）、「江戸と房総を結ぶ」（当館職員　鈴木将典氏）、「史跡巡り　行徳」（筆者）、「蒸気船が走る」（印西市史編さん委員　村越博茂）、「小名木川を行きかう人々」（江東区総務課向山伸子氏）というラインナップ。各講師がテーマに沿って個々の切り口から水運と行徳・江戸（東京）とのつながりを

行徳史跡巡り
「日本橋」と刻印された常夜灯（市川市本行徳・常夜灯公園）

講義し、行徳の史跡巡りも行った。

筆者が担当した史跡巡りでは、『江戸名所図会』で描かれた「行徳船場」の景観さながらの江戸川の流れや沿岸付近の道筋、かつての繁栄をうかがわせる徳願寺・妙好寺などの寺町、名物笹屋うどん跡、新河岸と呼ばれた船着場に立つ、日本橋西河岸・蔵屋敷の成田講によって文化九（一八一二）年に建立された常夜灯などをめぐり歩き、湊町としての行徳を感じ取ることができた。

5、川の駅オープンと資料館

本展は従来から区内小学校の郷土史学習などでも広く教えられてきた「行徳の塩」というイメージに加え、湊としての行徳の役割について明らかにし、行徳・中川番所・小名木川・隅田川・日本橋というホットラインが大都市江戸の形成に不可欠な水路であったことを伝えるための展示だった。

ひるがえって首都圏東京の形成は江戸時代初頭から始められたが、その際、物資輸送手段の基本は「水運」であった。江東地域は関東や東北と江戸市中を水運で結ぶためのエリアとして位置付けられ、その役割を担ってきた。運河の開削・整備によって町の骨組みが作られていくという側面は、江戸の中心部にあたる神田・日本橋・京橋方面でも同様であり、さらに西方の武家地や近郊にまでおよぶ「水の都」が作られていった。

しかし近代になり、陸上輸送が物資輸送の主流になるにつれ、こうした水運を主軸にした町の形成や人の暮らしは打ち消されていくこととなり、江東地域においてもいくつかの運河が戦災のがれき処理、治水対策などのために埋め立てられていった。

このような物資輸送という機能が、運河から失われてしまうようになって久しい年月が過ぎていった。戦後東京の復興とともに、川の沿岸に立地する工場の原材料や製品の輸送に便利だった川は、水質汚染が進み、さらに地盤沈下によってかえって水害の脅威ともなっていった。こうした戦後から高度成長の時代を経た現代でも、かつての水運が主流であった時代の痕跡としての内部河川（運河）は残っており、今でもわずかながら物資の運搬などに水運が顔をのぞかせ、また震災発生時の避難・救援物資輸送手段として、防災上の観点から見直されてきている。さらに江東区南部の豊洲・東雲などの個々の「島」の間を流れる運河はその「ごつい表情」を見せ、現代の船舶の航行に役立つ運河として開かれている。ここにも家康以来変わらない、「新たな土地の造成は、陸続きでなく川を一本作ってその先を埋める」という、水運機能が新たな町にも寄り添うように計画されていることを確認できる。

平成二五（二〇一三）年三月一六日には資料館脇に水陸両用バスの旧中川・川の駅がオープンした。観光資源としての川の駅だが、これは同時にこの町にとっての川、運河とはどのような意味を持っているのかを考えるうえでも貴重な場所となった。その歴史的意義を知ってもらうための施設として、中川船番所資料館は、「水運が江戸を支えていた時代とそれによって成立しえた江東の町をとらえた資料館」であり、区の郷土資料館としての役割を担っている。

『川を巡る――「河川塾」講義録』

宮村 忠 著

発行：日刊建設通信新聞社
二〇一三年七月刊
A５判、四二四頁

紹介者＝難波 匡甫

河川塾に関わってきた立場で、本書を紹介させていただく。これまでの河川塾開催の経緯は、まえがきにおいて記されていて、副題が示すように本書は第二ステージとなる講義の紹介となっている。宮村先生は、昭和四〇年頃から二〇年間ほどに全国の川を訪れたことを「川巡り」と表現され、その川巡りにおいて「川の個性」と「川の地域性」というテーマを培ったと述べられている。それは、日本列島を形成しているフォッサマグナと中央構造線をもとに、東北日本と西南日本、外帯と内帯といった地学的手法による地域区分を意識しながら、数多くの川を訪れることで二つのテーマを培ってこられた。

河川塾では、川巡りの言葉どおり全国各地の川を踏破されている宮村先生が、現地での話を盛り込みながら、生き生きと川に関して講義される。そんな宮村先生でもまえがきにおいて「川への視点は多様です。それだけに、「河川を語る」ことは、至難の業です。本書に取り組んで、改めて痛感しました」と記されている。川を知り尽くしている宮村先生ならではの感想であり、他人に伝える対象が、人と多様にかかわる川であることのご苦労ともいえよう。河川塾では講義後の懇親会において、講義で収まりきらない現地での川に関する体験談などがうかがえる。そして、しばしば登場する酒にまつわる話が場に色を添え、和気藹々とした時間を楽しむことができる。

話を本書にもどすと、目次では北海道・東北地方、関東地方、北陸・中部地方、近畿地方、中国・四国地方、九州・沖縄地方の順に紹介されている都道府県別の川に、平易な言葉による惹句《じゃっく》が記されている。川は地形や地質、降水量などと関わりが深いが、それらの項目について一様に説明された文章からは、川の特徴を読み取ることは難しい。治水や利水、地域開発や舟運など多くの川に関わる項目においても同様である。本書では、川ごとの特徴的な項目に焦点を当て、川の個性が端的に説明されているとともに、人と関わる川の多面的な姿を通して地域性が語られている。膨大な知識や経験を有する著者が、全国都道府県の川の全体像を頭に描きながら、生みの苦しみで記しただろう目次の惹句は、本文のエッセンスであり、宮村河川観の真骨頂と捉えることができるのだ。

広い視野によって川が捉えられていることも、本書の特徴である。河川塾主催の現地見学会において、川に整備された農業用水の取水口から先は農業行政が管轄していることや、砂防は農業土木の範疇であること、河口を船で下っていると気づかずに通り過ぎる河川区域と港湾区域との境界の存在など、川や用水路、海を取り巻く複雑な社会構造を学ぶことができた。場所ごとに行政の管轄が異なることは当然であるが、管轄の枠や官民の枠を超えた広い視野で川を考え、川を学ぶことの難しさについて見学会を通して実感させられた。こうした時代だからこそ、川全般を眺望できる本書は、大きな意味を持っている。

さて、本書の内容を紹介するにあたり、川に関する項目立てをし、該当する頁を記しながら読み進めることをお勧めしたい。項目立てと一言でいっても、時代は古代から現在まであり、内容も治水や利水から文化や文学に至るまで幅が広い。そのため、項目立てについて熟考するだけでも、川や地域への理解を深めることができよう。そして再読の時に項目立てをしていれば、興味のある項目ごとに情報をすぐ探し出せるわけである。ただし、川は多面的に理解してこそ個性が浮かび上がることを忘れてはならない。

例えば、「流域圏」という項目立てをすると、徳島県の吉野川と那賀川が該当し、二つの川の対比が興味深い。三一八頁には吉野川について「脇町は吉野川左岸を東西に走る撫養《むや》街道にありますが、川を越えた右岸側には伊予街道という街道があります。川の両岸に二つの街道が通っているというのはたいへんめずらしい例です。しかも、このあたりには渡し船も少なく、橋もありませんでした。これは川の両岸が疎遠であったことを表していました」と記されている。一方、那賀川については三二三頁において「那賀川を中心として結びつきの強固な流域圏をつくり、一つの経済圏、文化圏、社会圏を築き上げてきました」と説明されていて、吉野川との対照的な特徴が理解できる。県内を同じように流れている川であっても、形成されていた流域圏には違いが生じていたわけである。三二五頁の「実は、東西方向に流れる川の特徴として、流域圏をつくらないということがあります。世界の川をみるとその傾向がはっきりしています。東西方向に流れる川には物流がなく、文化も生まれません」の一文まで読み進めると、那賀川を東西方向に流れる川として捉えるべきではないことがわかる。それは、中流域で鉤形に流れるという、吉野川とは異なる状況によると指摘されている。

中国地方の川においても、流域圏に着目すると興味深い。鳥取県を流れる天神川では倉吉市を中心に砂鉄が採取され、県西の日野川流域とともに中世頃には鉄製農具がつくられ、生産性の高い農業が営まれていた。そして、鉄製農具の技術は中国山地の人たちへ、つぎには瀬戸内海側の人たちへと伝わり、やがて全国へと普及した歴史がある。三〇〇頁には「一般的に、川は流域圏で一つの社会形態圏、文化圏となり、川を越えると別の文化圏となります。ところが、岡山と鳥取県境の峠には、三つの川がまとまり、新見、美作、津山、みんな小さい盆地ですが、中国縦貫自動車道の道筋が示すとおり、盆地群がつながりを持っています。岡山の川からは、上流、中流、下流という概念だけではない大きなつながりがみえてきます」との説明がある。つまり、川が人や物、情報の通り道となって、千代川と吉井川、天神川と旭川、日野川と高梁川それぞれの二つの川が一つの流域圏のようなまとまりを形成していたことが分かる。鳥取県のお隣島根県には石見銀山がある。貴重な銀は陸路で広島県の尾道まで運ばれ、そこから船に乗せられたとの説明が二八六頁に書かれている。島根県と広島県にも川は流れているが、銀の輸送に使える川がなかったことから、陸路輸送が選択されたそうだ。こうした状況から、鳥取県と岡山県を流れる川は、かつての人の活動にとって都合の良い状況であったといえる。

複数の川が連携し、異なる地域をつなぐといった事例は他にも紹介されている。八八頁において「(日光東照宮への)ルートが江戸時代初期の利根川政策では、とても重要だったようです。日光に置いた東照宮は、太平洋側と日本海側の中ほどにあります。鬼怒川流域の北、日本海側には阿賀川という川があり、会津若松の近くを流れます。この阿賀川は下流に下ると阿賀野川と呼ばれます」との説明がある。鬼怒川と阿賀野川によって太平洋側と日本海側が結ばれる要所に、日光東照宮が位置しているとの指摘であり、宮村河川観の本領が発揮された見解ではないだろうか。太平洋側と日本海側を結ぶことに関しては、北海道の尻別川や石狩川、京都府の頁でも触れられている。また、一つの川で異なる地域を流れる川として、二八六頁に江《ごう》の川が以下のように紹介されている。「江の川は中国地方ではいちばん大きく、山陽から中国山地を横切って山陰に流れる唯一の川です。山陽の文化と山陰の文化をつないでいるのが、この江の川です。そのため、石見の文化だけでなく、安芸の文化も入り、現在の広島県と島根県の文化をつなぐ豊かな川ということができます」。

このように、流域圏に関連する項目を取り出しただけでも、全国のさまざまな川の存在を理解することができる。

あとがきには、本書の企画・編集を担った㈱建設技術研究所社長の村田和夫氏が「本書の内容は、（中略）宮村先生独自の極めて多面的な視点で川が語られています。（中略）河川事業は、有史以来営々と継続されてきました。事業の評価や価値は、時代によって、見る人によって、異なることが多々あります。回答は一つではありません。その多様性が河川事業だともいえます」と述べている。水を防ぐため、水を得るため、得た水を分配するため、つまり人が生きぬくためのひとつの方策として河川事業があり、現在も未来においてもその必要性に変わりはないといえる。しかし現在、河川事業の有難みを実感できる場面が日常生活においてどれだけあるだろうか。河川事業に留まらず、川の有難みや川の怖さを実感することや、川と接する機会が少ない時代だからこそ、本書刊行の意義は大きい。それは、河川事業の背景やその必要性のほかに、地場産業、文化、文学に至るまで、人と川のかかわりが分かりやすく紹介されているからである。

「北海道の川は、人とのかかわりが見えにくいところです」の言葉で始まる本文からは、常に人とのかかわりにおいて川を語ろうとする姿勢がうかがえる。以前、アラスカを流れるユーコン川視察に同行した際にも、人とのかかわりの極端に少ないこの川を、どのように評価すべきか悩んでおられた宮村先生の姿が印象に残っている。また、著書を見渡しても、こうした姿勢をうかがい知ることができる。『水害　治水と水防の知恵』[1]は、利根川の治水や水防に関して、工学的な技術論のみならず、民俗学的な視点からの見解が特徴となっている。また、『水のある風景』[2]では、水が様になっている風景をとりあげ、川開き、川の味、美流といった区分で構成し、その風景に出てくる水と関わる話が読みやすくまとめられている。

頁数の関係からか、本書には当時の講義内容すべては収まっていないようだ。川への興味を持たれた方は是非、宮村先生から生きた知識が学べる河川塾の受講をお勧めしたい。河川塾に関しては、「河川塾 ver 4」でインターネット検索いただくと詳細情報を入手することができる。

注記

（1）中央公論社、一九八五年（『改訂版　水害　治水と水防の知恵』関東学院大学出版会、二〇一〇年）。

（2）日刊建設工業新聞社、二〇一〇年。

編集後記

高村　雅彦

中国北宋の都の開封を描いたとされる張択端「清明上河図《せいめいじょうかず》」は、一一〇〇年ごろに作成されたもので、世界で最も早い時期の都市絵巻である。美術的評価が高く、ほかに類例のないほど優れた景観描写で知られている。自然豊かな農村脇の田舎道を行く隊列に始まり、問屋や茶店が並ぶ郊外のマーケットタウンを経て、建物が密集し多くの人が行きかう都市的な場面で絵巻は終わる。個々の場面は中央に河が位置し、多種多様な船や護岸に張り付く建物群、その間を往来する人々が活き活きと描かれる。都市風景よりも、むしろ水とその周辺それ自体を描写していると言ったほうが説明しやすい。その後も、有名なものでは蘇州を描いた一七五九年の徐揚「盛世滋生図（のちに「姑蘇繁華図」と改名）」など、中国では都市絵巻が数多く作成された。興味深いことに、それらの絵巻の多くは、自然豊かな農村に始まり、マーケットタウンを経て、都市に至るという、まったく同じルートで描かれる。つまり、中国都市のイメージには農地や村、郊外の町も含まれることを意味している。そして、それらのエリアを結ぶように、時に湖を間に挟みながら、いく本もの川がシーン全体を貫く。まさに水系によって結ばれた経済・社会・文化のつながりがそのまま表現されているのである。

開発が進むいまの中国では、そうした風景はなかなか見られない。国土が広大でも、人口の規模が欧米とは二桁以上で異なる中国だから、都市と都市のあいだは立ち並ぶ民家で途切れることがない。それゆえ、『水都学Ⅲ』の主題となったテリトーリオをアジアに投射すると、歴史的な考察は可能でも、再生へと直接結びつけるにはあまりに非現実的と言わざるを得ない。しかしながら、アジア独自の固有性を追求しながらも、開発を含む創造の基礎にテリトーリオの理論を置くことは、結果的に普遍的な価値を見出す可能性を秘めている。

そもそも、人は常に天然の自然を開発し、いわば破壊行為を続けてきた。山に入れば動物を捕え樹木を伐採し、水のあるところでは魚を採り水質汚染を生じさせ、平地では土地を開墾し灌漑施設を整えて市街地化を繰り返してきた。飯泉健司は、これらの行為それ自体がトポスの成立に影響していると説く（『古代文学　四九』）。つまり、山、川、平地のいずれもが破壊行為を通じて作られたものであることを知れば、テリトーリオの理論はアジアでも十分に通用する有効な手段であることに気づく。そして、アジアではそうして作られた山や川といった地形の大きな枠組みが、有機的な関係を結びながら独自の空間秩序を生み出している。水に寄り添って暮らすことの意義を重視するかつての人々は、作られた地形によって常に危険にさらされる環境にあることをよく知っていた。だからこそ、水都には、その成立段階から、水の都市や周辺の地域そのものが備える特性によって、すでに人為的な災害が直接的あるいは間接的な要素として内包されているのである。

さて、水都学の研究を始めて四年目の二〇一四年度は、「『水都学』の方法を探って」と題して、一〇月四、五日の二日間にわたり法政大学で国際シンポジウムを開催した。これまでに明らかになりつつある水都学の重要な論点を「聖なる場・遊興の場・畏怖の場としての水辺」、「水系とテリトーリオ——河川・運河の多様な活用」、「港湾都市の歴史的変遷とその再生」の三点に絞り、国外からはインド、アメリカ、イタリア、ドイツの専門家を招き、国内からは一三人の研究者が参加して活発な議論が展開された。これらの論点は、相互に密接な関係をもちながらつながっていることが確認され、同時に水都学の研究にはいずれも有効な方法であることを確信した。『水都学Ⅳ』では、このシンポジウムでの内容をすべて収録する予定である。ぜひ、ご期待いただきたい。

著者略歴

［編者］

陣内 秀信（じんない ひでのぶ）

一九四七年生まれ。法政大学デザイン工学部教授。専門はイタリア都市史・建築史。パレルモ大学、トレント大学、ローマ大学にて契約教授を務めた。主要著書に『東京の空間人類学』（筑摩書房、一九八五年）、『都市を読む＊イタリア』（法政大学出版局、一九八八年）、『ヴェネツィア――水上の迷宮都市』（講談社、一九九二年）、『都市と人間』（岩波書店、一九九三年）、『地中海世界の都市と住居』（山川出版社、二〇〇七年）、『イタリア海洋都市の精神』（講談社、二〇〇八年）、『水の都市　江戸・東京』（編著、講談社、二〇一三年）。

高村 雅彦（たかむら まさひこ）

一九六四年生まれ。法政大学デザイン工学部教授。専門はアジア都市史・建築史。前田工学賞（一九九九年）、建築史学会賞（二〇〇〇年）受賞。主な編著書は、『中国江南の水郷都市――蘇州と周辺の水の文化』（鹿島出版会、一九九三年）、『中国江南の都市とくらし――水のまちの環境形成』『中国の都市空間を読む』（いずれも山川出版社、二〇〇〇年）、『アジアの都市住宅』（勉誠出版、二〇〇五年）、『タイの水辺都市――天使の都を中心に』（法政大学出版局、二〇一一年）。

［執筆者］

神谷 博（かみや ひろし）

一九四九年東京都生まれ。建築家、法政大学兼任講師（環境生態学担当）、景観アドバイザー（新宿区、千代田区、渋谷区他）。一九九三年および一九九四年山梨県建築文化奨励賞。二〇一一年度土木学会賞・デザイン賞優秀賞（共同受賞）。日本建築学会雨水活用技術規準策定小委員会主査。市民活動として、水みち研究会代表、国分寺名水と歴史的景観を守る会会長、東京都野川流域連絡会座長など。著書として、『井戸と水みち』（共著、北斗出版、一九九八年）、『雨の建築術』『雨の建築道』（共著、技法堂出版、二〇一〇年、二〇一一年）他。

難波 匡甫（なんば きょうすけ）

一九六三年生まれ。㈱Lueur場所と空間の研究所所長。専門は地域形成史。中部開発センター懸賞論文最優秀賞（二〇〇二年）。著書『江戸東京を支えた舟運の路』（法政大学出版局、二〇一〇年）、「船旅による川の再発見（共著）」（『里川の可能性』新曜社、二〇〇六年）他。著作「江戸を支えた内陸舟運」（『LA MER』第三七巻第一号、日本海事広報協会、二〇一二年）、「地域発展に貢献した内陸水路」（『月刊 保団連』No.1054、全国保険医団体連合会、二〇一一年）他。主な論文『東京下町低地の高潮対策に関する歴史的考察』（二〇一三年度法政大学博士論文）。

岡本 哲志（おかもと さとし）

一九五二年生まれ。法政大学デザイン工学部教授。専門は都市形成史、都市論、都市計画。近刊著書は、『銀座を歩く　江戸とモダンの歴史体験』（学芸出版社、二〇〇九年）、『港町のかたち――その形成と変容』（法政大学出版局、二〇一〇年）、『「3.11」からの再生　三陸の港町・漁村の価値と可能性』（共編著、御茶の水書房、二〇一三年）、『最高に楽しい大江戸MAP』（エクスナレッジ、二〇一三年）、『東京「路地裏」ブラ歩き』（講談社、二〇一四年）など。二〇一二年度都市住宅学会賞著作賞（共同）受賞。

吉田 伸之（よしだ のぶゆき）

一九四七年生まれ。飯田市歴史研究所所長。専門は日本近世史。主要著書は、『近世巨大都市の社会構造』（東京大学出版会、一九九一年）、『巨大城下町江戸の分節構造』（山川出版社、二〇〇〇年）、『成熟する江戸　日本の歴史』第一七巻（講談社、二〇〇二年）、『伝統都市・江戸』（東京大学出版会、二〇一二年）など。また最近の編著書として、『伝統都市』全四巻（伊藤毅と共編、東京大学出版会、二〇一〇年）、『遊廓社会』全二巻（佐賀朝と共編、吉川弘文館、二〇一三年）がある。

伊藤 毅（いとう たけし）

一九五二年生まれ。東京大学大学院工学系研究科建築学専攻教授。都市建築史。主要著書に『近世大坂成立史論』（生活史研究所、一九八七年）、『都市の空間史』（吉川弘文館、二〇〇三年）、『シリーズ都市・建築・歴史』全一〇巻（鈴木博之・石山修武・山岸常人と共編、東京大学出版会、二〇〇五～六年）、『町屋と町並み』（山川出版社、二〇〇七年）、『バスティード――フランス中世新都市と建築』（中央公論美術出版、二〇〇九年）、『伝統都市』全四巻（吉田伸之と共編、東京大学出版会、二〇一〇年）、「近世都市の成立」（『岩波講座日本歴史』一〇巻、二〇一四年）などがある。

石神 隆（いしがみ たかし）

一九四七年生まれ。法政大学人間環境学部教授、同大学院公共政策研究科教授。専門は地域経済、地域政策。著書に、『地球環境対策』（共著、有斐閣、一九九八年）、『フィールドから考える地域環境』（共著、ミネルヴァ書房、二〇一二年）、『水都ブリストル――輝き続けるイギリス栄光の港町』（法政大学出版局、二〇一四年）などがある。

長野 浩子（ながの ひろこ）

一九六一年生まれ。法政大学エコ地域デザイン研究所研究員。法政大学デザイン工学部兼任講師。著書に、『水の郷日野　農ある風景の価値とその継承』（共著、鹿島出版会、二〇一〇年）、『用水のあるまち　東京都日野市・水の郷づくりのゆくへ』（共著、法政大学出版局、二〇一〇年）。

稲益 祐太（いなます ゆうた）

一九七八年生まれ。法政大学研究補助者、小山工業高等専門学校非常勤講師。著書『南イタリア都市の居住空間』（共著、中央公論美術出版、二〇〇五年）、『イタリア文化辞典』（分担執筆、丸善出版、二〇一一年）。論文「バカンスによる地域資産の保全と活用――プーリア州における都市と田園の再生」（『日伊文化研究』第四八号、日伊協会、二〇一〇年）

植田 曉（うえださとし）

一九六三年生まれ。風の記憶工場主宰。NPO法人景観ネットワーク代表理事。室蘭工業大学、北海学園大学非常勤講師。過去に北海道教育大学釧路校（人文地理学）非常勤講師。主要著書に、陣内秀信監修・パオラ・ファリーニ共同編集「イタリアの都市再生」（『造景別冊二』建築資料研究社、一九九八年）、「景観の保全計画と運用計画の複合性に関する研究」（『総合論文誌』第三号、日本建築学会、二〇〇五年）、日本建築学会編『未来の景を育てる挑戦』（技報堂出版、二〇一一年）。

鳥越けい子（とりごえけいこ）

一九五五年生まれ。青山学院大学総合文化政策学部教授。専門はサウンドスケープ研究。「音の風景」から「形を超えた環境・見えない景観」をテーマに、まちづくり、ワークショップ、各種のデザインプロジェクトを手掛けている。主な著書に、『サウンドスケープ――その思想と実践』（鹿島出版会、一九九七年）、『サウンドスケープの詩学――フィールド篇』（春秋社、二〇〇八年）、共訳書に、マリー・シェーファー著『世界の調律――サウンドスケープとはなにか』（平凡社、一九八六年）、同『サウンド・エデュケーション』（春秋社、一九九二年）などがある。

樋渡 彩（ひわたしあや）

一九八二年生まれ。法政大学大学院デザイン工学研究科博士後期課程。主要論文に、「近代ヴェネツィアにおける都市発展と舟運が果たした役割」（『地中海学研究』XXXV、地中海学会、二〇一二年）、「水都ヴェネツィア研究史」（陣内秀信・高村雅彦編『水都学I』法政出版局、二〇一三年）、「水都ヴェネツィアの戦い――アックア・アルタの歴史と対策」（『危機に際しての都市の衰退と再生に関する国際比較［若手奨励］特別研究委員会報告書』日本建築学会、二〇一四年）。

道明 由衣（どうみょうゆい）

一九九一年生まれ。法政大学大学院デザイン工学研究科修士課程。学部時代から木場や江戸と後背地の関係を精力的に研究。卒業論文「江戸・東京を支えた筏流しと舟運に関する研究――荒川の源流から河口まで」としてまとめた。本論文はその成果の一部である。

久染 健夫（ひさぞめたけお）

一九五六年生まれ。江東区中川船番所資料館次長。専門は日本近世史。『江東区史』（共著、一九九七年）、「近世隅田川の架橋と深川住民――橋の維持と役をめぐって」（江東区文化財研究紀要第九号、一九九八年）、『歴史地名大系　東京都の地名』（共著、二〇〇二年）、『総和町史』（共著、二〇〇五年）。

水都学 III
特集　東京首都圏 水のテリトーリオ

2015年2月16日　初版第1刷発行

編　者　陣内秀信・高村雅彦
発行所　一般財団法人 法政大学出版局
〒102-0071　東京都千代田区富士見2-17-1
電話03（5214）5540／振替00160-6-95814
組版　南風舎／製版・印刷　平文社／製本　根本製本
装丁　南風舎

ISBN 978-4-588-78023-3　Printed in Japan